高等学校基础课教材

分析化学实验与学习指导

葛　兴　罗　蒨　主编

中国林业出版社

图书在版编目（CIP）数据

分析化学实验与学习指导/葛　兴，罗　倩　主编．－北京：中国林业出版社，2008.3
高等学校基础课教材
ISBN 978-7-5038-5020-2

Ⅰ．分…　Ⅱ．①葛…②罗…　Ⅲ．分析化学－化学实验－高等学校－教学参考资料
Ⅳ．065－33

中国版本图书馆 CIP 数据核字（2008）第 022476 号

本书编委会

主　编　葛　兴　罗　倩
副主编　郑燕英　苑嗣纯
编　者　葛　兴　罗　倩　郑燕英　苑嗣纯　蔡　红　梁　丹
主　审　夏宗建　刘京萍

中国林业出版社·环境景观与园林园艺图书出版中心
策划、责任编辑：吴金友　李　顺
电话：66176967　66189512

出　版　中国林业出版社（100009　北京西城区德内大街刘海胡同 7 号）
网　址　www. cfph. com. cn
E-mail　cfphz@ public. bta. net. cn
发　行　新华书店北京发行所
印　刷　三河市富华印刷包装有限公司
版　次　2008 年 3 月第 1 版
印　次　2008 年 3 月第 1 次
开　本　787mm × 1092mm　1/16
印　张　14. 75
字　数　380 千字
印　数　1 ~ 5000 册
定　价　30. 00 元

前　言

分析化学是高等农林院校重要的基础课程之一。21 世纪高等农林院校分析化学教学体系和教学内容有了一定的变化，在理论和应用等方面不断更新，给教学方法、考试内容及实验内容、实验手段诸方面带来许多新课题。为了更好地贯彻教学大纲，满足教学需求，编写了《分析化学实验与学习指导》。目的是指导学生掌握分析化学课程的学习，培养学生分析问题、解决问题的能力，同时强调学生的自学能力，启迪学生的思维方法，可以使学生加深对分析化学基础理论的理解，比较熟练地掌握分析化学的基本操作技能，为其他课程的学习打好良好基础。本书共分上下两篇。

上篇为分析化学实验，分析化学是一门实践性很强的学科。通过分析化学实验课程的教学，实验技能的训练使分析化学的理论知识转化为实际应用能力，在教学环节中能力、素质的培养十分重要。

下篇为学习指导，由于分析化学课程教学学时少、教学内容多且综合性强，给学生的学习带来了较大难度。为了使学生有效地掌握课程教学的内容，检验学习效果，提高解题能力，特编写此书。

本书具有以下特点：

1. 实验部分在关注基本技能及验证实验的基础上，侧重于设计、综合应用实验，实验的安排形成了“基础训练实验→综合实验→设计实验”三层次实验教学的新体系。为使学生由简单到复杂、由单一到综合、由基本到专业进行技能的熟练操作及学生选修提供了一定的基础。

2. 本书中增加了部分定性实验内容，使学生对定性分析有所了解。同时增加了非水滴定的内容及实际样品分析，以培养学生解决实际问题的能力。

3. 学习指导部分贯穿加强基础、培养能力的原则，每一章由重要概念和知识要点、习题和习题参考答案与解析过程组成。归纳总结教学内容，提供学习线索及代表性的各种类型习题，帮助学生深入了解与掌握各个知识点，强化基础训练。

4. 本书特别增加模拟考试题及答案、硕士研究生模拟考试题及答案，帮助学生掌握解题方法与技巧，提高分析问题的能力。

全书由葛兴、罗倩、郑燕英、苑嗣纯、蔡红、梁丹编写，由主编、副主编统稿。其中葛兴执笔第八～十五章的第三节，模拟试题及答案；罗倩执笔第一、二、三章、第四章第一节、第三节，第七章实验三十二～三十五及附录；郑燕英执笔第五章、第七章实验三十六～三十八、第八～十五章的第一节；苑嗣纯执笔第八～十五章的第二节；蔡红执笔第四章第二节、第四节；梁丹执笔第六章。

夏宗建先生、刘京萍女士审阅全部书稿，他们对本书提出了许多宝贵的修改意见。

由于编者的水平和经验有限，虽然做了许多努力，但难免出现错误，书中的错漏、疏忽之处请读者批评指正。

编　者

目　　录

上篇　分析化学实验

下篇 分析化学学习指导

上　篇
分析化学实验

第一章　分析化学实验的要求与基础知识

第一节　分析化学实验的基本要求

分析化学是化学的重要分支学科之一。分析化学实验课程是高等农林院校有关专业的重要基础课，具有很强的实践性。其中分析化学实验课程的内容及实验安排所占学时比例比较高，说明实验课程内容的重要性。

为了达到实验目的，要求学生做到：实验前认真预习，领会实验原理，了解实验步骤和注意事项，做到心中有数；并列好表格，查好有关数据，以便实验时及时、准确地记录和进行数据处理。实验时要严格按照规范操作进行，仔细观察实验现象，并及时记录。要善于思考，学会运用所学理论知识解释实验现象，研究实验中的问题。要保持实验台和整个实验室的整洁。

针对分析化学实验课程的教学安排，需要对一些问题做简要介绍。

第二节　实验数据的记录、处理和实验报告

一、实验数据的记录

学生应有专门的、预先编有页码的实验记录本，不得撕去任何一页。绝不允许将数据记录在单页纸或小纸片上，或记录在书上、手掌上等。实验过程中的各种测量数据及有关现象，应及时、准确而清楚地记录下来。记录实验数据时，要有严谨的科学态度，要实事求是，切忌夹杂主观因素，决不能随意拼凑和伪造数据。

实验过程中涉及到的各种特殊仪器的型号和标准溶液浓度等，也应及时、准确地记录下来。

记录实验过程中的测量数据时，应注意其有效数字的位数。例如，用分析天平称重时，要求记录至0.0001g；滴定管及吸量管的读数，应记录至0.01mL；用分光光度计测量溶液的吸光度时，如吸光度在0.6以下，应记录至0.001的读数，大于0.6时，则要求记录至0.01读数。

实验记录上的每一个数据，都是测量结果，所以，重复测定时，即使数据完全相同，也应准确记录下来。

进行记录时，对文字记录，应整齐清洁。对数据记录，应用一定的表格形式，这样就更为清楚明白。

在实验过程中，如发现数据算错、测定出错或读错数据时，需要改动，可将该数据用一横线划去，并在其上方写上正确的数字。

二、实验报告

实验完毕，根据预习和实验中的现象及数据记录等，及时、认真地写出实验报告。分析化学实验报告一般包括以下内容：

实验(编号) 实验名称

1. 实验目的

2. 实验原理 简要地用文字和化学反应式说明。例如对于滴定分析，通常应有标定和滴定反应方程式，基准物质和指示剂的选择，标定和滴定的计算公式等。对特殊仪器的实验装置，应画出实验装置图。

3. 主要试剂和仪器 列出实验中所要使用的主要试剂和仪器名称。

4. 实验步骤 应简明扼要地写出实验步骤、流程。

5. 实验数据及其处理 应用文字、表格、图形，将数据表示出来。根据实验要求及计算公式计算出分析结果，并进行有关数据和误差处理，尽可能地使记录表格化。

6. 误差分析及问题讨论 对实验中的异常现象、产生的误差等进行讨论和分析，尽可能地结合分析化学中有关理论，以利于提高分析问题、解决问题的能力，为以后的科学研究论文的撰写打下一定的基础。

第三节 学生实验成绩的评定

学生实验成绩的评定，应包括以下几项内容：(1)预习与否及实验态度；(2)实验操作技能；(3)实验报告的撰写是否认真、是否符合要求，实验结果的精密度、准确度和有效数字的表达等是否符合要求。

学生通过分析化学课程的学习，加深对分析化学基础理论、基本知识的理解，正确并较熟练地掌握分析化学实验技能、基本操作，提高观察、分析和解决问题的能力，培养学生严谨的工作作风和实事求是的科学态度，树立严格的“量”的概念，为学习后继课程和未来的科学研究及实际工作打下良好的基础。

第四节 化学试剂规格

化学试剂产品很多，有无机试剂和有机试剂两大类，又可按用途分为标准试剂、一般试剂、高纯试剂、特效试剂、仪器分析专用试剂、指示剂、生化试剂、临床试剂、电子工业或食品工业专用试剂等。世界各国对化学试剂产品有国家标准(GB)和专业标准(行业，ZB)及企业标准(QB)等。国际标准化组织(ISO)和国际纯粹化学与应用化学联合会(IUPAC)也都有很多相应的标准和规定。例如，IUPAC 对化学标准物质的分级有：A 级、B 级、C 级、D 级和 E 级。A 级为原子量标准，B 级为与 A 级标准最接近的基准物质，C 级和 D 级为滴定分析标准试剂，含量分别为(100 ± 0.02)% 和(100 ± 0.05)%，而 E 级是以 C 级或 D 级试剂为标准进行对比测定所得的纯度或相当于这种纯度的试剂。

我国的主要国产标准试剂和一般试剂的等级及用途见表 1-1。

表 1-1　主要国产标准试剂和一般试剂的等级与用途

标准试剂类别（级别）	主要用途	相当于 IUPAC 的级别
容量分析第一基准	容量分析工作基准试剂的定值	C
容量分析工作基准	容量分析标准溶液的定值	D
容量分析标准溶液	容量分析测定物质的含量	E
杂质分析标准溶液	仪器及化学分析中用作杂质分析的标准	
一级 pH 基准试剂	pH 基准试剂的定值和精密 pH 计的校准	C
pH 基准试剂	pH 计的定位（校准）	D
有机元素分析标准	有机物的元素分析	E
热值分析标准	热值分析仪的标定	
农药分析标准	农药分析的标准	
临床分析标准	临床分析化验标准	
气相色谱分析标准	气相色谱法进行定性和定量分析的标准	

一般试剂级别	中文名称	英文符号	标签颜色	主要用途
一级	优级纯（保证试剂）	GR	深绿色	精密分析实验
二级	分析纯（分析试剂）	AR	红色	一般分析实验
三级	化学纯	CP	蓝色	一般化学实验
生化试剂	生物染色剂	BR	咖啡色	生物化学实验

化学试剂中，指示剂纯度往往不太明确。除少数标明“分析纯”、“试剂四级”外，经常遇到只写明“化学试剂”、“企业标准”或“生物染色素”等。常用的有机溶剂、掩蔽剂等，也经常见到级别不明的情况，平常只可作为“化学纯”试剂使用，必要时再进行提纯。例如，三乙醇胺中铁含量较大，而又常用来掩蔽铁，因此使用该试剂时，必须注意。

生物化学中使用的特殊试剂，纯度表示和化学中一般试剂表示也不相同。例如，蛋白质类试剂，经常以含量表示，或以某种方法（如电泳法等）测定杂质含量来表示。再如，酶是以每单位时间能酶解多少物质来表示其纯度，就是说，它是以其活性来表示的。

此外，还有一些特殊用途的所谓高纯试剂。例如，“色谱纯”试剂，是在高灵敏度下，以 10^{-10}g 下无杂质峰来表示的；“光谱纯”试剂，它是以光谱分析时出现的干扰谱线的数目强度大小来衡量的，往往含有该试剂各种氧化物，它不能认为是化学分析的基准试剂，这一点须特别注意；“放射化学纯”试剂，它是以放射性测定时出现干扰的核辐射强度来衡量的；“MOS”级试剂，它是“金属 - 氧化物 - 半导体”试剂的简称，是电子工业专用的化学试剂。

在一般分析工作中，通常要求使用分析纯（AR）试剂。

常用化学试剂的检验，除经典的湿法化学方法（滴定分析）之外，已愈来愈多地使用物理化学方法和物理方法，如原子吸收光谱法、发射光谱法、电化学分析法、紫外光谱法、红外光谱法和核磁共振分析法以及色谱法等。高纯试剂的检验，无疑只能选用比较灵敏的痕量分析方法。

分析工作者必须对化学试剂标准有一明确的认识，做到科学地存放和合理的使用化学试剂，既不超规格造成浪费，又不随意降低规格而影响分析结果的准确度。

第五节 实验安全知识

在分析化学实验中，经常使用腐蚀性的、易燃、易爆炸的或有毒的化学试剂，大量使用易损的玻璃仪器和某些精密分析仪器及煤气、水、电等。为确保实验的正常进行和人身安全，必须严格遵守实验室的安全规则。

(1)实验室内严禁饮食、吸烟，一切化学药品禁止入口。实验完毕须洗手。水、电、煤气等使用完毕后，应立即关闭。离开实验室时，应仔细检查水、电、煤气、门、窗，是否均已关好。

(2)使用煤气灯时，应先将空气孔调小，再点燃火柴，然后一边打开煤气开关，一边点火。不允许先开煤气灯，再点燃火柴。点燃煤气灯后，调节好火焰。用后立即关闭。

(3)使用电器设备时，应特别细心，切不可用湿润的手去开启电闸和电器开关。凡是漏电的仪器不要使用，以免触电。

(4)浓酸、浓碱具有强烈的腐蚀性，切勿溅在皮肤和衣服上。使用浓 HNO_3、HCl、H_2SO_4、$HClO_4$、氨水时，均应在通风橱中操作，绝不允许在实验室加热。夏天，打开浓氨水瓶盖之前，应先将氨水瓶放在自来水冲水下冷却后，再行开启。如不小心将酸或碱溅到皮肤或眼内，应立即擦拭干净再用水冲洗，然后用 $50g \cdot L^{-1}$碳酸氢钠溶液(酸腐蚀时采用)或 $50g \cdot L^{-1}$硼酸溶液(碱腐蚀时采用)冲洗，最后用水冲洗干净。

(5)使用 CCl_4、乙醚、苯、丙酮、三氯甲烷等有机溶剂时，一定要远离火焰和热源。使用完后将试剂瓶塞严，放在阴凉处保存。低沸点的有机溶剂不能直接在火焰上或热源(煤气灯或电炉)上加热，而应在水浴上加热。

(6)热、浓的 $HClO_4$遇有机物常易发生爆炸。如果试样为有机物，应先用浓硝酸加热，使之与有机物发生反应，有机物被破坏后，再加入 $HClO_4$。蒸发 $HClO_4$所产生的烟雾易在通风橱中凝聚，经常使用 $HClO_4$的通风橱应定期用水冲洗，以免 $HClO_4$的凝聚物与尘埃、有机物作用，引起燃烧或爆炸，造成事故。

(7)汞盐、砷化物、氰化物等剧毒物品，使用时应特别小心。氰化物不能接触酸，作用时产生剧毒氰化物废液应倒入碱性亚铁盐溶液中，使其转化为亚铁氰化铁盐，然后作废液处理，严禁直接倒入下水道或废液缸中。

硫化氢气体有毒，涉及到有关硫化氢气体的操作时，一定要在通风橱中进行。

(8)如发生烫伤，可在烫伤处抹上黄色的苦味酸溶液或烫伤软膏。严重者应立即送医院治疗。实验室如发生火灾，应根据起火的原因进行针对性灭火。酒清及其它可溶于水的液体着火时，可用水灭火；汽油、乙醚等有机溶剂着火时，用砂土扑灭，此时绝对不能用水，否则反而扩大燃烧面；导线或电器着火时，不能用水及 CO_2灭火器，而应首先切断电源，用 CCl_4灭火器灭火，并根据火情决定是否要向消防部门报告。

(9)实验室应保持室内整齐、干净。不能将毛刷、抹布扔在水槽中；禁止将固体物、玻璃碎片等扔入水槽内，以免造成下水道堵塞。此类物质以及废纸、废屑应放入废纸箱或实验室规定存放的地方。废酸、废碱应小心倒入废液缸，切勿倒入水槽内，以免腐蚀下水管。

第二章 分析仪器与基本操作

第一节 分析天平与基本操作

一、分析天平的分类

根据分析天平的结构特点，可分为等臂(双盘)分析天平、不等臂(单盘)分析天平和电子天平三类。它们的载荷一般为100~200g。有时又根据分度值的大小，分为常量分析天平(1mg/分度)、微量分析天平(0.1mg/分度)。

常用分析天平的规格、型号见表2-1。这里介绍不等臂(单盘)分析电光天平。

表2-1 常用分析天平的规格型号

种类	型号	名称	规格
双盘天平	TG328A	全机械加码电光天平	200g/0.1mg
	TG328B	半机械加码电光天平	200g/0.1mg
	TG322A	微量天平	20g/0.01mg
单盘天平	DT-100	单盘精密天平	100g/0.1mg
	DTG-160	单盘电光天平	160g/0.1mg
电子天平	AB - N	电子天平	200 g /0.1mg
	PB - N	电子天平	200~4000g/ 0.1~1 mg

本类型单盘天平为不等臂横梁、光学投影显示、机械式单盘天平。

二、单盘分析天平称量原理

由于单盘天平的横梁只有两个刀口：一个支点刀和一个承重刀，内含砝码与被称物在同一个悬挂系统中，这个悬挂系统作用在承重刀上。

开动天平后，横梁稳定地平衡在某一位置。当悬挂系统的称盘上放置被称物时，悬挂系统由于增加重量而下沉，为了保持横梁原有的平衡位置，必须在悬挂系统中减掉一定数量的内含砝码直到横梁回复到原有的平衡位置，即用放置在称盘上的被称物替代悬挂系统中的内含砝码，使横梁保持原有的位置，那么所减去的砝码质量与被称量物质的量相等。称量原理见图2-1。

三、单盘分析天平使用说明

1. 结构特点

具有“半开”机构及去皮校正片

(1)停动机构的特点是具有“半开”机构。

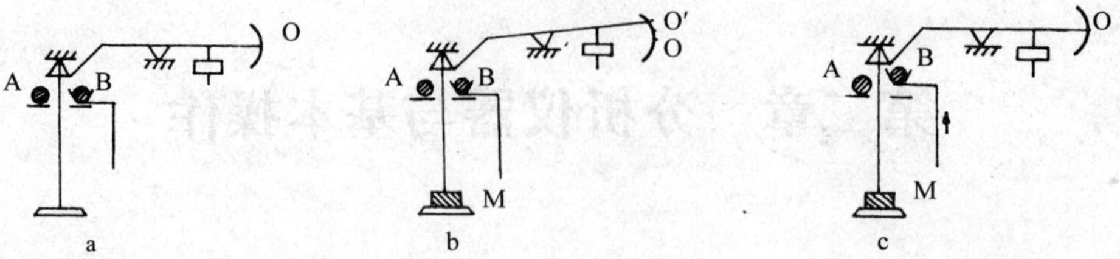

图 2-1　称量原理示意图

a. 砝码在悬挂系统上横梁平衡在 O　b. 被称物在悬挂系统上横梁平衡在 O′　c. 减掉砝码 B 后横梁悬又平衡在 O

停动手钮背向操作者方向转动 30°，此时的起升轴下降一小段距离，使横梁支点刀与支点刀承接触，这时横梁可在一个很小范围内摆，称为“半开”。注意操作时不可用力过大，以免破坏半开位置。

在“半开”状态下，横梁大约可摆 10 ~ 15 个分度。这时转动减码手轮进行减码操作，通过横梁的摇摆方向可以很快判断合适的减码数字，缩短了减码操作时间，不必关天平去减码；反复操作，省掉几次关停动手钮的时间，提高了称量效率。由于横梁只能在一个很小的范围内摆动，不会由于减码操作时的冲击、振荡而损坏横梁的支点刀和承重刀。但毕竟刀口、刀承是接触的，所以在减码操作，尤其是转动大手轮时，应做到缓慢、均匀。

（2）悬挂系统的上方装有校正片，每片重约 1g。其原理是应用替代法，以器皿的质量替代校正片质量。当称量的物体是液体或其它需要装在器皿中称量时，可先将容器称重，如果重约 8g，可相应减掉一定量的校正片，使其基本上等于容器重量。然后重调天平零点，达到初始指示：标尺刻线“00”偏离投影屏夹线在 1 分度以内。

称量前，应当保证在各数字窗口：减码数字窗口、微读数字窗口应在“0”位，一切称量样品前的准备工作做好后，直接称量所得到的质量，即容器内被称物的质量。

注意：此种去皮只限于质量较小的容器，并且该容器已作为大量称重的专用工具时才考虑去皮。

2. 微读机构

微读部分的作用是当天平开启，横梁停定，标尺投影刻线不在夹线正中时，通过微读机构调整，使离投影屏夹线较近的下一条刻线，上移到夹线正中，显示出标尺刻线不足一个分度部分所代表的质量值。转动微读手钮前读数。即转动微读手钮后，将离夹线最近的标尺刻线移到投影屏正中，当转动微读手钮时，精密的阿基米德螺线微读轮通过杠杆机构可使微读反射镜旋转一定角度，投影屏上的标尺刻线相对投影屏向上移动。当微读轮准确转动 10 个刻度，即由 0 转到 10 时，标尺对于投影屏夹线准确移动了 1 个分度，标尺 1 分度相当于 1 mg，微读轮 10 个刻度也是 1 mg，则微读轮 1 个刻度间隔就表示 0. 1mg。精密的微读机构是单盘天平不同于双盘天平的又一结构。

控制手钮的使用说明：

操作各个控制手钮应均匀、缓慢。

(1)电源转换开关：“上”接通微动开关，天平处于使用状态。“中”电源不接通。“下”灯源常亮，用于天平维修。

注意：天平使用完毕应拔下电源插头。

(2)停动手钮

停动手钮的作用是控制天平的开启与关闭。当手钮的“尖端”向上，天平正处于关闭状态。此时，允许在称盘上取、放试样，并允许操作减码手轮进行减码。

当停动手钮的“尖端”向前旋转90°，即“尖端”指向操作者时，天平处于开启状态，也称为全开天平。当停动手钮的“尖端”向后旋转30°，即背离操作者30°时，天平处于“半开”状态，此时可以预称试样的质量，并可以操作减码手轮。

3. 减码手轮

旋转减码手轮减去相当于试样质量的砝码，从而进行计量。向前旋转手轮，读数窗口顺序出现0，1，2，…9数字。

大手轮控制减去10～90g砝码；中手轮控制减去1～9g砝码；小手轮控制减去0.1～0.9g砝码。

注意：天平停动手钮处于全开位置时，不允许操作减码手轮。

4. 微读手钮

是用来读出不足1个分度所表示的质量值。通过旋转微读手钮使标尺刻线最近的下一条刻线上移到投影屏夹线中央。

5. 调零手钮

是用来微调标尺投影零线到投影屏夹线的中央位置，其调整范围为±3mg。

注意调零手钮只限于称量前调零。在称样读数过程中不允许再动调零手钮，否则会破坏读数精度。天平的调零就是指上述过程。

6. 称量前准备

(1)检查三相插头是否接上交流电源

(2)检查电源转换开关是否位于搬把向“上”

(3)检查天平是否水平

观察圆形水准器内的气泡是否位于圆圈的中心，否则调节底板下前方的两个调整脚，直到底板水平(水准器内的气泡位于圆圈的中心)。

(4)检查各数字窗口是否都显示“0”位，如不为“0”，转动减码三组手轮使读数面板上三个数字窗口显示“0”位；并转动微读手钮使微读轮上“0”刻线对准投影屏指标线。

(5)开启天平校正天平零点

可旋转调零手钮，使标尺上“00”刻线位于投影屏夹线正中。

(6)放置被称量物质

关闭天平放置被称试样，被称物应放在称盘中间。

如果被称物放在密闭的试管内，称量时应放在称盘的V形槽内。

四、单盘分析天平未知试样称量步骤

按下列方法操作及读取数字：

1. 当天平处于关闭状态下，轻缓拉开天平侧门，放置被称物于称盘中心，关上侧门。

2. 将停动手钮转到“半开”位置。

举例说明：

3. 首先转到10～90g大减码手轮，当转到50g时，即读数面板第一个数字窗口显示

“5”。观察投影屏标尺往上移动，说明试样质量小于50g，而大于40g，判断试样质量介于40～50g。反转减码手轮到“40”g位置。则第一个数字窗口显示“4”。

4. 再转动1～9g减码手轮，当转到9g时，标尺往上移动，说明试样重量小于9g，反转中手轮到“8”g位置。第二个数字窗口显示“8”。

5. 最后转动0.1～0.9g减码小手轮，当转到0.5g时，观察标尺零线往上移动，此时反转小手轮到0.4g位置。第三个数字窗口显示“4”。

6. 精称

(1)待称盘停稳后全开天平。

为保证读数准确，在全开天平时，可将停动手钮反复开关两次，使天平处在重复性好的开启状态下读取数据。

(2) 旋转微读手钮使投影屏夹线中央最近的一条刻线移到投影屏夹线的中央。

(3) 估读投影屏上固定基线指示在微读轮的对应值，得到数值是：48.42315g

(4) 转到停动手钮到关闭位置。

(5) 打开侧门取出被称物，关上侧门

(6) 将减码数字窗口、微读数字窗口全部回复“0”位。

五、单盘分析天平已知试样质量的称量步骤

对于已知物体质量值，如何准确称得物体质量。例如：要想得到被称量物质的量：23.84235g

具体操作：

1. 首先将停动手钮处于“关闭”位置。

2. 转到三组减码手轮：转动后第一个数字窗口显示“2”，第二个数字窗口显示“3”，第三个数字窗口显示“8”。

3. 轻缓打开天平侧门，放置被称物于称盘上，关闭侧门。

4. 转动停动手钮到“半开”位置，观察投影屏的摆动方向。

①全开天平，观察标尺刻线与投影屏夹线中央对准，使其数字显示应介于“42”与“43”之间。

②转动微读手轮使投影屏指标线对应微读手轮数字，即指示“3”与“4”之间短线(此时，标尺刻线“42”应与投影屏夹线中央对正)。

上述称量过程中的①和②步可反复操作，使其最终称量值是：3.84235g。

5. 转动停动手钮，关闭天平。

6. 取出被称物。

7. 将各数字窗口回复“0”位。

第二节　滴定分析仪器与基本操作

滴定分析中常用的玻璃量器主要有滴定管、移液管和容量瓶等。若想获得准确的分析结果，必须正确地选择和使用量器，准确地测量溶液的体积。下面介绍滴定分析常用的量器及使用方法。

一、滴定管

滴定管是滴定分析中最基本的量器。一般可分为酸式滴定管和碱式滴定管两种，其差别在于滴定管的下部。下端为尖嘴管，且通过玻璃旋塞连接并控制滴定速度的滴定管称为酸式滴定管(简称酸管)，用于装酸性溶液或氧化性溶液，但不适于装碱性溶液，因碱性溶液会腐蚀玻璃旋塞和旋塞套。下端尖嘴管上的乳胶管与管体连接，且乳胶管内装有一个玻璃珠用以控制滴定速度的滴定管称为碱式滴定管(简称碱管)，用于装碱性溶液，不能装容易与橡皮反应的酸性溶液及氧化性溶液，否则会改变溶液的浓度(图 2-2)。

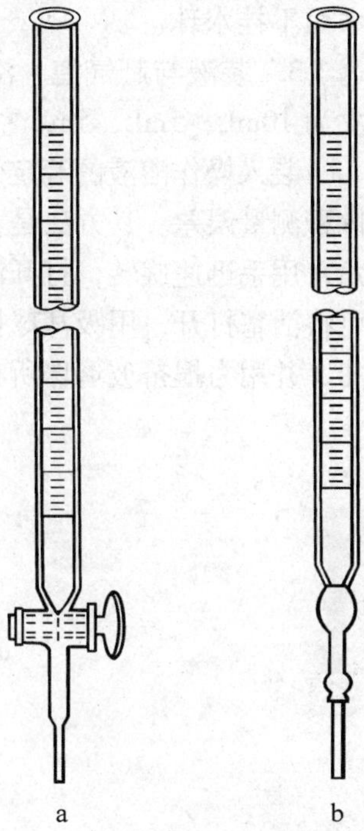

图 2-2　滴定管
a. 酸式滴定管；b. 碱式滴定管

常量分析用的滴定管有 50mL 及 25mL 等几种规格，它们的最小分度值为 0.1mL，读数可估到 0.01mL。此外，还有容积为 10mL，5mL，2mL 和 1mL 的半微量和微量滴定管，最小分度值为 0.05mL，0.01mL 或 0.005mL。它们的形状各异。

现在许多实验室常使用的滴定管为酸碱两用滴定管(滴定管形状与酸式滴定管相同，不同处只是制作旋塞的材料为聚四氟乙烯)。

滴定管的使用包括：洗涤、检漏、排气泡、读数等步骤。

1. 查漏处理　滴定管在使用前需验漏，酸式滴定管使用前必须检查旋塞转动是否灵活、密封。如不合要求，则需取下旋塞，用滤纸擦干旋塞和旋塞槽，然后用手指或玻璃棒蘸少量凡士林在旋塞两头(离开旋塞孔两边，避免堵塞旋塞孔)薄薄的涂一层(图 2-3)，把旋塞插入旋塞槽内，同一方向(顺时针或逆时针)转动旋塞，使凡士林涂抹均匀，呈透明状，固定好，并检查旋塞是否漏水。

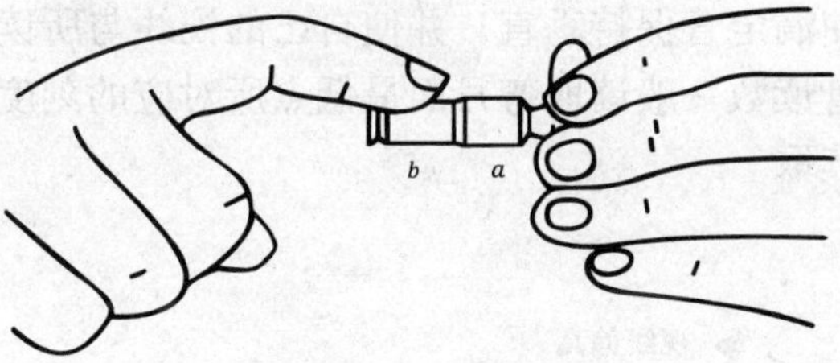

图 2-3　旋塞涂油

2. 洗涤　干净的滴定管如无明显油污，可直接用自来水冲洗或用滴定管刷蘸肥皂水或洗涤剂刷洗（但不能用去污粉），然后再用自来水冲洗。刷洗时应注意切勿使用刷头漏出铁丝的毛刷刷洗，以免划伤内壁。如有明显油污，则需用洗液[1]浸洗。洗涤时向管内倒入 10mL 左右H_2CrO_4洗液，再将滴定管逐渐向管口倾斜，并不断旋转，使管壁与洗液充分接

① 铬酸洗液($K_2Cr_2O_7$ - 浓 H_2SO_4 溶液)的配制：称取 10g 工业用 $K_2Cr_2O_7$ 固体于烧杯中，加入 20mL 水，加热溶解后，冷却，在搅拌下慢慢加入 200mL 浓 H_2SO_4，溶液呈暗红色，贮存于玻璃瓶中备用。因浓硫酸易吸水，应用磨口玻璃塞子塞好。由于铬酸洗液是一种酸性很强的强氧化剂，腐蚀性很强，易烫伤皮肤，烧坏衣物，且铬有毒，所以使用时要注意安全和环境保护。

触，管口对着废液缸，以防洗液洒出。若油污较重，可装满洗液浸泡，浸泡时间的长短视沾污的程度而定。洗毕，洗液应倒回洗液瓶中，洗涤后应用大量自来水淋洗，并不断转动滴定管，至流出的水呈无色，再用去离子水润洗三遍，洗净后的管内壁应均匀地润上薄薄的一层水而不挂水珠。

3. 装液与赶气泡　洗净后的滴定管在装液前，应先用待装溶液润洗内壁三次，用量依次为10mL，5mL，5mL左右。

装入操作溶液的滴定管，应检查出口下端是否有气泡，如有气泡应及时排除，否则会引起体积测量误差。其方法是：酸式滴定管(包括现在使用的两用滴定管)取下滴定管倾斜成约30°角，用手迅速旋转，打开活塞(反复多次)，使溶液冲出并带走气泡。如果是很难排除的气泡，可将活塞打开，用吸耳球挤压或用手轻弹滴定管管口排出气泡。碱式滴定管则将橡皮管向上弯曲，并用力捏挤玻璃珠所在处，使溶液从尖嘴处喷出，即可排出气泡(图2-4)。

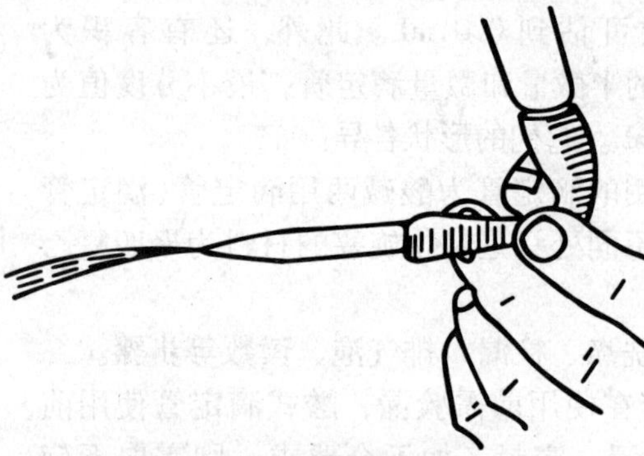

图2-4　碱式滴定管排气泡的方法

将排除气泡后的滴定管补加操作溶液到零刻度以上，然后再调整至零刻度线位置。

读数　读数前，滴定管应垂直静置1min。读数时，滴定管内壁应无液珠，滴定管出口的尖嘴外应不挂液珠，否则读数不准。读数的方法是：取下滴定管用右手大拇指和食指捏住滴定管上部无刻度处，使滴定管保持垂直，并使自已的视线与所读的液面处于同一水平线上(如图2-5所示)。滴定管读数一般读取弯月面最低点所对应的刻度。对深色溶液，则一律按液面两侧最高点相切处读取。

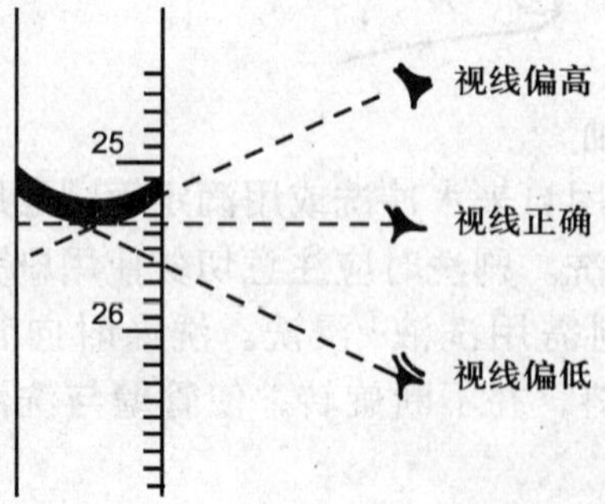

图2-5　滴定管读数

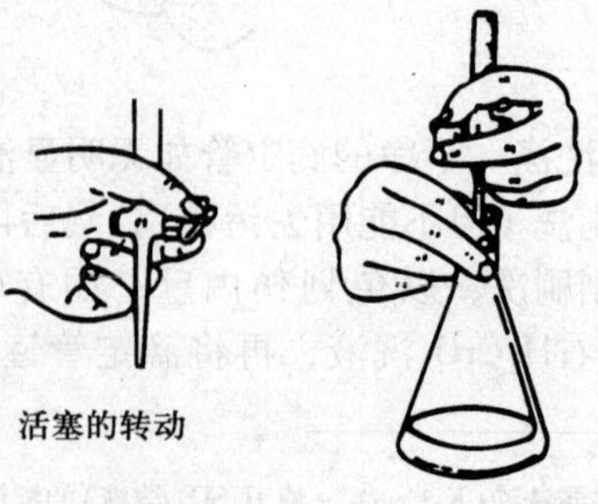

图2-6　滴定操作

4. 滴定　读取初读数之后，立即将滴定管下端插入锥形瓶口内约1cm处，再进行滴定操作。操作时要求左手拇指与食指跨握滴定管的活塞处，与中指一起控制活塞的转动，右手拿住锥形瓶颈，单方向旋转使溶液进行圆周运转(图 2-6)。

5. 滴定速度　滴定时速度的控制一般是：开始时 $10mL \cdot min^{-1}$左右(尽可能快，但液滴不能连成线)；接近终点时，每加一滴摇匀一次；最后，每加半滴摇匀一次(加半滴操作是使溶液悬而不滴，让其沿器壁流入容器，再用少量去离子水冲洗内壁，并摇匀)。仔细观察溶液的颜色变化，直至滴定终点为止。读取终读数，并立即记录。注意，在滴定过程中左手不应离开滴定管，以防流速失控。

6. 平行实验　平行滴定时，应该每次都将初读数调整到“0”刻度或其附近，这样可减少滴定管刻度的系统误差。

7. 最后整理　滴定完毕，应放出管中剩余的溶液，洗净，装满去离子水备用。

二、容量瓶及其使用

在配制标准溶液或将溶液稀释至一定浓度时，往往要使用容量瓶。容量瓶的外形为平底、细颈的梨形瓶，瓶口带有磨口玻璃塞或塑料塞。颈上有环形标线，瓶体标有体积，一般表示 20℃时液体充满至刻度线时的容积。常见的有 10、25、50、100、150、250、500 和 1000 mL 等各种规格。此外还有 1、2、5mL 的小容量瓶，但在常量分析时较少使用。

容量瓶的使用主要包括如下几个方面：

1. 检查　使用容量瓶前应先检查其标线是否离瓶口太近，如果太近则不利于溶液的混合，故不宜使用。另外还必须检查瓶塞是否漏水。检查时加自来水至近刻度，盖好瓶塞，用左手食指按住，同时用右手五指托住瓶底边缘(图 2-7)，将容量瓶倒立 2min，若无水渗出即可使用。

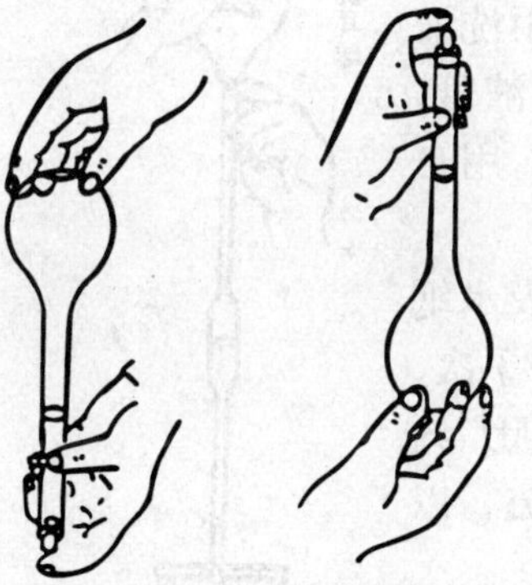

图 2-7　容量瓶的拿法

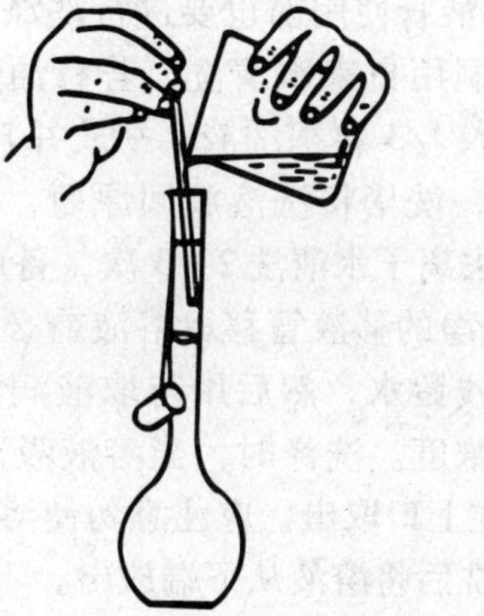

图 2-8　定量转移操作

2. 洗涤　可先用自来水刷洗，刷洗后，如内壁仍有油污，则应将残留水倒尽，加入适量的铬酸洗液(如 250mL 容量瓶可倒入 10 ~ 20mL 洗液)，倾斜转动，使洗液充分润洗内壁，倒回洗液瓶中，然后用自来水冲洗干净，再用去离子水润洗 2 ~ 3 次备用。

3. 配制　将准确称量好的药品倒入干净的小烧杯中，加入少量溶剂将其完全溶解后，定量转移至容量瓶中。注意，如使用非水溶剂时，则小烧杯及容量瓶都应事先用该溶剂润洗 2 ~ 3 次。定量转移时，右手持玻璃棒悬空放入容量瓶内，玻璃棒下端靠在瓶颈内壁(但不能与瓶口接触)，左手拿烧杯，烧杯嘴紧靠玻璃棒，使溶液沿玻璃棒流入瓶内，并沿内壁而下(图2－8)。烧杯中溶液流完后，将烧杯嘴沿玻璃棒上提，同时使烧杯直立。将玻璃棒取出放入烧杯内，用少量溶剂冲洗玻璃棒和烧杯内壁，冲洗液也同样转移到容量瓶中。如此重复三次以上。补充溶剂至3/4体积左右，初步摇匀。再继续加去离子水至近刻度，最后改用滴管逐滴加入，直到溶液的弯月面恰好与标线相切。此时，盖好瓶塞，倒转，反复几次使溶液混匀即可。

4．稀释　用移液管移取一定体积的浓溶液于容量瓶中，加溶剂至标线。同上法混匀即可。

5．注意事项　容量瓶不宜长期储存试剂，配好的溶液如需长期保存应转入试剂瓶中。转移前须用该溶液将洗净的试剂瓶润洗三遍。用过的容量瓶，应立即用水洗净备用，如长期不用，应将磨口和瓶塞擦干，用纸片将其隔开。此外，容量瓶不能在电炉、烘箱中加热烘烤，如确需干燥，可将洗净的容量瓶用乙醇等有机溶剂润洗后晾干，也可用电吹风或烘干机的冷风吹干。

三、移液管及其使用

移液管是用来准确移取一定体积溶液的量器，准确度与滴定管相当。移液管有两种，一种中部具有“胖肚”，其上标有指定温度下的容积。常见的规格为5、10、25、50、100mL等。另一种标有分刻度的直型玻璃管，通常又称吸量管或刻度管，在管的上端标有指定温度下的总体积。吸量管的容积有1、2、5、10mL等，可用来吸取不同体积的溶液，一般只量取小体积的溶液，其准确度比“胖肚”移液管稍差。吸量管有单标线和双标线之分，单标线为溶液全流出式，双标线的吸量管分刻度不刻到管尖，属溶液不完全流出式。

1．洗涤　移液管使用前也要进行洗涤，先选择适当规格的移液管刷用自来水清洗，若有油污可用洗液洗涤。方法是吸入1/3容积洗液，平放并转动移液管，用洗液润洗内壁，洗毕将洗液放回原瓶，稍候，用自来水冲洗，再用去离子水清洗2～3次，备用。

2．润洗　洗净的移液管移取溶液前必须用吸水纸吸净尖端内、外残留水，然后用待取液润洗2～3次，以防改变溶液的浓度。洗涤时，当溶液吸至“胖肚”约1/4处，即可封住上口取出，应注意勿使溶液回流，以免稀释溶液。润洗后将溶液从下端放出。

3．移液　将润洗好的移液管插入待取溶液的液面下约1～2cm处(不能太浅以免吸空，也不能插至容器底部以免吸起沉渣)(图2－9)，右手的拇指与中指拿住移液管标线以上部分，左手拿吸耳球，排出吸耳球内空气，将吸耳球尖端插入移液管上端，并封紧管口，逐步松开吸耳球以吸取溶液，当液面升至标线以上时，拿掉吸耳球(又称为洗耳球)，立即用食指堵住管口，将移液管提出液面，倾斜容器，将管尖紧贴容器内壁成约45°角，稍待片刻，以除去管外壁的溶液，然后微微松动食指，并用拇指和中指慢慢转动移液管，使液面缓慢下降，直到溶液的弯月面与标线相

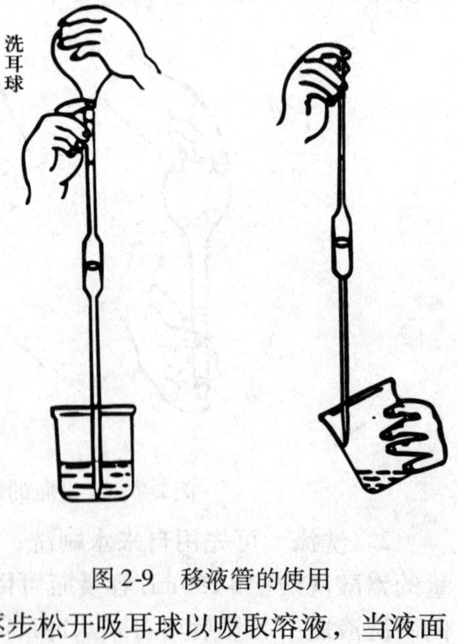

图2-9　移液管的使用

切。此时，应立即用食指按紧管口，使液体不再流出。将接受容器倾斜45°角，小心把移液管移入接受溶液的容器，使移液管的下端与容器内壁上方接触，松开食指，让溶液自由流下，当溶液流尽后再停15s，并将移液管向左右转动一下，取出移液管。注意，除标有“吹”字样的移液管外，不要将残留在移液管尖内部的液体吹出，因为在校准移液管容积时，没有算上这部分液体。

具有双标线的移液管放液体时，应注意下标线。

第三章 定量分析的基本操作练习

实验一 天平称量练习

一、目的要求

1. 掌握分析天平的构造、原理和使用方法
2. 掌握差减称量法的操作及注意事项

二、实验原理

对一些不易吸水、在空气中稳定、无腐蚀性的物品，可采用直接称量法称量。当待称量物质是易吸水、易氧化、易吸收CO_2等物质时，应使用差减称量法称量。

三、实验用品

1. 仪器：单盘电光天平，称量瓶，坩埚。
2. 药品：NaCl。

四、操作步骤

1. 直接称量法

称量坩埚 操作分析天平，完成坩埚称量。

分析天平称量练习一

称量次数 / 称量数据 / 项目	Ⅰ	Ⅱ	Ⅲ
坩埚重(A)/g			
坩埚盖重(B)/g			
坩埚+坩埚盖(C)/g			
C-(A+B)/g			

2. 差减称量法

称量准备好的坩埚质量m_0。将已装入试样的称量瓶轻轻放入天平的秤盘上，准确称量其质量m_1，记下读数，读数应准确至0.00005g(或0.00002g)，然后，减去0.5g砝码，将称量瓶从天平中取出，在已称量过的坩埚口上方取下瓶盖，使瓶体倾斜(注意：切勿让试样洒出容器之外)，轻轻弹击称量瓶口，倾出约0.5g试样后，使瓶体立正，再轻弹击称量瓶外壁，盖好称量瓶盖，重新称量。若砝码太轻，表示倾出试样不足0.5g，应继续小心地将样品倾出，反复操作几次，直到倾出样品量接近0.5g时为止。准确称量其质量m_2，记录数

据。则倾出试样质量 $m=(m_1-m_2)$，称量已倾入样品的坩埚重 m_3，计算倾入样品重 m′，检验称量结果。

五、数据处理

分析天平使用练习二

称量内容	称量结果		
	Ⅰ	Ⅱ	Ⅲ
坩埚重(m_0)/g			
称量瓶及样品重(m_1)/g			
倾出部分样品后称量瓶重(m_2)/g			
倾出样品重($m=m_1-m_2$)/g			
倾入样品后的坩埚(m_3)/g			
倾入的样品重($m'=m_3-m_0$)/g			
检验称量结果($d=m-m'$)/g			

六、思考题

1. 本次实验用的天平可读到小数点后几位(以 g 为单位)？是否要求估读?
2. 本次实验误差的主要来源?

实验二　滴定分析基本操作练习

实验前，先预习本教材有关的内容或观看滴定分析基本操作录像。主要内容为：滴定管的使用与滴定分析基本操作；容量瓶和移液管(吸量管)的使用。

一、实验目的

1. 学习、掌握滴定分析常用仪器的洗涤和正确使用方法。
2. 通过练习滴定操作，初步掌握甲基橙、酚酞指示剂终点的确定。

二、实验原理

0.1mol·L^{-1}HCl 溶液(强酸)和 0.1 mol·L^{-1}NaOH(强碱)相互滴定时，化学计量点时的 pH 为 7.0，滴定的 pH 突跃范围为 4.3 ~ 9.7，选用在突跃范围内变色的指示剂，可保证测定有足够的准确度。甲基橙的 pH 变色区域是 3.1(红) ~ 4.4(黄)，酚酞的 pH 变色区域是 8.0(无色) ~ 9.6(红)。在指示剂不变的情况下，一定浓度的 HCl 溶液和 NaOH 溶液相互滴定时，所消耗体积的比值 $V(HCl)/V(NaOH)$ 应是一定值，改变被滴定溶液的体积，此体积之比应基本不变。由此，可以检验滴定操作技术和判断终点的能力。

三、主要试剂和仪器

1. HCl 溶液（分析纯）。
2. 固体 NaOH。

3. 1 $g\cdot L^{-1}$甲基橙溶液。

4. 2 $g\cdot L^{-1}$酚酞乙醇溶液。

5. 百里酚蓝 - 甲酚红混合指示剂。

四、实验步骤

1. 溶液配制

(1)0.1$mol\cdot L^{-1}$HCl 溶液　用洁净量杯量取约______ mL HCl(浓)溶液，倒入装有少量去离子水的 1 L 试剂瓶中，再加入去离子水稀释至 1 L，盖上玻璃塞，摇匀。

(2)0.1 $mol\cdot L^{-1}$NaOH 溶液 称取固体 NaOH ______ g，(如何算得的?)置于 250mL 烧杯中，马上加入去离子水使之溶解，稍冷却后转入试剂瓶中①，继续加去离子水稀释至 1L，用橡皮塞塞好瓶口，充分摇匀②。

2. 酸碱溶液的相互滴定

(1)用 0.1$mol\cdot L^{-1}$ NaOH 溶液润洗滴定管 2 ~ 3 次，每次用 5 ~ 10mL 溶液润洗。然后将 NaOH 溶液倒入滴定管中，使滴定管液面调节至“0.00”刻度。

(2)用 0.1$mol\cdot L^{-1}$盐酸溶液润洗另一只滴定管 2 ~ 3 次，每次用 5 ~ 10mL 溶液，然后将盐酸溶液倒入滴定管中，调节滴定管内液面到“0.00”刻度。

(3)在 250mL 锥形瓶中加入约 20mL NaOH 溶液，2 滴甲基橙指示剂，用滴定管中的 HCl 溶液进行滴定操作练习。务必熟练掌握操作：练习过程中，可以不断补充 NaOH 和 HCl 溶液，反复进行，直至操作熟练后，再进行(4)、(5)、(6)的实验步骤。

(4)由滴定管中放出 NaOH 溶液 20 ~ 25mL 于锥形瓶中，放出时以每分钟约 10mL 的速度，即每秒滴入 3 ~ 4 滴溶液，加入 1 滴甲基橙指示剂，用 0.1$mol\cdot L^{-1}$HCl 溶液滴定至黄色转变为橙色③。记下读数。平行滴定三份。数据按下面表格记录。计算体积比 $V(HCl)/V(NaOH)$，要求相对偏差在 ± 0.3% 以内。

(5)用移液管吸取 25.00mL 0.1$mol\cdot L^{-1}$HCl 溶液于 250mL 锥形瓶中，加 2 ~ 3 滴酚酞指示剂，用 0.1$mol\cdot L^{-1}$NaOH 溶液滴定溶液呈浅粉色，此浅粉色保持 30 s 不褪色即为终点。如此平行测定三份，要求三次之间所消耗 NaOH 溶液的体积的最大差值不超过 ± 0.04mL。记录数据。

(6)同(5)操作，改变指示剂，选用百里酚蓝-甲酚红混合指示剂。平行测定三份，所消耗 NaOH 溶液的体积，三次之间的最大差值要求≤ ±0.04mL。记录数据。

---

① 这种配制方法对于初学者较为方便，但不严格。因为 NaOH 常因吸收 CO_2 而混有少量 Na_2CO_3，以致在分析结果中导致误差。如要求严格，必须设法除去 CO_3^{2-} 离子(为了除去 NaOH 吸收 CO_2 形成的 Na_2CO_3，称取 5 - 6g 固体 NaOH，置于 250mL 烧杯中，用煮沸并冷却后的去离子水 5 ~ 10mL 迅速洗涤 2 ~ 3 次，以除去 NaOH 表面上少量的 Na_2CO_3。余下的固体 NaOH，用水溶解后加水稀释至 1L)。

② NaOH 溶液腐蚀玻璃，不能使用玻璃塞，否则长久放置，瓶子打不开，且浪费试剂。一定要使用橡皮塞。长期久置的 NaOH 标准溶液，应装入广口瓶中，瓶塞上部装有一碱石灰装置，以防止吸收 CO_2 和水分。

③ 如果甲基橙由黄色转变为橙色终点不好观察，可用三个锥形瓶比较：一锥形瓶中放入 50mL 水，滴入甲基橙 1 滴，呈现黄色；另一锥形瓶中加入 50mL 水，滴入甲基橙 1 滴，滴入 1/4 或 1/2 滴 0.1$mol\cdot L^{-1}$HCl 溶液，则为橙色；另取一锥形瓶，其中加入 50mL 水，滴入 1 滴甲基橙，滴入 1 滴 0.1$mol\cdot L^{-1}$NaOH，则呈现深黄色。比较后有助于确定橙色。

3. 滴定记录表格

(1) HCl 溶液滴定 NaOH 溶液(指示剂：甲基橙)

滴定瓶号码 / 记录项目	Ⅰ	Ⅱ	Ⅲ
V(NaOH)/mL			
V(HCl)/mL			
V(HCl)/ V(NaOH)			
平均值 V(HCl)/ V(NaOH)			
相对偏差/%			
平均相对偏差/%			

(2) NaOH 溶液滴定 HCl 溶液(指示剂：酚酞)

滴定瓶号码 / 记录项目	Ⅰ	Ⅱ	Ⅲ
V(HCl)/mL			
V(NaOH)/mL			
$\overline{V}$(NaOH)/mL			
n 次间 V(NaOH)最大绝对差值/mL			

(3) NaOH 溶液滴定 HCl 溶液(指示剂：百里酚蓝—甲酚红混合指示剂)

滴定瓶号码 / 记录项目	Ⅰ	Ⅱ	Ⅲ
V(HCl)/mL			
V(NaOH)/mL			
$\overline{V}$(NaOH)/mL			
n 次间 V(NaOH)最大绝对差值/mL			

五、思考题

1. 配制 NaOH 溶液时，应选用何种天平称取 NaOH？为什么？

2. HCl 和 NaOH 溶液能直接配制准确浓度吗？为什么？

3. 在滴定分析实验中，滴定管、移液管为何需要用滴定剂和要移取的溶液润洗几次？滴定中使用的锥形瓶是否也要用滴定剂润洗？为什么？

4. HCl 溶液与 NaOH 溶液定量反应完全后，生成 NaCl 和 H_2O，为什么用 HCl 滴定 NaOH 时采用甲基橙作为指示剂，而用 NaOH 滴定 HCl 溶液时使用酚酞(或其它适当的指示剂)？

第四章　滴定分析实验

第一节　酸碱滴定法

实验三　NaOH 溶液的标定及比较滴定

一、目的要求

1. 巩固分析天平的使用，熟练掌握滴定操作
2. 掌握碱溶液的标定和比较滴定方法

二、实验原理

1. NaOH 标定

NaOH 容易吸收空气中的水蒸气和 CO_2，盐酸容易挥发放出 HCl 气体。故它们都不能用直接法配制标准溶液，只能用间接法配制，然后用基准物标定其准确浓度。

NaOH 常用 $KHC_8H_4O_4$（邻苯二甲酸氢钾）标定，反应如下：

$$KHC_8H_4O_4 + NaOH = KNaC_8H_4O_4 + H_2O$$

达到化学计量点时，溶液呈碱性（$KNaC_8H_4O_4$），pH≈9，可选用酚酞作指示剂。

由反应式可知　$n(KHC_8H_4O_4) = n(NaOH)$，因此：

$$c(NaOH) \cdot V(NaOH) \times 10^{-3} = m(KHC_8H_4O_4)/M(KHC_8H_4O_4)$$

2. NaOH 和 HCl 比较滴定

$$NaOH + HCl = NaCl + H_2O$$

反应达到化学计量点时：$c(NaOH) \cdot V(NaOH) = c(HCl) \cdot V(HCl)$

$c(NaOH)$ 与 $c(HCl)$ 固定，因此 $c(NaOH)/c(HCl) = V(HCl)/V(NaOH)$

理论上为一常数。故在已知任何一种溶液浓度的基础上，可以通过测定其体积比求算另一种溶液的浓度。

三、仪器和试剂

1. 仪器

50 mL 酸碱两用滴定管一支，250 mL 锥形瓶三个，25 mL 移液管一支；

2. 试剂

0.2% 甲基橙水溶液；0.2% 酚酞乙醇溶液；邻苯二甲酸氢钾（AR）

四、实验内容

1. 0. 1mol · L^{-1} NaOH 溶液的标定

准确称取邻苯二甲酸氢钾三份，每份重约____g 左右，分别置于锥形瓶中，各加 30 mL 煮沸后冷却的去离子水溶解(也可采用定容法配制标准邻苯二甲酸氢钾溶液)，然后加入 1 ~ 2 滴酚酞指示剂，用配好的 NaOH 溶液滴至浅粉色并在 30 秒内不褪色，即为终点。计算其浓度。要求标定结果相对误差小于 0. 2% 。

2. 比较滴定

用 25. 00 mL 移液管移取 25. 00 mL NaOH 溶液于锥形瓶中，加入 1 滴甲基橙指示剂，用 HCl 溶液滴定至溶液由黄色变为橙色，即为终点，记录 HCl 溶液的体积，平行测定三次。求出各次滴定的 $V(HCl)/V(NaOH)$。

要求三次测定结果的相对误差小于 0. 2%。

由已标定的 NaOH 的准确浓度及二者体积比的平均值，计算 HCl 的准确浓度。

五、数据处理

0. 1mol · L^{-1} NaOH 溶液的标定

指示剂：________　终点颜色由________色变为________色

项目		实验数据		
		Ⅰ	Ⅱ	Ⅲ
基准物	$KHC_8H_4O_4$ 和称量瓶重(g)			
	倾出后 $KHC_8H_4O_4$ 和称量瓶重(g)			
	$KHC_8H_4O_4$ 重(g)			
滴定量	NaOH 溶液终读数(mL)			
	NaOH 溶液初读数(mL)			
	NaOH 用量(mL)			
NaOH 溶液浓度 $c(NaOH)$				
溶液的平均浓度 $\bar{c}(NaOH)$				
绝对偏差				
绝对平均偏差				
相对平均偏差				

比较滴定(HCl 滴定 NaOH)

指示剂：________　终点颜色由________色变为________色

项　目	实验数据		
	Ⅰ	Ⅱ	Ⅲ
滴定管初读数(mL)			
滴定管终读数(mL)			
HCl 用量(mL)			

（续）

项　目	实验数据		
	Ⅰ	Ⅱ	Ⅲ
NaOH 用量(mL)			
$V(HCl)/V(NaOH)$			
$\overline{V(HCl)/V(NaOH)}$			
$C(HCl)(mol \cdot L^{-1})$			

六、思考题

1. 为什么 HCl 和 NaOH 标准溶液都不能用直接法配制？

2. 基准物称完后，需加 30 mL 去离子水溶解，去离子水的体积是否要准确量取？为什么？

3. 如果 NaOH 标准溶液在保存过程中吸收了空气中的 CO_2，用该溶液滴定 HCl 时，以甲基橙为指示剂，对测量结果有何影响？若用酚酞为指示剂，情况如何？

4. 标定 NaOH 标准溶液的基准物质常用的有哪几种？本实验选用的基准物质是什么？与其它基准物质比较，它有什么显著的优点？

实验四　氨水的测定

一、目的要求

1．掌握 $NH_3 \cdot H_2O$ 的测定原理及方法

2．了解返滴定法的操作原理

二、实验原理

$NH_3 \cdot H_2O$ 是农用氮肥之一。它是一种弱碱，理论上可用强酸直接滴定。但由于 NH_3 易挥发，所以普遍使用返滴定的方式进行，即先取一定量的过量 HCl 标准溶液于锥形瓶中，再加入一定量的 $NH_3 \cdot H_2O$ 样品与 HCl 充分作用，剩余的 HCl 用 NaOH 标准溶液进行返滴定，其反应过程：

HCl(过量) + NH_3 = NH_4Cl + HCl(剩余)

HCl(剩余) + NaOH = NaCl + H_2O

由于溶液中存在 NH_4Cl，NH_4^+ 是弱酸，其 pH≈5.3，可选甲基红为指示剂。结果以 $\rho(NH_3)$ 表示：

$$\rho(NH_3) = \frac{[c(HCl) \cdot V(HCl) - c(NaOH) \cdot V(NaOH)] \cdot M(NH_3)}{V(NH_3)} \times 稀释倍数$$

三、实验(用品)仪器及试剂

1. 仪器

滴定管(50 mL)；　　锥形瓶(250 mL)；　　移液管(25 mL)。

2. 药品

HCl 标准溶液(已标定)；　　NaOH 标准溶液(已标定)；

0.15mol · L^{-1} NH_3 · H_2O 溶液；　　甲基红指示剂。

四、操作步骤

从滴定管中慢慢放出 40.00 mL HCl 标准溶液于 250 mL 锥形瓶中，然后用移液管移取 25.00 mL 0.15 mol · $L^{-1}$$NH_3$ · H_2O 放入盛有 HCl 的锥形瓶中，加入 3 滴甲基红，溶液呈红色，若呈黄色说明 HCl 加入量不足，应适量补加。然后用 NaOH 标准溶液滴定剩余的 HCl 溶液，直至溶液由红色刚变为橙色即为终点，记录所用 NaOH 的量，平行实验 2 ~ 3 次。计算 NH_3 · H_2O中的 NH_3含量的平均值及相对平均偏差和相对偏差。亦可用含 N 量表示：

$$\rho(N) = \rho(NH_3) \cdot \frac{M(N)}{M(NH_3)}$$

五、数据记录

实验次数	1	2	3
$V(NH_3 \cdot H_2O)$(mL)			
V(HCl)(mL)			
V(NaOH)(mL)			
$\rho(N)(g \cdot mL^{-1})$			
$\overline{\rho(N)(g \cdot mL^{-1})}$			

c(NaOH) =　　　　c(HCl) =

六、思考题

1. 本实验用 NaOH 标准溶液滴定过量的盐酸溶液，化学计量点处体系是否呈中性？为什么？

2. 为何 NH_3的测定不适宜用直接滴定法？

实验五　铵盐中氮含量的测定(甲醛法)

一、目的要求

1. 掌握甲醛法测定铵盐中氮含量的原理和方法
2. 学习用酸碱滴定法间接测定氮肥中的含氮量
3. 学会除去试剂中的甲酸和试样中的游离酸的方法

二、实验原理

$(NH_4)_2SO_4$为常用的氮肥之一。由于 NH_4^+ 的酸性太弱($K_a^\theta = 5.6 \times 10^{-10}$)，故无法用 NaOH 直接滴定。一般先将$(NH_4)_2SO_4$与 HCHO 反应，生成等物质的量的游离态的 H^+ 及质子化六亚甲基四胺($K_a^\theta = 7.1 \times 10^{-6}$)，质子化六亚甲基四胺和 H^+ 可用 NaOH 标准溶液同时

直接滴定，终点时溶液呈弱碱性，可用酚酞做指示剂。其反应式为：

$$4NH_4^+ + 6HCHO = (CH_2)_6N_4 + 4H^+ + 6H_2O$$

由反应式知，1mol NaOH 可间接地同 1molNH_4^+完全反应。

由于溶液中存在的六亚甲基四胺是一种弱碱($K_b^\theta = 1.4\times10^{-9}$)，化学计量点时，溶液的 pH≈8.7，故选用酚酞为指示剂。

铵盐与甲醛的反应在室温下进行较慢，加甲醛后，需放置几分钟，使反应完全。

甲醛中常含有少量甲酸，使用前必须先以酚酞为指示剂，用 NaOH 溶液中和，否则会使测定结果偏高。

有时铵盐中含有游离酸，应利用中和法除去：以甲基红为指示剂，用 NaOH 标准溶液滴定铵盐溶液至橙色，记录 NaOH 溶液用量 V_1。另取等量铵盐溶液，加甲醛溶液和酚酞指示剂，用 NaOH 标准溶液滴定至浅粉色，在 30 秒内不褪色，即为终点。记录 NaOH 溶液用量 V_2。两次滴定所耗 NaOH 溶液的体积之差($V_2 - V_1$)，即为测定铵盐中氮的质量分数所需 NaOH 溶液的体积 V。

若在一份试液中，用两种指示剂连续滴定，溶液颜色变化复杂，终点不易观察。

三、仪器和试剂

1. 仪器

50 mL 酸碱两用滴定管一支；250 mL 锥形瓶三个；100 mL 烧杯一个；150 mL 容量瓶一个；25 mL 移液管一支。

2. 试剂

NaOH 标准溶液($0.1mol\cdot L^{-1}$)；$(NH_4)_2SO_4$固体；酚酞指示剂。

18% HCHO：将 37% 甲醛溶液用等体积的去离子水稀释后，加 2 滴酚酞指示剂，滴加 $0.1\ mol\cdot L^{-1}$ NaOH 标准溶液至溶液呈浅粉色)。

四、操作步骤

1. 配制$(NH_4)_2SO_4$待测液

差减法准确称取 0.9~1.2g$(NH_4)_2SO_4$试样于烧杯中，加 30 mL 去离子水溶解，定量转移至 150 mL 容量瓶中定容，摇匀。

2. 中和游离酸

用移液管移取 25.00 mL 试液于锥形瓶中，加 2 滴甲基红指示剂，如呈红色，表示有游离酸，需用 NaOH 标准溶液滴定到橙色，记下 NaOH 用量 V_1 mL。

3. 测定

用移液管移取 25.00 mL $(NH_4)_2SO_4$试液于锥形瓶中，加 5 mL 18% 中性 HCHO 溶液，放置 5min 后，加 1~2 滴酚酞指示剂，用 NaOH 标准溶液滴定至溶液呈浅粉色，即为终点。记录所消耗 NaOH 溶液的体积 V，平行测定三次。计算试样中 N 的质量分数。(如果有游离酸，下式中的 $V(NaOH) = V - V_1$，否则为 V)

计算公式：$$w(N) = \frac{c(NaOH)\cdot V(NaOH)\cdot M(N)}{m_s\times\frac{25}{150}}\times100\%$$

五、数据处理

$(NH_4)_2SO_4$含氮量的测定

	倾出前（称量瓶＋试样）质量 m_1/g	倾出后（称量瓶＋试样）质量 m_2/g
称量记录		
试样质量 m_s/g	$m_s = m_1 - m_2 =$	

滴定数据记录与处理

滴定次数	1	2	3
NaOH 终读数/mL			
NaOH 初读数/mL			
NaOH 消耗量/mL			
NH_4^+ 的移取体积/mL			
$c(NaOH)/mol \cdot L^{-1}$			
$w(N)/\%$			
$\overline{w(N)}/\%$			
$d_r/\%$			

六、思考题

1. $(NH_4)_2SO_4$试样溶于去离子水后，能否用 NaOH 标准溶液直接测定氮含量？为什么？

2. 用 NaOH 标准溶液中和$(NH_4)_2SO_4$样品中的游离酸时，能否选用酚酞指示剂？为什么？

实验六　不同强度酸碱之间的滴定

一、目的要求

1. 深入掌握酸碱滴定的有关理论。
2. 判断滴定能否进行？何谓分级滴定？
3. 学会正确选用酸碱指示剂。

二、实验原理

在酸碱滴定中，要解决的两个重要问题是：（1）待测定的酸（或碱）能否被准确滴定。（2）如何选择合适的指示剂。

强碱滴定不同强度的弱酸时，酸性越弱，则突跃范围越小，当弱酸的 $c \cdot K_a^\theta < 10^{-8}$时，就不能准确滴定。这就是说，在实际滴定中指示剂没有颜色的突变，不能确定终点。

有些不能滴定的弱酸，可以用强化法来滴定。如用 $0.1mol \cdot L^{-1}$ NaOH 滴定硼酸($K_{a1}^\theta = 7.3 \times 10^{-10}$)时先将硼酸与多元醇，如甘油、甘露醇等配位，生产较强的酸，如硼酸-甘油配合酸，其离解常数约为 10^{-6}。多元醇与硼酸的反应式如下：

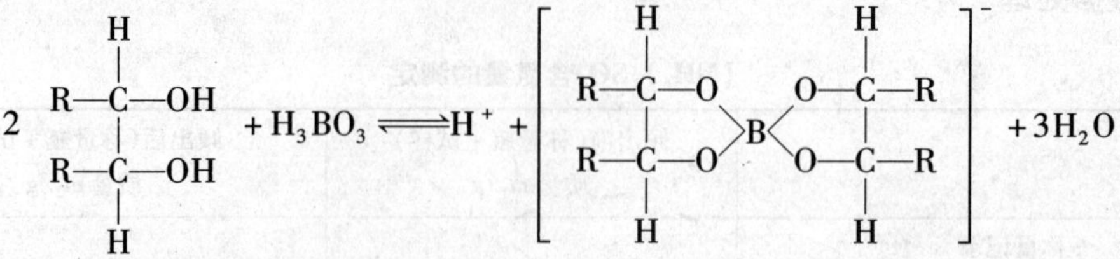

这些配合酸的离解常数比硼酸大1000倍以上，可以用 NaOH 滴定。

在多元酸（或碱）的滴定中，例如 $H_2C_2O_4$（$K_{a1}^{\theta}=5.6\times10^{-2}$，$K_{a2}^{\theta}=6.4\times10^{-5}$），由于 K_{a1}^{θ} 与 K_{a2}^{θ} 的数值相差较小，在第一化学计量点时，指示剂颜色没有突变，但因 K_{a2}^{θ} 值较大，可以用 NaOH 溶液滴定，所以，用 NaOH 滴定 $H_2C_2O_4$ 时只有一个突跃，即直接滴至第二级离解的 H^+。

一般情况下，多元酸的 K_{a1}^{θ}、K_{a2}^{θ} 值大于 10^4 时，才能分级滴定。例如 H_3PO_4（$K_{a1}^{\theta}=7.5\times10^{-3}$，$K_{a2}^{\theta}=6.2\times10^{-8}$，$K_{a3}^{\theta}=2.2\times10^{-13}$）$K_{a_1}^{\theta}/K_{a2}^{\theta}>10^4$，在第一化学计量点有突跃；$K_{a2}^{\theta}/K_{a3}^{\theta}>10^4$，在第二化学计量点也有突跃；而 $K_{a3}^{\theta}\leqslant10^{-7}$，不能被准确滴定，所以 H_3PO_4 有二个突跃，可以滴至第二级离解的 H^+。

用 NaOH 滴定两种离解常数相差较大的弱酸，如 HAc 和 H_3BO_3（浓度均为 $0.1mol\cdot L^{-1}$）的混合溶液时，由于 $K_a^{\theta}(HAc)/K_{a1}^{\theta}(H_3BO_3)>10^4$，因此，在 H_3BO_3 的存在下能够滴定 HAc，而 H_3BO_3 不会被滴定。由于溶液中有 H_3BO_3 的存在下能够滴定 HAc，与 NaOH 滴定 HAc 时不同。滴定混合溶液中 HAc 时化学计量点的 pH 可按下式计算：

$$pH=\lg\left(\sqrt{\frac{c(H_3BO_3)\times K_a^{\theta}(HAc)\times K_{a1}^{\theta}(H_3BO_3)}{c(HAc)}}\right)$$

三、仪器和试剂

1. 仪器

50 mL 酸碱两用滴定管一支；250 mL 锥形瓶三个；10 mL 移液管四支；10 mL 量筒一个。

2. 试剂

(1) $0.1mol\cdot L^{-1}$ NaOH 标准溶液

(2) $0.1mol\cdot L^{-1}$ HAc 溶液

(3) $0.1mol\cdot L^{-1}$ H_3BO_3 溶液

(4) $0.1mol\cdot L^{-1}$ $H_2C_2O_4$ 溶液

(5) $0.1mol\cdot L^{-1}$ H_3PO_4 溶液

(6) 1:1 甘油水溶液

(7) 0.2% 酚酞乙醇溶液

(8) 0.2% 甲基橙水溶液

(9) 0.2% 甲基红乙醇溶液

(10) 0.2% 百里酚蓝乙醇溶液

(11)0.2% 百里酚酞乙醇溶液

(12)0.1% 中性红乙醇与0.1% 亚甲基蓝乙醇混合溶液(1:1)

四、实验内容

(一)强碱滴定不同强度的弱酸

1. NaOH 滴定 HAc

用移液管移取10.00 mL HAc 溶液，加去离子水10 mL，再加入所选择的指示剂1～2滴，用 NaOH 标准溶液滴定至终点。平行测定三次，计算 HAc 溶液的浓度。

2. NaOH 直接滴定 H_3BO_3

用移液管移取10.00 mL H_3BO_3溶液于锥形瓶中，加10 mL 去离子水、10mL 1:1 甘油水溶液和2滴酚酞指示剂，用 NaOH 标准溶液滴定至溶液显浅粉色，继续加5 mL 1:1 甘油水溶液，如红色消失，再用 NaOH 溶液滴定至浅粉色。如此反复操作，直到加入甘油后，溶液浅粉色不再消失为止。通常加两次甘油即可。

比较实验1与2中所产生的现象有何不同，为什么?

(二)分级滴定和分别滴定

1. NaOH 滴定 $H_2C_2O_4$

根据预习时拟定实验步骤做实验。通过实验说明 $H_2C_2O_4$能否分级滴定?滴定到哪一级?

2. NaOH 滴定 H_3PO_4

根据预习时拟定的实验步骤进行，通过实验说明 H_3PO_4能否分级滴定?滴定到哪一级?

比较实验1和2中所产生的现象有何不同?如果同浓度的 NaOH 滴定同浓度的 $H_2C_2O_4$和 H_3PO_4，所消耗的 NaOH 溶液体积是否相同?为什么?根据实验总结多元酸分级滴定的条件。

3. 用 NaOH 滴定 HAc 和 H_3BO_3混合溶液中的 HAc

移取10.00 mL HAc 溶液和10.00 mL H_3BO_3溶液放于同一锥形瓶中，加入所选择的指示剂1～2滴，用 NaOH 标准溶液滴定到终点。记录所消耗的 NaOH 溶液的体积，并与本实验(一)中1进行比较，并回答下列问题：①理论上二者消耗的 NaOH 体积是否相同?②滴定 HAc 和 H_3BO_3混合溶液中的 HAc 时，消耗的 NaOH 溶液体积略多还是略少?为什么?③若二者都用酚酞为指示剂，结果如何?为什么?

五、思考题

1. 用0.1mol·L^{-1}NaOH 溶液滴定0.1mol·L^{-1}HAc 和0.1mol·$L^{-1}$$H_3BO_3$混合溶液中的 HAc，化学计量点的 pH 为多少?应选用何种指示剂?

2. 用0.1mol·L^{-1}NaOH 溶液滴定0.1mol·$L^{-1}$$H_2C_2O_4$溶液时，分别回答以下问题：

① 能不能分级滴定?滴定到哪一级?

② 化学计量点的 pH 是多少?

③ 选择何种指示剂?

④ 拟出滴定步骤。

实验七 非水滴定法测 α－氨基酸含量

一、实验目的

1. 掌握非水滴定法的基本原理及特点
2. 了解非水滴定法的基本操作

二、实验原理

α－氨基酸分子中含有 $-NH_2$ 和 $-COOH$，为两性物质，在水溶液中，它作为酸或碱离解的趋势均很弱（如氨基乙酸其羧基上的氢 $K_a^\theta = 2.5 \times 10^{-10}$，氨基作为碱 $K_b^\theta = 2.2 \times 10^{-12}$），无法准确滴定，但在非水介质（如冰乙酸）中，可以用 $HClO_4$ 作滴定剂，结晶紫为指示剂准确滴定，

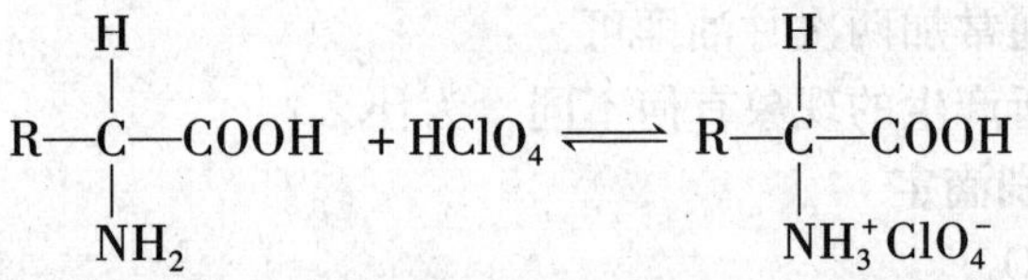

产物为 α－氨基酸的高氯酸盐，呈酸性。

结晶紫在强酸介质中为绿色，pH＝2 左右为蓝色，pH 大于 3.0 时为紫色，因而滴定时体系由紫色变为蓝（绿）色即为终点，或用电势滴定法确定滴定终点。

若试样在冰乙酸中难溶，可加入适量甲酸助溶，或加入已知量过量 $HClO_4$－冰乙酸溶液待试样溶解完全后，以 NaAc－冰乙酸返滴定。

α-氨基酸亦可在二甲基甲酰胺等碱性溶剂中用甲醇钾或季铵碱（R_4NOH）等碱性标准溶液滴定羧酸中的 H^+，以百里酚蓝为指示剂由黄色滴定到蓝色为终点。

三、主要试剂和仪器

1. 0.1mol · L^{-1} $HClO_4$－冰醋酸滴定剂在低于 25℃ 的 250mL 冰乙酸中慢慢加入 2mL $w = 70\% \sim 72\%$ 的高氯酸，混匀后再加入 4mL 乙酸酐①反应完全。
2. 邻苯二甲酸氢钾基准物质：在 105～110℃ 干燥 2 h，在干燥器中用广口瓶保存备用。
3. 结晶紫：2g · L^{-1} 冰醋酸溶液
4. 冰醋酸
5. 乙酸酐
6. 甲酸
7. α-氨基酸试样 可以选用氨基乙酸、丙氨酸、谷氨酸、甘氨酸等。

① 乙酸酐可与水反应形成乙酸，脱去试液中的水分。

四、实验步骤

1. $HClO_4$ - 冰醋酸滴定剂的标定

准确称取 $KHC_8H_4O_4$ 基准物质 0.2g 左右于置洁净、干燥的[①]锥形瓶中，加入 20～25mL 冰醋酸使其溶解完全，必要时可温热数分钟，冷却至室温，加入 1～2 滴结晶紫指示剂，用 $HClO_4$ - 冰醋酸滴定剂滴定，体系由紫色转变为蓝(绿)色时即为终点。取同量冰醋酸溶剂作空白试验，标定结果应扣除空白值。

2. α-氨基酸含量的测定

准确称取试样 0.1g 左右于 100mL 小烧杯中，加入 20mL 冰醋酸溶解，若试样溶解不完全，可加 1mL 甲酸助溶，加入 1mL 乙酸酐以除去试液中的水分，加入 1 滴结晶紫指示剂，以 $HClO_4$ - 冰醋酸溶液滴定，体系由紫色变为蓝(绿)色即为终点。计算 α - 氨基酸的含量。

五、思考题

1. 在 $HClO_4$ - 冰醋酸滴定剂中为什么要加入乙酸酐？

2. 邻苯二甲酸氢钾常用于标定 NaOH 水溶液，为何在本实验中作为标定 $HClO_4$ - 冰醋酸的基准物质？

3. 冰醋酸对于 $HClO_4$，H_2SO_4，HCl 和 HNO_3 4 种酸是什么溶剂？水对于它们又是什么溶剂？

4. 氨基乙酸在水中以什么形态存在？

第二节　配位滴定法

实验八　水硬度的测定

一、目的要求

1. 学习配位滴定法测定水的总硬度的原理和方法
2. 学习 EDTA 标准溶液的配制和标定方法
3. 熟悉金属指示剂变色原理及滴定终点的判断

二、实验原理

含有较多钙盐和镁盐的水，称为硬水。水的硬度以水中 Ca^{2+}、Mg^{2+} 折合成 CaO 来计算，每升水中含 10mg CaO 为 1 度(1°)，测定水的硬度就是测定水中 Ca^{2+}、Mg^{2+} 的含量。

一般把小于 4°的水，称为很软的水，4°～8°的水称为软水，8°～16°的水称为中等硬水，16°～32°的水称为硬水，大于 32°的水称为很硬水。生活用水的总硬度一般不超过 25°。各种工业用水对硬度有不同的要求。水的硬度是水质的一项重要指标，测定水的硬度有很重要

---

① 非水滴定过程不能带入水，烧杯，量筒等容量均要干燥。

的意义。

在 $pH > 10$ 时，EDTA 主要以 Y^{4-} 形式存在，能够与金属配合生成较稳定的配合物。不同的金属离子与 EDTA 配位的能力有所差别。测定 Ca^{2+}、Mg^{2+} 总量时，用缓冲溶液调节溶液的 pH，使 $pH = 10$，以铬黑 T 为指示剂，化学计量点前 Ca^{2+}，Mg^{2+} 和铬黑 T 形成红色配合物，但配合物稳定性 $CaY^{2-} > MgIn^{-} > CaIn^{-}$，所以用 EDTA 标准溶液滴定至终点时，EDTA将把铬黑 T 取代出来而使溶液呈蓝色。

用 EDTA 测定 Ca^{2+} 时，先用 NaOH 调节溶液的 pH，使 $pH \approx 12$，则 Mg^{2+} 生成 $Mg(OH)_2$ 沉淀，此时加入钙指示剂，则它与 Ca^{2+} 配位呈红色。当加入 EDTA 标准溶液时，EDTA 先与游离的 Ca^{2+} 形成配合物，然后夺取与指示剂配位的 Ca^{2+}，使指示剂游离出来。溶液由红色变成蓝色时，表示已到终点。

水中 Al^{3+}、Fe^{3+} 等对测定有干扰作用，可加三乙醇胺或 NaF 掩蔽。

三、仪器与试剂

1. 仪器

50mL 酸碱两用滴定管；50.00mL 移液管；250mL 锥形瓶；量筒(10mL)；烧杯。

2. 药品

(1) EDTA 二钠盐($Na_2H_2Y \cdot 2H_2O$，AR)。

(2) $NH_3 \cdot H_2O - NH_4Cl$ 缓冲溶液($pH = 10$，称取 54 克 NH_4Cl 溶于 H_2O 中，加入 350mL$NH_3 \cdot H_2O$($15mol \cdot L^{-1}$))用去离子水稀释至 1L。

(3) $6mol \cdot L^{-1}$ NaOH 溶液。

(4) 0.5% 铬黑 T 指示剂(铬黑 T 与 NaCl 按 1∶100 混合)。

(5) 1% 钙指示剂。

(6) $MgSO_4 \cdot 7H_2O$(A. R.)。

四、操作步骤

1. EDTA 标准溶液的配制与标定

(1) $0.01mol \cdot L^{-1}$ EDTA 标准溶液的配制

称取 0.9g 左右 EDTA 二钠盐于烧杯中，加去离子水溶解，配成 250mL EDTA 溶液，置于试剂瓶中，摇匀备用。

(2) EDTA 标准溶液的标定

①准确称取 0.4g 左右 $MgSO_4 \cdot 7H_2O$ 于烧杯中，溶解后，定容至 150mL，计算 $c(Mg^{2+})$。

$$c(Mg^{2+}) = \frac{m(Mg^{2+}) \times 1000}{M(MgSO_4 \cdot 7H_2O) \cdot V}$$

②用移液管吸取 Mg^{2+} 标准溶液 25.00mL 于锥形瓶中，加 $NH_3 \cdot H_2O - NH_4Cl$缓冲溶液 5mL，铬黑 T 指示剂约 30mg(约绿豆大小)，用 EDTA 滴定至溶液由红色变为蓝色即为终点。做平行实验 2 ~ 3 次。根据 $V(Mg^{2+})$、$c(Mg^{2+})$ 和 $V(EDTA)$，计算出 $c(EDTA)$。

$$c(EDTA) = \frac{c(Mg^{2+}) \cdot V(Mg^{2+})}{V(EDTA)}$$

2. Ca^{2+}、Mg^{2+}总量的测定

用移液管吸取水样50.00mL于锥形瓶中，加$NH_3 \cdot H_2O$ - NH_4Cl缓冲溶液5mL，铬黑T指示剂约30mg，用EDTA标准溶液滴定至溶液由红色变为蓝色即为终点，记下EDTA标准溶液用量V_1。做平行实验2~3次。

3. Ca^{2+}含量的测定

用移液管吸取水样50.00mL于锥形瓶中，加6mol·L^{-1} NaOH 2mL，调节溶液pH>12，加入约30mg钙指示剂，用EDTA标准溶液滴至溶液由红色变为蓝色，此时即为终点，记录EDTA标准溶液用量V_2。平行3次。

五、数据记录和结果计算

1. 标定EDTA标准溶液

$m(MgSO_4 \cdot 7H_2O)$ =　　　　定容体积V=

平行测定次数	1	2	3
移取体积$V(MgSO_4 \cdot 7H_2O)$/mL			
V(EDTA)/mL			
c(EDTA)/mol·L^{-1}			
$\bar{c}$(EDTA)/mol·L^{-1}			

2. 测定Ca^{2+}、Mg^{2+}的总量

平行测定次数	1	2	3
移取水样体积$V(H_2O)$/mL			
V(EDTA)/mL			
总硬度(CaO)/mg·L^{-1}			
总硬度(CaO)/(度)			
总硬度的平均值/mg·L^{-1}或(度)			

3. 测定Ca^{2+}含量

平行测定次数	1	2	3
移取水样体积$V(H_2O)$/mL			
V(EDTA)/mL			
钙硬度(CaO)/mg·L^{-1}			
钙硬度(CaO)/(度)			
镁硬度(CaO)/mg·L^{-1}或(度)			
钙硬度的平均值/mg·L^{-1}或(度)			
镁硬度的平均值/mg·L^{-1}或(度)			

水的总硬度用CaO(mg·L^{-1})或用度(°)来表示。

1度(°)=10CaO(mg·L^{-1})

计算公式：

$$总硬度(CaO\cdot mg\cdot L^{-1})=\frac{c(EDTA)\cdot V_1\cdot M(CaO)}{V(H_2O)}\times 1000$$

度(°)=总硬度($CaOmg\cdot L^{-1}$)/10

$$钙硬度(CaOmg\cdot L^{-1})=\frac{c(EDTA)\cdot V_2\cdot M(CaO)}{V(H_2O)}\times 1000$$

镁硬度=总硬度-钙硬度

六、思考题

1. 用EDTA标准溶液测定水中钙、镁时，若水中的Fe^{3+}、Al^{3+}干扰测定，应如何排除？
2. 试设计用EDTA滴定法测定硫酸盐的滴定分析方案。
3. 测定水的总硬度时，为何要控制溶液的pH=10?

实验九 铝合金中铝含量的测定

一、实验目的

1. 了解返滴定的方法
2. 掌握置换滴定
3. 接触复杂试样，以提高分析问题、解决问题的能力
4. 动脑、动手设计实验方案

二、实验原理

由于Al^{3+}易形成一系列多核羟基配合物，这些多核羟基配合物与EDTA配位反应速度缓慢，故通常采用返滴定法测定铝。于试样中加入定量且过量的EDTA标准溶液，在pH≈3.5的条件下，煮沸几分钟，使Al^{3+}与EDTA配位完全，继续在pH为5~6的溶液中，以二甲酚橙为指示剂，用Zn^{2+}盐溶液返滴定过量的EDTA，从而得到铝的含量。

但是，返滴定法测定铝缺乏选择性，所有能与EDTA形成稳定配合物的离子都会产生干扰。对于像合金、硅酸盐、水泥和炉渣等复杂试样中铝，往往采用置换滴定法以提高选择性，即在用Zn^{2+}返滴定过量的EDTA后，加入过量的NH_4F，加热至沸，使AlY^-与F^-之间发生置换反应，释放出与Al^{3+}物质的量相等的H_2Y^{2-}(EDTA)：

$$AlY^-+6F^-+2H^+=AlF_6^{3-}+H_2Y^{2-}$$

再用Zn^{2+}盐标准溶液滴定释放出来的EDTA，得到铝的含量。

用置换滴定法测定铝，若试样中含Ti^{4+}、Zr^{4+}、Sn^{4+}等离子时，亦会发生与Al^{3+}相同的置换反应，从而干扰Al^{3+}的测定。这时，就要采用掩蔽的方法，把上述干扰离子掩蔽掉，例如，用苦杏仁酸掩蔽Ti^{4+}等。

铝合金所含杂质主要有Si，Mg，Cu，Mn，Fe，Zn，个别还含Ti，Ni，Ca等，通常用HNO_3-HCl混合酸溶解，亦可在银坩埚或塑料烧杯中以$NaOH-H_2O_2$分解后再用HNO_3酸化。

三、主要试剂和仪器

(1)200g·L^{-1} NaOH

(2)1∶1 或 1∶3 的 HCl 溶液
(3)0.02 $mol \cdot L^{-1}$ EDTA
(4)2 $g \cdot L^{-1}$二甲酚橙
(5)1∶1 氨水
(6)200 $g \cdot L^{-1}$六亚甲基四胺
(7)0.02 $mol \cdot L^{-1}$ Zn^{2+}标准溶液
(8)NH_4F 200 $g \cdot L^{-1}$贮于塑料瓶中
(9)铝合金试样

四、操作步骤

准确称取 0.10～0.11g 铝合金于 50mL 塑料烧杯中，加 10mLNaOH，在沸水浴中使其完全溶解，稍冷后，加(1∶1)HCl 溶液至有絮状沉淀产生，再多加 10mL(1∶1)HCl 溶液。定量转移试液于 250mL 容量瓶中，加去离子水至刻度，摇匀。

准确移取上述试液 25.00mL 于 250mL 锥形瓶中，加 30mL EDTA，2 滴二甲酚橙，此时试液为黄色，加氨水至溶液呈紫红色，再加(1∶3)HCl 溶液，使溶液呈现黄色。煮沸 3min，冷却。加 20mL 六亚甲基四胺，此时溶液应为黄色，如果溶液呈红色，还需继续滴加(1∶3)HCl 溶液，使其变黄。把 Zn^{2+}滴入锥形瓶中，用来与多余的 EDTA 配位，当溶液恰好由黄色转为紫红色时，停止滴定。(试问：1. 这次滴定是否需要准确操作，即多加几滴或少加几滴 Zn^{2+}可否？是否需要记录所消耗 Zn^{2+}标准溶液的体积？2. 不用 Zn^{2+}标液，而用浓度不准确的 Zn^{2+}溶液滴定行不行?)

于上述溶液中加 10 mL NH_4F，加热至微沸，流水冷却，再补加 2 滴二甲酚橙，此时溶液应为黄色，若为红色，应继续滴加(1∶3)HCl 溶液使其变为黄色。再用 Zn^{2+}标准溶液滴定，当溶液由黄恰好转变为紫红色时，即为终点，根据这次 Zn^{2+}标准溶液所耗体积计算 Al 的质量分数。

五、思考题

1. 试述返滴定和置换滴定各适用于哪些含铝的试样。
2. 对于复杂的铝合金试样，不用置换滴定，而用返滴定，所得结果是偏高还是偏低？

第三节　氧化还原滴定法

实验十　重铬酸钾法测定样品中铁含量

一、目的要求

1. 掌握用直接法配制标准溶液
2. 学会使用二苯胺磺酸钠指示剂

二、实验原理

重铬酸钾是常用的氧化剂，$K_2Cr_2O_7$的氧化性不如 $KMnO_4$强，在酸性溶液中可氧化还原

性物质，本身被还原为正三价的铬离子

$$Cr_2O_7^{2-} + 14H^+ + 6e \longrightarrow 2Cr^{3+} + 7H_2O \qquad \varphi^\theta = 1.33v$$

在农业分析中，$K_2Cr_2O_7$法常用于测定土壤中有机质含量。重铬酸钾法测 Fe^{2+} 时常用二苯胺磺酸钠作为指示剂，反应终点时过量少许重铬酸钾，指示剂即由无色变为红紫色，实际上随着滴定的进行，溶液中积累 Cr^{3+}，呈现绿色，终点时由绿变紫蓝色。二苯胺磺酸钠变色点电势略低，偏于滴定曲线下端，指示剂变色时只能氧化91%左右的 Fe^{2+}，因此为了减少误差必须在滴定终点前加入 NaF 或 H_3PO_4 与 Fe^{3+} 形成配合物，降低 $\varphi_{Fe^{3+}/Fe^{2+}}$，使指示剂在突跃范围内变色，同时也消除了 Fe^{3+} 黄色干扰，有利于终点颜色的观察。重铬酸钾在酸性溶液中氧化 Fe^{2+}，本身被还原为绿色 Cr^{3+}

$$6Fe^{2+} + Cr_2O_7^{2-} + 14H^+ \longrightarrow 6Fe^{3+} + 2Cr^{3+} + 7H_2O$$

若测试样中总 Fe 量，则需将试样中 Fe^{3+} 还原。反应为：

$$2Fe^{3+} + Sn^{2+} \longrightarrow 2Fe^{2+} + Sn^{4+}$$

$$Sn^{2+} + 2HgCl_2 \longrightarrow Sn^{4+} + Hg_2Cl_2 + 2Cl^-$$

经处理后的试样再用 $K_2Cr_2O_7$ 标准溶液滴定。

由于汞盐有毒，实验中排放的 Hg 排入下水道，沉积在底泥和水质中，造成严重环境污染。近年来多采用无 Hg 测 Fe 新方法，该法采用 $SnCl_2 - TiCl_3$ 还原 Fe^{3+} 为 Fe^{2+}，反应式如下：

$$2Fe^{3+} + Sn^{2+} \longrightarrow 2Fe^{2+} + Sn^{4+}$$

$$Fe^{3+} + Ti^{3+} + H_2O \longrightarrow Fe^{2+} + TiO^{2+} + 2H^+$$

三、仪器和试剂

1. 仪器

酸碱两用滴定管（50mL）；锥形瓶三个（250mL）；容量瓶（100，150mL）；烧杯（100mL）；移液管(25mL)。

2. 试剂

$K_2Cr_2O_7$ 固体(A. R)；　H_3PO_4 85%；　二苯胺磺酸钠 0.2g · L^{-1}；
H_2SO_4 3mol · L^{-1}；　$FeSO_4 \cdot 7H_2O$ 固体。

四、操作步骤

1. 0.1mol · L^{-1}　1/6 $K_2Cr_2O_7$ 标准溶液的配制

在分析天平上用差减法准确称取烘干过(105～110℃下烘干1h)的 $K_2Cr_2O_7$ 约 0.75g 左右，放在干净的 100mL 烧杯中，加少量去离子水溶解后，转入 150mL 容量瓶中，定容 150mL，摇匀，计算其准确浓度。

2. 硫酸亚铁试样的配制

准确称取硫酸亚铁样品约 3.4g，置于 100mL 烧杯中，加入 4mL　H_2SO_4（3 mol · L^{-1}）防止水解，再加少量去离子水，然后定量转移至 100mL 容量瓶中，摇匀备用。

3. 测定

用 25.00mL 移液管吸取硫酸亚铁溶液 25.00mL 于锥形瓶中，加去离子水 50mL，加

$20mLH_2SO_4(3mol \cdot L^{-1})$，再加二苯胺磺酸钠 6～8 滴，用重铬酸钾标准溶液滴定至溶液出现深绿色，加 5mL H_3PO_4(85%)，继续滴至溶液呈紫色，表示反应达到终点，记录 $K_2Cr_2O_7$ 标准液的用量，平行做三次。计算铁的质量分数：

$$w(\text{Fe}) = \frac{[c(\frac{1}{6}K_2Cr_2O_7) \cdot V] \times \frac{M(\text{Fe})}{1000}}{m(FeSO_4 \cdot 7H_2O) \times \frac{25}{100}} \times 100\%$$

五、思考题

1. $K_2Cr_2O_7$ 为什么可用来直接配制标准溶液？
2. 加入 H_3PO_4 和 H_2SO_4 的作用是什么？

实验十一　胆矾中铜含量的测定

一、目的要求

1. 掌握碘量法测定胆矾中铜含量的原理和方法。
2. 学会 $Na_2S_2O_3$ 溶液的配制和标定。

二、实验原理

胆矾($CuSO_4 \cdot 5H_2O$)是农药波尔多液的主要原料。胆矾中铜含量常用间接碘量法测定。在微酸性介质中，Cu^{2+} 与 I^- 反应生成 CuI 沉淀，并析出 I_2，其反应为

$$2Cu^{2+} + 4I^- = 2CuI + I_2$$

$$I_2 + I^- = I_3^-$$

Cu^{2+} 与 I^- 间的反应是可逆的，为使 Cu^{2+} 还原趋于完全，必须加入过量的 KI，这样也有效避免了 I_2 的挥发，但由于生成的 CuI 沉淀强烈地吸附 I_3^- 离子，当用 $Na_2S_2O_3$ 滴定 I_2 时，又会使结果偏低。因此在接近终点时，可加入 KSCN 使 CuI 转化成溶解度更小，对 I_3^- 吸附较困难的 CuSCN 沉淀，其反应为：

$$CuI + SCN^- = CuSCN\downarrow + I^-$$

析出的 I_2 用 $Na_2S_2O_3$ 标准溶液滴定，以淀粉为指示剂，滴定至溶液的蓝色刚好消失即为终点。根据 $Na_2S_2O_3$ 标准溶液的浓度、滴定时所消耗的体积及试样质量，可计算出试样中铜的含量。

Cu^{2+} 与 I^- 反应时，溶液的 pH 一般控制在 3～4。酸度过低，Cu^{2+} 易水解，使反应不完全，结果偏低；酸度过高，I^- 易被空气中的氧氧化为 I_2，使结果偏高。控制溶液的酸度常采用稀 H_2SO_4 或 HAc；而不用 HCl，因为 Cu^{2+} 易与 Cl^- 生成配离子。

Fe^{3+} 存在时，因发生反应：$2Fe^{3+} + 2I^- \longrightarrow 2Fe^{2+} + I_2$，而使测定结果偏高。为消除 Fe^{3+} 的干扰，可加入 NaF 或 NH_4F，使 Fe^{3+} 形成稳定的 $[FeF_6]^{3-}$。

三、仪器和试剂

1. 仪器

50mL 酸碱两用滴定管一支；250mL 锥形瓶三个；250mL 碘量瓶三个；100mL 烧杯一只；20mL 量筒四个，100mL 量筒一个；棕色试剂瓶(500mL)一个。

2. 试剂

(1)$Na_2S_2O_3 \cdot 5H_2O$ 固体；(2)$KBrO_3$固体(A. R)；(3)无水 Na_2CO_3固体；(4) KI 溶液(10%，实验前新配制)；(5)KSCN 溶液(10%)；(6)饱和 NaF 溶液；(7)3mol · L^{-1} H_2SO_4 溶液；(8)0.5% 淀粉溶液：称取 0.5g 可溶性淀粉，用少量水润湿后，加入 100mL 沸水，搅匀。冷却后，可加 0.1g HgI_2 防腐剂；(9)$CuSO_4 \cdot 5H_2O$ 试样。

四、实验内容

1. 0.1 mol · L^{-1} $Na_2S_2O_3$标准溶液的配制与标定

(1)0.1 mol · L^{-1} $Na_2S_2O_3$标准溶液的配制　称取 12.5g $Na_2S_2O_3 \cdot 5H_2O$ 放于烧杯中，用新煮沸(为什么?)并冷却至室温的去离子水溶解，然后加入 0.1g 无水 Na_2CO_3，再用新煮沸经冷却的去离子水稀释至 500mL，放入棕色试剂瓶中，于暗处放置一周后标定。

(2) 0.1mol · L^{-1} $Na_2S_2O_3$标准溶液的标定　准确称取已烘干(在 120℃下烘 1~2h)的 $KBrO_3$ 0.4~0.5g，在烧杯中溶解后定容至 150mL。移取 25.00mL $KBrO_3$标准溶液于 250mL 碘量瓶(为什么?)内，加入 15mL 10% KI 溶液和 3 mol · L^{-1} H_2SO_4溶液 5mL。在暗处放置 5min 后，加去离子水至 150mL。然后，用 0.1mol · L^{-1} $Na_2S_2O_3$标准溶液滴定到溶液呈浅黄色时，加入 0.5% 淀粉溶液 5mL 继续滴定至蓝色褪去为止。平行标定 3 次。

根据 $KBrO_3$的质量和滴定所消耗 $Na_2S_2O_3$的体积，按下式计算 $Na_2S_2O_3$标准溶液的浓度：

$$c(Na_2S_2O_3) = \frac{m(KBrO_3) \times \frac{25}{150}}{M(\frac{1}{6}KBrO_3) \times V(Na_2S_2O_3) \times 10^{-3}}$$

2. 胆矾中铜含量的测定

准确称取胆矾试样 0.5~0.6g 置于 250mL 锥形瓶中，加 3mL H_2SO_4(3 mol · L^{-1})溶液及 100mL 去离子水。样品溶解后。加入 10mL 饱和 NaF 溶液和 10mL KI(10%)溶液，摇匀后立即用 $Na_2S_2O_3$(0.1 mol · L^{-1})标准溶液滴定至浅黄色。加入 5 mL 淀粉(0.5%)溶液，继续滴定至溶液呈浅蓝色时，再加入 10 mL KSCN(10%)溶液，混匀后溶液的蓝色加深。然后，再继续滴定到蓝色刚好消失为止，此时溶液为米色悬浊液，记录滴定所耗用的 $Na_2S_2O_3$体积。平行测定三次。计算样品中铜的含量。

$$w(Cu) = \frac{c(Na_2S_2O_3) \times V(Na_2S_2O_3) \times 10^{-3} \times M(Cu)}{m_s} \times 100\%$$

五、数据记录和处理

1. $Na_2S_2O_3$标准溶液的标定

平行实验次数	1	2	3
$V(KBrO_3)$/mL			
$V(KI)$/mL			
$V(H_2SO_4)$/mL			
$V(H_2O)$/mL			
$V(Na_2S_2O_3)$/mL			
V(淀粉)/mL			
$c(Na_2S_2O_3)$/mL			
$\bar{c}(Na_2S_2O_3)$/mL			

2. 胆矾中铜含量的测定

平行测定次数	1	2	3
$m(CuSO_4 \cdot 5H_2O)$/g			
$V(H_2SO_4)$/mL			
$V(NaF)$/mL			
V(淀粉)/mL			
$V(KSCN)$/mL			
$V(Na_2S_2O_3)$/mL			
$w(Cu)$/%			
$\bar{w}(Cu)$/%			

六、思考题

1. 测定铜含量时，所加 KI 为何过量？KI 的量是否要求很准确？加入 KSCN 的作用何在？为什么 KSCN 要在邻近终点前加入？

2. 为什么必须在溶液被滴定至浅黄色后才加入淀粉指示剂？

3. 用碘量法进行滴定时，酸度和温度对滴定反应有何影响？

4. 碘量法的误差来源有哪些？应如何避免？

实验十二　水样中化学需氧量(COD)的测定

一、实验目的

1. 初步了解环境分析的重要性及水样的采集和保存方法
2. 对水中化学耗氧量(COD)与水体污染的关系有所了解
3. 掌握高锰酸钾法测定水中 COD 的原理及方法

二、实验原理

化学耗氧量(COD)是量度水体受还原性物质(主要是有机物)污染程度的综合性指标。它是指水体中易被强氧化剂氧化的还原性物质所消耗的氧化剂的量，换算成氧的含量(以 $mg \cdot L^{-1}$计)。测定时，在水样中加入 H_2SO_4及一定量的 $KMnO_4$溶液，置沸水浴中加热，使其中的还原性物质氧化，剩余的 $KMnO_4$用一定量过量的$Na_2C_2O_4$还原，再以 $KMnO_4$标准溶液返滴 $Na_2C_2O_4$的过量部分。由于 Cl^-对此法有干扰，因而本法仅适合于地表水、地下水、饮用水和生活污水中 COD 的测定，含 Cl^-较高的工业废水则应采用 $K_2Cr_2O_7$法测定。

方法的反应式为

$$4MnO_4^- + 5C + 12H^+ = 4Mn^{2+} + 5CO_2\uparrow + 6H_2O$$

$$2MnO_4^- + 5C_2O_4^{4-} + 16H^+ = 2Mn^{2+} + 10CO_2\uparrow + 8H_2O$$

据此，测定结果的计算式为：

$$COD = \frac{\left[\frac{5}{4}c(MnO_4^-)(V(MnO_4^-)_1 + V(MnO_4^-)_2) - \frac{1}{2}(c(C_2O_4^{2-}) \cdot V(C_2O_4^{2-}))\right] \times 32.00g \cdot mol^{-1} \times 1000}{V_{水样}} (O_2 mg \cdot L^{-1})$$

式中：$V(MnO_4^-)_1$为第一次加入 $KMnO_4$溶液体积，$V(MnO_4^-)_2$为第二次加入 $KMnO_4$溶液的体积。

三、主要试剂

1. 0.02 $mol \cdot L^{-1}$ $KMnO_4$溶液 配制。在台天平上称取约 1.6g$KMnO_4$固体于 800mL 烧杯中，加 500mL 去离子水使之溶解，盖上表面皿，在电炉上加热至沸，并保持微沸 30min，静置过夜，用微孔玻璃漏斗(或玻璃棉)过滤，滤液贮存于具有玻璃塞的棕色试剂瓶中备用。

2. 0.002 $mol \cdot L^{-1}$ $KMnO_4$溶液。吸取 0.02 $mol \cdot L^{-1}$ $KMnO_4$标准溶液 25.00mL 置于 250mL 容量瓶中，以新煮沸且冷却的去离子水稀释至刻度。

3. 0.005 $mol \cdot L^{-1}$ $Na_2C_2O_4$标准溶液。将 $Na_2C_2O_4$于 100～105℃干燥 2h，在干燥器中冷却至室温，准确称取 0.17g 左右于小烧杯中，加去离子水溶解后，定量转移至 250mL 容量瓶中，以去离子水稀释至刻度。

4. H_2SO_4按 1∶3 的比例配制。

四、实验步骤

1. $KMnO_4$溶液的标定

在分析天平上准确称取 0.15～0.20g(准确至 0.1mg)基准物质 $Na_2C_2O_4$，置于 250mL 锥形瓶中，加 30mL 去离子水使之溶解，再加入 10mL 3$mol \cdot L^{-1}$ H_2SO_4。加热至 75～85℃，趁热用 $KMnO_4$溶液滴定至微红色且在 30s 内不褪即为滴定终点，记下 $KMnO_4$消耗的体积。平行测定三次。

计算公式

$$c(KMnO_4) = \frac{\frac{2m(Na_2C_2O_4)}{5}}{V(KMnO_4) \cdot M(Na_2C_2O_4)}$$

	Ⅰ	Ⅱ	Ⅲ
$m(Na_2C_2O_4)/g$			
$V(KMnO_4)/mL$			
$c(KMnO_4)/mol \cdot L^{-1}$			
$c(KMnO_4)/mol \cdot L^{-1}$(平均值)			
相对平均偏差/%			

2. 水样的测定

视水质污染程度取水样 10 ~ 100 mL①，置于 250mL 锥形瓶中，加 10 mL H_2SO_4，再准确加入 10 mL 0.002 $mol \cdot L^{-1}$ $KMnO_4$溶液，立即加热至沸，若此时红色褪去，说明水样中有机物含量较多，应补加适量 $KMnO_4$溶液至试样溶液呈现稳定的红色。从冒出第一个大泡开始计时，用小火准确煮沸 10min，取下锥形瓶，趁热加入 10.00 mL 0.005$mol \cdot L^{-1}$ $Na_2C_2O_4$ 标准溶液，充分摇匀，此时溶液应由红色转为无色，用 0.002 $mol \cdot L^{-1}$ $KMnO_4$标准溶液滴定至稳定的淡红色即为终点。平行测定 3 次，取平均值。另取同样量的去离子水代替水样，同上述操作，求空白值(计算耗氧量时，将空白值减去)，计算水样中 COD 的含量。

五、思考题

1. 水样的采集及保存应当注意哪些事项？
2. 水样加入 $KMnO_4$煮沸后，若紫红色消失说明什么？应采取什么措施？
3. 当水样中 Cl^- 含量高时，能否用该法测定？为什么？
4. 测定水中 COD 的意义何在？有哪些方法测定 COD？

实验十三　碘量法测定食盐中碘的含量

一、目的要求

掌握含碘食盐中碘含量的测定原理及方法。

二、实验原理

碘是人类生命活动不可缺少的元素之一，缺碘会导致人的一系列疾病的产生，如智力下降、甲状腺肿大等。因而在人们的日常生活中，每天摄入一定量的 I_2是很必要的。将 I_2加入食盐中是一个很有效的方法。通常是将 KI 加入食盐中以达到补 I_2的目的。食盐中碘含量一般为 $2 \times 10^{-3}\% \sim 5 \times 10^{-3}\%$ ($20 \sim 50\ \mu g \cdot g^{-1}$)。

在酸性条件下，食盐中的 I^- 经 Br_2 氧化为 IO_3^-，过量的 Br_2用 HCOONa 除去。加入过量 KI 使 IO_3^- 氧化析出 I_2，然后用 $Na_2S_2O_3$标准溶液滴定，测定食盐中碘含量，其反应式如下：

$$I^- + 3Br_2 + 3H_2O = IO_3^- + 6H^+ + 6Br^-$$

① 水样采集后，应加入 H_2SO_4 使 pH < 2，抑制微生物繁殖。试样尽快分析，必要时在 0 ~ 5℃保存，应在 48h 内测定。取水样的量由外观可初步判断：洁净透明的水样取 100mL，污染严重、浑浊的水样取 10 ~ 30mL，补加去离子水至 100mL。

$$Br_2 + HCOO^- + H_2O = CO_3^{2-} + 3H^+ + 2Br^-$$

$$IO_3^- + 5I^- + 6H^+ = 3I_2 + 3H_2O$$

$$I_2 + 2S_2O_3^{2-} = 2I^- + S_4O_6^{2-}$$

三、实验仪器、药品

1. 仪器

酸碱两用滴定管(50mL)； 碘量瓶(250mL)； 量筒(10mL)；
容量瓶(250mL)； 移液管(10mL，5mL)。

2. 药品

KIO_3标准溶液0.0003 mol · L^{-1}； $Na_2S_2O_3 \cdot 5H_2O$；$Na_2S_2O_3$固体； HCl 1mol · L^{-1}；
Br_2水饱和溶液； 10% HCOONa； 5% KI（用时新配）； 0.5% 淀粉(用时新配)。

四、操作步骤

1. 0.002mol · L^{-1} $Na_2S_2O_3$标准溶液的配制

准确移取0.1000mol · L^{-1} $Na_2S_2O_3$标准溶液5.00mL，放入250mL容量瓶中定容，摇匀备用。

2. 食盐中碘含量的测定

准确称取10g均匀加碘食盐，置于250mL碘量瓶中，加100mL去离子水溶解，加2mL 1 mol · L^{-1} HCl和2mL饱和Br_2水，混匀，放置5min，摇动下加入5 mL 10% HCOONa水溶液，放置5 min后加5 mL 5% KI溶液，静置约10 min，用$Na_2S_2O_3$标准溶液滴定至溶液呈浅黄色时，加5 mL 0.5% 淀粉溶液，继续滴定至蓝色恰好消失为止，记录所用$Na_2S_2O_3$体积锥体V。平行测定3次。计算食盐中碘的含量。

五、数据处理

I^-含量(质量分数)按下式计算

$$w(I^-) = \frac{c(Na_2S_2O_3) \cdot V(Na_2S_2O_3) \times M(I^-) \times \frac{1}{6}}{m_s} \times 100\%$$

偏差应小于2×10^{-6}。

六、思考题

1. 本实验滴定为何要用碘量瓶？使用碘量瓶应注意些什么？
2. 淀粉指示剂能否在滴定前加入？为什么？

第四节　沉淀滴定法

实验十四　可溶性氯化物中氯离子的测定(莫尔法)

一、目的要求

1. 掌握沉淀滴定法中莫尔法的测定原理及方法
2. 准确判断 K_2CrO_4 作指示剂的滴定终点

二、实验原理

某些可溶性氯化物中氯含量的测定通常采用莫尔法。此方法是在中性或弱碱性溶液中，以 K_2CrO_4 为指示剂，用 $AgNO_3$ 溶液进行滴定。由于 AgCl 的溶解度比 Ag_2CrO_4 小，因此，在溶液中首先析出的沉淀是 AgCl，当 AgCl 形成了定量的沉淀后，过量一滴则 $AgNO_3$ 即与 CrO_4^{2-} 生成砖红色的 Ag_2CrO_4 沉淀，此时指示剂达到终点。

主要反应如下：

$$Ag^+ + Cl^- \rightleftharpoons AgCl\downarrow(\text{白色}),\ K_{sp}^{\theta} = 1.8\times10^{-10}$$

$$2Ag^+ + CrO_4^{2-} \rightleftharpoons Ag_2CrO_4\downarrow(\text{砖红色}),\ K_{sp}^{\theta} = 2.0\times10^{-12}$$

在中性或弱碱性溶液中进行滴定，且最适宜的 pH 范围为 6.5 ~ 10.5。若溶液体系中有铵盐存在，溶液的 pH 需控制在 6.5 ~ 7.2。

由于指示剂的用量对实验的滴定存在一定的影响，一般以 $5\times10^{-3}\ mol\cdot L^{-1}$ 为宜。凡是能与 Ag^+ 生成难溶性化合物或配合物的阴离子都干扰测定，如 PO_4^{3-}、AsO_4^{3-}、SO_3^{2-}、S^{2-}、CO_3^{2-}、$C_2O_4^{2-}$ 等。其中化合物 H_2S 可加热煮沸除去，SO_3^{2-} 可氧化成 SO_4^{2-} 后，在无干扰条件下测定。而大量的 Cu^{2+}、Ni^{2+}、Co^{2+} 等有色离子将影响终点观察。故能与 CrO_4^{2-} 指示剂生成难溶化合物的阳离子也会干扰测定，如 Ba^{2+}、Pb^{2+} 能与 CrO_4^{2-} 分别生成 $BaCrO_4$、$PbCrO_4$ 沉淀，Ba^{2+} 在其中的干扰可加入过量的 Na_2SO_4 消除。另外，Al^{3+}、Ni^{2+}、Co^{2+} 等高价的金属离子在中性或弱碱性溶液中易水解，从而产生沉淀干扰影响滴定。

三、仪器、药品

1. 仪器

酸碱两用滴定管(50mL)；	碘量瓶(250mL)；	量筒(10mL)；
容量瓶(100mL)；	移液管(10mL，5mL)；	烧杯。

2. 药品

NaCl 基准试剂：将固体 NaCl 放入坩埚在 500 ~ 600℃的高温炉中灼烧 30min 后，放置在干燥器中，冷却后使用：

K_2CrO_4 溶液：5%　水溶液。

$0.1\ mol\cdot L^{-1}$ $AgNO_3$ 溶液：称取 8.5g $AgNO_3$ 溶解于 500mL 不含 Cl^- 的去离子水中，溶解完全后将溶液转入棕色试剂瓶中，置于暗处保存，防止光照分解。

四、操作步骤

1．$AgNO_3$溶液的标定

准确称取0.5～0.65g基准NaCl于小烧杯中，用去离子水溶解后，转入100mL的容量瓶中定容，摇匀备用。

用移液管移取25.00mL NaCl溶液置于250mL锥形瓶中，加入25mL去离子水，用吸量管加入1mL 5% K_2CrO_4溶液，不断振摇下，用$AgNO_3$溶液滴定至呈现砖红色，即到达终点。平行测定3次。根据所消耗的$AgNO_3$溶液的体积和NaCl的质量，计算$AgNO_3$溶液的浓度。

2．试样分析

准确称取2g NaCl基准样，放入烧杯中，加水溶解，然后转移至250mL的容量瓶中，用去离子水稀释至刻度，摇匀。

用移液管移取25.00mL试液于250mL锥形瓶中，加入25 mL去离子水，用1mL的吸量管加入1mL5% K_2CrO_4溶液，在不断摇动下，用$AgNO_3$溶液滴定至溶液呈砖红色时，即为终点。平行滴定3次。按公式计算试样中氯的含量(实验完成后，$AgNO_3$溶液滴定管用自来水、去离子水分别洗2～3次，以免AgCl残留在管内)。

Cl^-含量(质量分数)按下式计算

$$w\,(\mathrm{Cl})=\frac{c(\mathrm{AgNO_3})\cdot V(\mathrm{AgNO_3})\times M(\mathrm{Cl})}{m_s\times\dfrac{25.00}{250.0}}\times 100\%$$

五、数据处理

六、思考题

1．莫尔法测定氯离子时，为什么溶液的pH必须控制在6.5～10.5？

2．以K_2CrO_4作指示剂时，指示剂浓度过大或过小对测定有何影响？

3．用莫尔法测定“酸性光亮镀铜液”（主要成分为$CuSO_4$和H_2SO_4）中的氯含量时，试液先应做哪些预处理？

4．在测定条件下，指示剂主要是以CrO_4^{2-}还是以$Cr_2O_7^{2-}$形式存在？为什么？

第五章 仪器分析实验

第一节 光学分析实验

实验十五 邻二氮菲吸光光度法测定铁

一、目的要求

1. 掌握用邻二氮菲吸光光度法测定铁的原理及方法
2. 了解可见分光光度计的构造及使用方法
3. 学习吸收曲线的制作，并选择测量铁的适宜条件

二、实验原理

微量铁的测定有邻二氮菲法、磺基水杨酸法、硫氰酸盐法等。我国目前大都采用邻二氮菲法。此法准确度高，重现性好，配合物十分稳定。Fe^{2+}和邻二氮菲反应生产橘红色配合物；

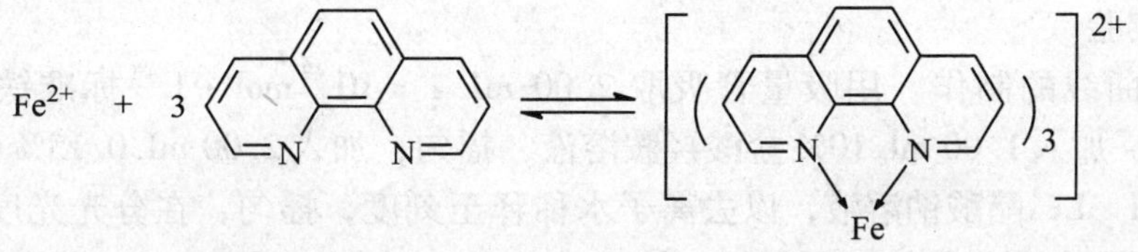

(橘红色)

该配合物的 $\lg\beta_3 = 21.3(20℃)$，$\varepsilon_{508} = 11000\ L \cdot mol^{-1}cm^{-1}$。$Fe^{3+}$与邻二氮菲也会生产1:3的淡蓝色配合物，其 $\lg\beta_3 = 14.1$，在显色前应用盐酸羟胺将 Fe^{3+} 全部还原为 Fe^{2+}。

$$2Fe^{3+} + 2NH_2OH \cdot HCl = 2Fe^{2+} + N_2\uparrow + 2H_2O + 4H^+ + 2Cl^-$$

Fe^{2+}与邻二氮菲在 $pH = 2 \sim 9$ 范围内都能显色，且其色泽与 pH 无关，但为了尽量减少其它离子的影响，通常在微酸性($pH \approx 5$)溶液中显色。

Fe^{2+}与邻二氮菲可以加入溴酚蓝等组成三元配合物，经萃取后可进一步提高测定的灵敏度。近年来还介绍用5－Br－PADTP光度法测定微量铁。

本法的选择性很高，相当于含铁量40倍的Sn^{2+}、Al^{3+}、Ca^{2+}、Mg^{2+}、Zn^{2+}、SiO_3^{2-}，20倍的Cr^{3+}、Mn^{2+}、V(V)、PO_4^{3-}，5倍的Co^{2+}、Cu^{2+}等均不干扰测定。

光度法测定通常要研究吸收曲线、标准曲线、显色剂的浓度、有色溶液的稳定性、溶液的酸度、显色物质(通常是配合物)的组成等。此外，还要研究干扰物质的影响、反应温度、测定范围、方法的适用范围等。本实验只作几个基本的条件实验，从中学习吸光度法测定条件的选择。

三、仪器和试剂

1. 仪器

可见分光光度计；烧杯(100 mL 2 个)；容量瓶(100 mL 一个，50 mL 8 个)；吸量管(10 mL 一支，5 mL 三支，2 mL 一支，1 mL 二支)

2. 试剂

(1) 标准铁溶液(甲)：1×10^{-3} mol·L^{-1}(0.5 mol·L^{-1} HCl 溶液)。准确称取 0.4822 克 $NH_4Fe(SO_4)_2\cdot12H_2O$，置于烧杯中，加入 80mL 6 mol·$L^{-1}$ HCl 和少量去离子水，溶解后，转移至 1L 容量瓶中，用去离子水稀释至刻度，摇匀，供做“条件实验”使用。

(2) 标准铁溶液(乙)：每毫升含铁 100μg。准确称取 0.8634 g $NH_4Fe(SO_4)_2\cdot12H_2O$，置于烧杯中，加入 20 mL 6 mol·$L^{-1}$HCl 和少量去离子水，溶解后，转移至 1L 容量瓶中，用去离子水稀释至刻度，摇匀。供制作标准曲线用。也可以改用金属铁溶于稀硝酸以制备标准铁溶液。

(3) 邻二氮菲：0.15% 水溶液或 1.0×10^{-3} mol·L^{-1}水溶液

(4) 盐酸羟胺：10% 水溶液(新鲜配制)

(5) 醋酸钠溶液：1 mol·L^{-1}

(6) NaOH 溶液：0.1 mol·L^{-1}、1 mol·L^{-1}

(7) HCl 溶液：6 mol·L^{-1}

四、实验步骤

1. 条件实验

(1)吸收曲线的制作　用吸量管吸取 2.00 mL 1×10^{-3}mol·L^{-1}标准铁溶液甲，注入 50 mL容量瓶，加入 1.00 mL 10% 盐酸羟胺溶液，摇匀，加入 2.00 mL 0.15% 邻二氮菲溶液，5.00 mL 1 mol·L^{-1}醋酸钠溶液，以去离子水稀释至刻度，摇匀，在分光光度计上，用 1cm 的比色皿，采用试剂溶液为参比溶液，在 460～560 nm 间，每隔 10 nm 测一次吸光度(最大吸收附近每 5 nm 测一次吸光度)。以波长为横坐标，吸光度为纵坐标，绘制吸收曲线，从而选择测量铁的适宜波长。

λ(nm)	460	470	480	490	495	500	505	510	515	520	530	540	550	560
A														

(2)显色剂用量的影响　取 7 个 50 mL 容量瓶，各加入 2.00 mL 1×10^{-3} mol·L^{-1}标准铁溶液甲和 1.00 mL 10% 盐酸羟胺溶液，摇匀，分别加入 0.10、0.30、0.50、0.80、1.00、2.00 及 4.00 mL 0.15% 邻二氮菲溶液，然后加入 5.00 mL 1 mol·L^{-1}NaAc 溶液，以去离子水稀释至刻度，摇匀。在分光光度计上，用 1 cm 比色皿，以吸收曲线所选定的波长为测量波长，以试剂溶液为参比，测定显色剂各浓度(或加入体积)的吸光度。以邻二氮菲体积为横坐标，吸光度为纵坐标，绘制吸光度－显色剂用量曲线。从而确定测定过程中应加入显色剂的体积。

显色剂用量(mL)	0.10	0.30	0.50	0.80	1.00	2.00	4.00
A							

(3)有色溶液的稳定性　在 50 mL 容量瓶中，加入 2.00 mL 1×10^{-3} mol · L^{-1} 标准铁溶液甲，1.00 mL 10% 盐酸羟胺溶液，加入 2.00 mL 0.15% 邻二氮菲溶液，5.00mL mol · L^{-1} NaAc 溶液，以去离子水稀释至刻度，摇匀。立即在所选择的波长下，用 1cm 比色皿，以试剂溶液为参比，测定吸光度。然后放置 5min、10min、30min、45min、1h、1.5h、2h，测定相应的吸光度。以时间为横坐标，以吸光度为纵坐标，绘出吸光度 - 时间曲线，从曲线观察配合物的稳定性。

反应时间(min)	开始反应时	5	10	30	45	60	90	120
A								

(4)溶液 pH 的影响　取 7 个 50 mL 容量瓶，每个加入 2.00 mL 1×10^{-3} mol · L^{-1} 标准铁甲溶液，及 1.00 mL 10% 盐酸羟胺溶液，摇匀，放置两分钟，再加入 2.00 mL 0.15% 邻二氮菲溶液，摇匀，用吸量管分别加入 0.00、0.50、1.00、1.50、2.00、2.50、3.00 mL 1 mol · L^{-1} NaOH 溶液，以去离子水稀释至刻度摇匀。用 pH 计或精密 pH 试纸测定各溶液的 pH 值。然后在所选波长下，用 1cm 比色皿，以试剂溶液为参比，测定吸光度。以 pH 为横坐标，以吸光度为纵坐标，绘出吸光度 - pH 曲线，找出测定铁适宜的 pH 范围。

加入 NaOH 的体积(mL)	0.00	0.50	1.00	1.50	2.00	2.50	3.00
溶液的 pH 值							
A							

(5)标准曲线的制作　用移液管吸取标准铁溶液乙 10.00 mL 于 100 mL 容量瓶中，加入 2.00 mL 6 mol · L^{-1} HCl，以水稀释至刻度，摇匀。此溶液每毫升含铁 10μg。

在 6 个 50 mL 容量瓶中，分别用吸量管加入 0.00、2.00、4.00、6.00、8.00、10.00 mL 10μg · mL^{-1} 标准铁溶液，再加入 1.00 mL 10% 盐酸羟胺溶液，2.00 mL 0.15% 邻二氮菲溶液和 5.00 mL 1 mol · L^{-1} NaAc 溶液，以去离子水稀释至刻度，摇匀。在所选择的波长下，用 1cm 比色皿，以试剂溶液为参比，测定各溶液的吸光度。以铁的浓度为横坐标，吸光度为纵坐标，绘制标准曲线。

移取 10μg · mL^{-1} 的铁标液的量(mL)	0.00	2.00	4.00	6.00	8.00	10.00
比色管中铁标液的浓度(μg · mL^{-1})						
A						

2. 铁含量的测定

准确吸取适量含铁样品液平行 3 次，按标准曲线的测定步骤，测定其吸光度，从标准曲线求出试液的含铁量(以 μg · mL^{-1} 表示)。

样品号	1	2	3
测得吸光度值(A)			
曲线上查出铁的浓度($\mu g \cdot mL^{-1}$)			
原含铁样品中铁的浓度($g \cdot L^{-1}$)			
原含铁样品中铁的浓度的平均值($g \cdot L^{-1}$)			

五、误差分析

六、思考题

1. 用邻二氮菲法测定铁时，为什么在测定前需要加入盐酸羟胺?

2. 本实验中哪些试剂需要准确配制并准确加入？哪些试剂不需要准确配制，但要准确加入?

3. 试对所作的条件实验进行讨论，并选择适宜的测定条件。

实验十六　混合液中 Co^{2+} 和 Cr^{3+} 双组分的吸光光度法测定

一、目的要求

掌握用分光光度法测定双组分的原理和方法。

二、基本原理

当试样溶液中含有多种吸光物质，一定条件下分光光度法不经分离即可对混合物进行多组分分析。这是因为吸光度具有加和性，在某一波长下总吸光度等于各个组分吸光度的总和。

如果混合物中各组分的吸收带互有重叠，只要它们能符合朗伯 - 比耳定律，对 n 个组分，即可在 n 个适当波长进行 n 次吸光度测定，然后解 n 元联立方程，可求算出各个组分的含量。现以简单的二元组分混合物为例，若测定时用 1cm 比色皿，从下列方程组可求得 a、b 二元组分的浓度 c_a 和 c_b。

$$\begin{cases} A_{\lambda 1}^{a+b} = A_{\lambda_1}^{2} + A_{\lambda 1}^{b} = \varepsilon_{\lambda 1}^{a} \cdot c_a + \varepsilon_{\lambda 1}^{b} c_b \\ A_{\lambda 2}^{a+b} = A_{\lambda_2}^{2} + A_{\lambda 2}^{b} = \varepsilon_{\lambda 2}^{a} \cdot c_a + \varepsilon_{\lambda 2}^{b} c_b \end{cases}$$

式中，$A_{\lambda_1}^{a+b}$、$A_{\lambda 2}^{a+b}$ 为所选两个波长下的测定值；λ_1、λ_2 一般选各组分的最大吸收波长。$\varepsilon_{\lambda 1}^{a}$ $\varepsilon_{\lambda 1}^{b}$ $\varepsilon_{\lambda 2}^{a}$ $\varepsilon_{\lambda 2}^{b}$ 依次代表组分 a 和 b 分别在 λ_1 及 λ_2 处的摩尔吸光系数，可用已知浓度的 a、b 组分溶液分别测定，测定各 ε 值时最好采用标准曲线法，以标准曲线的斜率作为 ε 值较准确。

本实验测定 Co^{2+} 及 Cr^{3+} 的有色混合物的组成。

三、仪器及试剂

1. 仪器

7220 型分光光度计或其它型号的分光光度计

容量瓶　25 mL　9 个

吸量管　10 mL　3 支

2. 试剂

30μg · mL^{-1} $K_2Cr_2O_7$溶液

0. 350 mol · L^{-1} $Co(NO_3)_2$标准溶液

0. 100 mol · L^{-1} $Cr(NO_3)_2$标准溶液

四、实验步骤

1. 比色皿间读数误差检验。在一组 1cm 比色皿中加入浓度为 30 μg · mL^{-1}的 $K_2Cr_2O_7$溶液，选其中透光度最大的比色皿为参比，测定并记下其它比色皿的透光度值，要求各比色皿间透光度差不超过 0. 5% 。

2. 溶液的配制。取 4 个 25mL 容量瓶，分别加入 2. 50、5. 00、7. 50、10. 00mL 0. 350mol · L^{-1}的 $Co(NO_3)_2$溶液，另取 4 个 25mL 容量瓶，分别加入 2. 50、5. 00、7. 50、10. 00mL 0. 100 mol · L^{-1}的 $Cr(NO_3)_3$溶液。用去离子水稀释至刻度，摇匀。

另取一个 25mL 容量瓶，加入未知试样溶液 10. 00mL，用去离子水稀释至刻度，摇匀。

3. 波长的选择。分别取含有 $Co(NO_3)_2$标准溶液 5. 00mL 及含 $Cr(NO_3)_3$标准溶液 5. 00mL 的两个容量瓶的溶液测绘吸收曲线。用 1 cm 比色皿，以去离子水为参比溶液，从 420 ~ 700 mm，每隔 20 nm 测一次吸光度，吸收峰附近应多测几点。将两种溶液的吸收曲线绘在同一坐标系内，根据吸收曲线选择最大吸收峰的波长 λ_1 和 λ_2。

4. 吸光度的测量。用去离子水做参比液，使用检验合格的一组 1cm 比色皿，在波长 λ_1 及波入 λ_2 处，分别测量上述配制好的 9 个溶液的吸光度。

λ/nm	420	440	460	480	500	520	540	560	565
A									
λ/nm	540	560	580	600	620	640	660	680	700
A									

五、数据记录

1. 数据记录

仪器型号________________________

比色皿厚________________________

比色皿间透光最大差值________________________。

(1)不同波长下 Co^{2+}溶液吸光度

λ/nm	420	440	460	480	500	505	510	515	520
A									
λ/nm	540	560	580	600	620	640	660	680	700
A									

(2)不同波长下 Cr^{3+} 溶液吸光度

λ/nm	420	440	460	480	500	505	510	515	520
A									
λ/nm	540	560	580	600	620	640	660	680	700
A									

(3)摩尔吸光系数测定

标准溶液	$Co(NO_3)_2$, 0.350mol·L^{-1}				$Cr(NO_3)_3$, 0.100mol·L^{-1}			
取样量/mL	2.50	5.00	7.50	10.00	2.50	5.00	7.50	10.00
稀释后浓度/(mol·L^{-1})								
$A(\lambda_1)$								
$A(\lambda_2)$								

(4)试样溶液中 Co^{2+} 和 Cr^{3+}

测定波长/nm	λ_1	λ_2
A_{Co+Cr}		

2. 绘制 Co^{2+} 和 Cr^{3+} 溶液的吸收曲线，选择测定波长 λ_1 及 λ_2。

3. 绘制 $Co(NO_3)_3$溶液分别在 λ 及 λ_2 处测得的标准曲线(共四条)。绘制时坐标分度的选择应使标准曲线的倾斜度在45°左右。求出四条直线的斜率 $\varepsilon_{\lambda1}^{Co}$、$\varepsilon_{\lambda1}^{Cr}$、$\varepsilon_{\lambda2}^{Co}$、$\varepsilon_{\lambda2}^{Cr}$。

4. 通过解方程组，计算出试液中 Co^{2+} 和 Cr^{3+} 的浓度及试样原始浓度(mol·L^{-1})。

六、思考题

1. 同时测定两组分时，一般应如何选择波长?

2. 吸光系数和哪些因素有关? 如何求得?

通过吸光系数的测定实验，在最大吸收波长处，验证吸光系数和浓度的关系。你如何判断测定浓度是否在线性范围?

实验十七　分光光度法测定样品中磷含量

一、目的要求

1. 掌握分光光度法测定磷的原理和方法

2. 熟悉分光光度计的使用方法

二、实验原理

微量磷的测定，一般采用钼蓝法。此法是在含 PO_4^{3-} 的酸性溶液中加入 $(NH_4)_2MoO_4$ 试剂，可生成黄色的磷钼酸，其反应式如下：

$$PO_4^{3-} + 12MoO_4^{2-} + 27H^+ \rightarrow H_7[P(Mo_2O_7)_6] + 10H_2O$$

若以此直接分光光度法测定，灵敏度较低，适用于含磷量较高的试样。如在黄色溶液中加入适量还原剂，磷钼酸中部分正六价钼被还原生成低价的蓝色的磷钼蓝，提高了测定的灵敏度，还可消除 Fe^{3+} 等离子的干扰。经显色后可在 690nm 波长下测定其吸光度。含磷的质量浓度在 $1mg \cdot L^{-1}$ 以下服从朗伯 - 比耳定律。

最常用的还原剂有 $SnCl_2$ 和抗坏血酸。用 $SnCl_2$ 作为还原剂，反应的灵敏度高、显色快。但蓝色稳定性差，对酸度、$(NH_4)_2MoO_4$ 试剂的浓度控制要求比较严格。抗坏血酸的主要优点是显色较稳定，反应的灵敏度高、干扰小，反应要求的酸度范围宽[$c(H^+) = 0.48 \sim 1.44\ mol \cdot L^{-1}$，以 $c(H^+) = 0.8\ mol \cdot L^{-1}$ 为宜]，但反应速度慢。为加速反应，可加入酒石酸锑钾，配制成 $(NH_4)_2MoO_4$、酒石酸锑钾和抗坏血酸的混合显色剂(此称钼锑抗法)。本实验采用 $SnCl_2$。

SiO_3^{2-} 会干扰磷的测定，它也与 $(NH_4)_2MoO_4$ 生成黄色化合物，并被还原为硅钼蓝。但可用酒石酸来控制 Mo_4^{2-} 浓度，使它不与 SiO_3^{2-} 发生反应。

该法可适用于磷酸盐的测定，还可适用于土壤、磷矿石、磷肥等全磷的分析。

三、实验用品

1. 仪器

各种型号的分光光度计　　比色管(50mL)　　吸量管(5mL，10mL)

2. 药品

$(NH_4)_2MoO_4$ - H_2SO_4 混合液①　　$SnCl_2$ - 甘油溶液②　　$5mg \cdot L^{-1}$　磷标准溶液

四、操作步骤

1. 工作曲线的绘制

取 6 个 50mL 比色管，编号。分别取 0.00，2.00，4.00，6.00，8.00，10.00mL $5mg \cdot L^{-1}$ 磷标准溶液于上述 6 个比色管中，各加入约 25mL 去离子水。然后再各加入 2.5mL $(NH_4)_2MoO_4 - H_2SO_4$ 混合试剂，摇匀。然后各加入 4 滴 $SnSl_2$ - 甘油溶液，用 H_2O 稀释至刻度，充分摇匀，静置 10 ~ 12 min。

于 690nm 波长处，用 1.5cm 比色皿以空白溶液作参比，调节分光光度计的透光度为 100(吸光度为 0)，测定各标准溶液的吸光度。

以吸光度 A 为纵坐标，磷的质量浓度 $\rho(P)$ 为横坐标，绘制工作曲线。

2. 试液中磷含量的测定

试液中磷含量的测定标准系列及被测样品配制

项目 \ 序号	1	2	3	4	5	6	7
加入磷标准溶液体积/mL	0.00	2.00	4.00	6.00	8.00	10.00	0.00
加入磷试液体积/mL	0.00	0.00	0.00	0.00	0.00	0.00	10.00
加入去离子水体积/mL	25	23	21	19	17	15	15
加入 $(NH_4)_2MoO_4$ - H_2SO_4 体积/mL	2.50	2.50	2.50	2.50	2.50	2.50	2.50
摇匀后加 $SnCl_2$ – 甘油溶液滴数	4	4	4	4	4	4	4
以下步骤	定容，摇匀，静置 10 ~ 20min，测定						

①$(NH_4)_2MoO_4$ – H_2SO_4 混合液：溶液 25g $(NH_4)_2MoO_4$ 于 200mL H_2O 中冷却的 280mL 浓 H_2SO_4 和 400mL H_2O 相混合的溶液中并稀释至 1L。

②$SnCl_2$ – 甘油溶液：将 2.5g $SnCl_2 \cdot H_2O$ 溶于 100 mL 甘油中，溶液可稳定数周。

取 10.0mL 试液于 50mL 比色管中，与标准溶液相同条件下显色，并测定其吸光度。从工作曲线上查出相应磷的含量，并计算原试液的质量浓度（单位为 $mg \cdot L^{-1}$）。

1、2 步骤可按下表顺序同时进行。

五、数据处理

分光光度法测定磷含量

量/单位 \ 序号	标 1	标 2	标 3	标 4	标 5	试液
$\rho(P)/mg \cdot L^{-1}$						
吸光度 (A)						

原试液 $\rho(P)$ = 　　　　　　$mg \cdot L^{-1}$

六、思考题

1. 测定吸光度时，应根据什么原则选择某一厚度的吸光池？

2. 空白溶液中为何要加入同标准溶液及未知溶液同样量的 $(NH_4)_2MoO_4$ - H_2SO_4 混合液和 $SnCl_2$ – 甘油溶液？

3. 本实验使用的 $(NH_4)_2MoO_4$ 显色剂的用量是否要准确加入，过多过少对测定结果是否有影响？

实验十八　叶绿素含量的测定（比色法）

一、实验目的

1. 掌握比色法测定蔬菜中的叶绿素的原理和方法

2. 熟悉 7220 型分光光度计的使用方法

二、实验原理

叶绿素的分子结构是由四个吡咯环组成的一个卟啉环，此外还有一个叶绿醇的侧键，由于分子具有共轭结构，因此可吸收光能。叶绿素是脂类化合物，所以它可溶于丙酮、石油醚等有机溶剂，用有机溶剂提取的叶绿素可在一定波长下测定叶绿素溶液的吸光度值，利用公式计算叶绿素含量。

根据叶绿素对可见光的吸收光谱，利用分光光度计在某一特定波长下测定其吸光度值，然后用公式计算叶绿素含量。光吸收定律：$A = Kcb$

已知叶绿色素 a、b 在红光区的最大吸收峰分别位于 663nm 和 645nm，又已知在波长 663nm 下，叶绿素 a、b 在 80% 丙酮溶液的比吸收系数分别为 82.04 和 9.27，在波长 645nm 下分别为 16.75 和 45.6，因此列出下列关系：

$$A_{663} = 82.04c_a + 9.27c_b \qquad A_{645} = 16.75c_a + 45.06c_b$$

解方程并转成 $mg \cdot L^{-1}$ 单位得：$c_a = 12.7A_{663} - 2.54A_{645}$　　$c_b = 22.9A_{645} - 4.67A_{663}$

叶绿素总量 $c_T = c_a + c_b = 20.3A_{645} + 8.03A_{663}$

另外，由于叶绿素 a、b 在 652 nm 处有相同的比吸收系数(34.5)，也可以在次波长下测定一次吸光度(A_{652})而求出叶绿素总量：

$$c_T(mg \cdot L^{-1}) = A_{652} \times 1000/34.5$$

三、材料、仪器与试剂

1. 材料：菠菜叶片
2. 仪器：分光光度计、天平、具塞刻度试管(15 mL)，研钵、漏斗、滴管、滤纸、试管架。
3. 试剂：丙酮、$CaCO_3$。

四、实验步骤

1. 平行取至少 3 个样品、剪碎、混匀，然后称取新鲜样品 0.1g。
2. 样品置研钵中，加少量 $CaCO_3$ 及 0.5 mL 纯丙酮研磨成匀浆，再加入 80% 丙酮 10 mL 继续研磨至样品组织变白色。
3. 取滤纸一张，放入漏斗中用 80% 丙酮冲洗研钵数次，最后连残渣一起倒入漏斗。
4. 用吸管吸取 80% 丙酮，一滴滴的将滤纸上的叶绿素提取液全部吸入量瓶内，直到滤纸和残渣中无绿色为止，最后用 80% 丙酮定容至 50mL。
5. 将叶绿素提取液倒入 1cm 的比色皿中，在 645、652、663nm 下测定吸光度值，以 80% 丙酮为空白对照。
6. 按公式分别计算叶绿素 a、b 的浓度($mg \cdot L^{-1}$)，并相加即得总浓度，也可按公式直接计算叶绿素总浓度。
7. 求得叶绿素浓度后再按下式计算叶片的叶绿素含量。

$$\text{叶绿素含量(鲜重)\%} = \frac{c(mg \cdot L^{-1}) \times \text{提取液总量} \times 100}{\text{样品鲜重}(mg) \times 1000}$$

五、注意事项

叶绿素是一种极不稳定的化合物，它能被活细胞中的叶绿素酶水解，脱去叶醇基，转变为叶绿酸。光照和高温都会使叶绿素发生氧化和分解，因此在分离提取叶绿素的过程中，必须注意控制这些因素。

1. 为避免叶绿素的分解，操作应在弱光下进行，研磨时间尽可能短，不超过2min。以防止叶绿素的破坏。

2. 对分光光度计的精密度要求较高，使用前需校正。

六、实验结果

波长(nm)	645	652	663
A(样品1)			
A(样品2)			
A(样品3)			

叶绿素 a 的浓度(平均值 $mg \cdot L^{-1}$) =

叶绿素 b 的浓度(平均值 $mg \cdot L^{-1}$) =

叶绿素含量(鲜重 平均值)% =

七、误差分析

实验十九　饮料中咖啡因的测定(紫外分光光谱法)

一. 实验目的

1. 掌握紫外分光光谱法测饮料中的咖啡因的原理和方法

2. 熟悉紫外分光光度计的使用方法

二、实验原理

咖啡因的三氯甲烷熔液在276.5 nm波长下有最大吸收，其吸收值的大小与咖啡因浓度成正比，从而可进行定量。

三、试剂、仪器(所用试剂均为分析纯试剂，实验用水为去离子水)

1. 三氯甲烷(分析纯)

2. 1.5% (m/V)高锰酸钾溶液：称取1.5g高锰酸钾，用水溶解并稀释至100mL。

3. 15% (V/V)磷酸溶液：吸取15mL磷酸置于烧杯中，加水85mL，混匀。

4. 20% (m/V)氢氧化钠溶液：称取20g氢氧化钠，用水溶解，冷却后稀释至100 mL。

5. 咖啡因标准储备液($0.5mg \cdot mL^{-1}$)：称取咖啡因标准品(含量98.0%)0.0500g，用三氯甲烷溶解后，稀释并定容至100mL。(置于冰箱中保存)

6. 亚硫酸钠和硫氰酸钾混合溶液：称取10g无水亚硫酸钠(Na_2SO_3)，用水稀释至100mL，另取10克硫氰酸钾，用水溶解并稀释至100 mL，然后二者均匀混合。

7. 紫外分光光度计。

四、分析步骤

1. 样品处理

可乐型饮料：分别在3个250mL的分液漏斗中，平行准确移取10.0～20.0 mL经超声脱气后的均匀可乐型饮料样品3份，分别加入1.5%高锰酸钾5mL，摇匀，静置5min，加入亚硫酸钠和硫氰酸钾混合溶液10mL，摇匀，加入15%磷酸溶液1mL，摇匀，再加入20%氢氧化钠溶液1mL，摇匀，加入50mL三氯甲烷，振摇100次，静置分层，收集三氯甲烷(无色层)。水层再加入40mL三氯甲烷，振摇100次，静置分层，合并二次萃取液，并用三氯甲烷定容至100mL(容量瓶必须保证无水)，摇匀，备用(此时，应有3个平行处理完成的样品)。

2. 标准曲线的绘制

标准曲线的绘制(数据见下表：数据记录、结果计算部分)：分别移取咖啡因标准储备液不同的体积(mL)，稀释(用三氯甲烷)，配成标准系列，以纯三氯甲烷作参比，调节仪器的吸光度为零，用1.0cm比色皿于276.5nm下测量吸光度值，做标准曲线或求出直线回归方程。

3. 样品的测定

在3个25mL比色管中分别加入5g无水硫酸钠，倒入20mL处理过的样品(三氯甲烷制备液)，摇匀，静置。将澄清的样品液置于1.0cm比色皿中，在测定标准曲线的相同分析条件下，测定吸光度值，根据标准曲线(或直线回归方程)求出样品中咖啡因浓度 c ($\mu g \cdot mL^{-1}$)。

五、实验数据记录、结果计算

1. 标准曲线：(配制标准系列的总体积50mL－即使用50mL比色管)

标准系列溶液浓度($\mu g \cdot mL^{-1}$)	0.00	5.00	10.00	15.00	20.00
吸取标准储备液的体积(mL)	0.00	0.50	1.00	1.50	2.00
加入三氯甲烷的体积(mL)	50.00	49.50	49.00	48.50	48.00
测得的吸光度值(A)					
样品号	1		2		3
样品测得的吸光度值(A)					
曲线中查出样品中咖啡因含量($mg \cdot L^{-1}$)					
可乐型饮料中咖啡因含量($mg \cdot L^{-1}$)					
样品中咖啡因含量的平均值($mg \cdot L^{-1}$)					

2. 计算公式：

$$\text{可乐型饮料中咖啡因含量}(mg \cdot L^{-1}) = \frac{c_x(\mu g \cdot mL^{-1}) \times 100(mL)}{V_{\text{样品}}(mL)}$$

注：c_x—曲线中查出的浓度；

$V_{\text{样品}}$—样品取样量(mL)。

注意：在本实验条件下，本法仪器检出限为0.2$\mu g \cdot mL^{-1}$，方法检出限可乐型饮料为3$mg \cdot L^{-1}$。标准曲线线性范围：0～30.0 $\mu g \cdot mL^{-1}$。相关系数：0.999 方法回归率：90.1%～101.8%，相对标准偏差：小于4.0%。

允许差：同一实验室平行测定或重复测定结果的相对偏差绝对值可乐型饮料为10%。

六、误差分析

实验二十 维生素C含量的测定(紫外光谱快速测定法)

一、实验目的

1. 掌握紫外光谱法快速测定果蔬中的维生素C的原理和方法
2. 加深紫外分光光度计的使用方法应用

二、实验原理

维生素C的2，6-二氯酚靛酚容量法，操作步骤较繁琐，而且受其它还原性物质，样品色素颜色和测定时间的影响。紫外快速测定法，是根据维生素C具有对紫外产生吸收和对碱不稳定的特性；于243nm处测定样品液与处理样品两者吸光度值之差，通过查标准曲线，即可计算样品维生素C的含量。

三、材料、仪器与试剂

1. 材料：各种水果蔬菜、果汁及饮料。
2. 仪器：紫外分光光度计、离心机、分析天平、容量瓶(10mL，25mL)、移液管(0.5mL、1.0mL)、吸管、研钵。
3. 试剂
(1)10%盐酸：取浓盐酸133 mL，加水稀释至500 mL。
(2)1%盐酸：取浓盐酸22mL，加水稀释至100mL。
(3) $1mol \cdot L^{-1}$ 氢氧化钠溶液：

四、操作步骤

1. 标准曲线的制作
(1)抗坏血酸标准溶液的配制：用分析天平准确称取抗坏血酸10mg，加2mL 10%盐酸，加去离子水定容至100mL，混匀，此抗坏血酸溶液的浓度为 $100\mu g \cdot mL^{-1}$。
(2)取带塞刻度试管8支并编号，分别按表内所规定的量加入抗坏血酸标准溶液和去离子水。

试管号	1	2	3	4	5	6	7	8
标准抗坏血酸溶液加入体积(mL)	0.10	0.20	0.30	0.40	0.50	0.60	0.70	0.80
去离子水加入体积(mL)	9.90	9.80	9.70	9.60	9.50	9.40	9.20	9.00
总体积(mL)	10.00	10.00	10.00	10.00	10.00	10.00	10.00	10.00
抗坏血酸溶液浓度($\mu g \cdot mL^{-1}$)	1.00	2.00	3.00	4.00	5.00	6.00	7.00	8.00
标准溶液的吸光度值 A								

(3)吸光度值的测定：以去离子水为空白，在243 nm处测定标准系列抗坏血酸溶液的吸光度值，以抗坏血酸溶液浓度($\mu g \cdot mL^{-1}$)为横坐标，以相应的吸光度值为纵坐标作标准曲线。

(二)样品的测定

1. 样品的提取：将果蔬样品洗净、擦干、切碎、混匀。称取5.00g于研钵中，加入2～5mL 1%盐酸，匀浆，转移到25mL容量瓶中，稀释至刻度。若提取液澄清透明，则可直接取样测定，若有浑浊现象，可通过离心(1000g，10min)来消除。

2. 样品的测定：取0.1～0.5mL提取液，放入盛有0.2～1.0mL 10%盐酸的25mL容量瓶中，用去离子水稀释至刻度后摇匀。以去离子水为空白，在243nm处测定其吸光度值。

3. 待测碱处理液的制备：分别吸取0.1～0.5mL提取液，5mL去离子水和0.6～2.0mL 1mol·L^{-1}氢氧化钠溶液依次放入25mL容量瓶中，混匀，15min后加入0.6～2.0mL 10%盐酸，混匀，并定容至刻度。以去离子水为空白，在243nm处测定其吸光度值。

4. 由待测样品与待测碱处理样品的消光值之差和标准曲线，即可计算出样品中维生素C的含量。

5. 也可直接以待测碱处理液为空白，测出待测液的吸光度值，通过查标标准曲线，计算出样品的维生素C的含量。

样品号	1	2	3
待测样品处理液的吸光度值(A_1)			
待测碱处理液的吸光度值(A_2)			
待测样品与待测碱处理样品的吸光度值之差(ΔA)			
以待测碱处理液为空白的吸光度值(A)			
标准曲线上查得的抗坏血酸的浓度(μg·mL^{-1})$c_{查表}$			
V_C的含量(μg·g^{-1})			
V_C含量的平均值(μg·g^{-1})			

五、计算：V_C的含量(μg·g^{-1}) $= \dfrac{c_{查表} \times 25 \times 25}{V_{样品} \times W_{样品}}$

式中：$c_{查表}$——从标准曲线上查得的抗坏血酸的浓度(μg·mL^{-1})

$V_{样品}$——移取样品提取液的体积(mL)

$W_{样品}$——称样重量(g)

六、误差分析

第二节 *原子光谱分析法实验

实验二十一　火焰光度法测定饮料中钾、钠

一、实验目的

1. 学习和熟悉火焰光度法测定饮料中K、Na的方法

2. 加深对火焰光度法原理的理解

3. 了解火焰光度计的结构及使用方法

二、实验原理

火焰光度法是以火焰为激发光源的原子发射光谱法。它将试样溶液以气溶胶的形式，用喷雾的方法引入火焰中，用火焰的热能将试样元素原子化，并激发出它的特征光谱。然后再利用光电检测系统测量待测元素特征光谱的强度，此发射光谱的强度 I 与待测元素浓度 c 之间，可用公式表示：

$$I = ac^b$$

式中：a——是与元素的激发电位、激发温度及试样组成等有关的系数；

b——是谱线的自吸系数。

当实验的条件固定时，各次测量的 a 应为一稳定的常数。当 c 值很小时，b 趋近于 1。故上式可改写为

$$I = ac$$

通过测量待测元素特征长谱线的强度，可利用该式进行定量分析。

在火焰激发下，K 原子发射 766. 8 nm 的谱线，Na 原子发射 589. 0 nm 的谱线，分别测量这两条谱线的相对强度，利用标准曲线法可进行 K、Na 的定量测定。

三、主要仪器及试剂

1. 仪器

6400 型(或其他型号)火焰光度计； 可调温电热板； 曲颈小漏斗；

吸量管(5 mL，10 mL)； 容量瓶(500 mL)； 烧杯(100 mL，250 mL)；

聚乙烯试剂瓶(500 mL)； 分析天平

2. 药品

(1) 钾、钠标准溶液：分别准确快速称取经 500℃ 灼烧的氯化钾 0. 1907g、氯化钠 0. 2542g，分别溶于去离子水中，且都定容为 1000 mL，两种溶液含钾、钠的浓度均为 100 $\mu g \cdot mL^{-1}$。

(2) 测定钾用的缓冲溶液：将分析纯氯化钠、氯化镁、氯化钙溶于去离子水中，并分别使它们达到饱和。

(3) 测定钠用的缓冲溶液：用分析纯氯化钾、氯化镁、氯化钙如上法配制。

四、实验步骤

1. 测定钾

(1) 取 6 只 50 mL 容量瓶，分别加入钾标准溶液(mL)0. 00，0. 50，1. 00，1. 50，2. 00，2. 50，然后都加入测定钾用的缓冲溶液，用去离子水稀释至刻度并摇匀。此时这些溶液中钾的浓度($\mu g \cdot mL^{-1}$)分别是 0. 0，1. 0，2. 0，3. 0，4. 0，5. 0，做工作曲线用。

(2) 取 10. 00 mL 饮料样品(根据饮料中钾的含量可适当增减取样量)，用少量盐酸酸化，煮沸以除去二氧化碳，冷却后转入 50 mL 容量瓶中，加入 2. 00 mL 测钾缓冲溶液，用去离子水稀释至刻度并摇匀，待测。

(3) 将仪器装好钾滤光片和光电池并正确接好检流计，启动仪器并调好气流量，立即点燃火焰预热一段时间后，将光圈开至合适位置，用空白溶液喷入火焰，调整检流计零点，然

后喷入浓度最大的标准溶液，调整仪器使之有一较大读数，反复调整好后，依次喷入标准系列溶液和试液，分别记录下检流计读数。

（4）以测得的标准系列溶液的读数对其浓度做工作曲线，然后由测得的试液的读数从工作曲线上查出试液中钾的浓度，再根据取样量及稀释倍数计算出饮料样品中钾的浓度和含量。

2. 钠的测定

测定钠时基本同上，只是用钠的滤光片和测钠缓冲液。对含钠高的饮料，可减少取样量或增加稀释倍数，若仪器对钠的灵敏度不够，可适当增加标准系列溶液的浓度。

五、用标准加入法进行测定

可由学生自行拟定分析步骤，确定所加入标准溶液的浓度及加入量等，并用工作曲线法测得的结果进行比较。

六、数据处理

以浓度为横坐标，以 K、Na 的发射强度为纵坐标，分别绘制 K、Na 的标准曲线。由未知试样的发射强度求出样品中的 K、Na 含量（可用质量分数表示）。

七、思考题

1. 火焰光度计中的滤光片有什么作用？
2. 如果标准系列的溶液浓度范围过大，则标准曲线会弯曲，为什么会有这种情况？
3. 实验中为什么要加缓冲液？它起什么作用？若不加对结果及灵敏度有什么影响？
4. 若用基体一致的空白溶液喷入火焰后，不把检流计调到零点而调到某一较小固定值上，这样可以进行定量分析吗？若可以，应怎样制作工作曲线？测得的试液的读数应怎样处理？这时对分析结果有没有影响？
5. 根据实验数据证明，测定钾和钠的灵敏度哪个高？并从理论上解释。
6. 测定前为什么用空白溶液和浓度最大的标准溶液调整检流计读数？

实验二十二　原子吸收分光光度法测定水中的镁

一、实验目的

1. 学习和掌握原子吸收分光光度法进行定量分析的方法
2. 学习和了解原子吸收分光光度计的基本结构和使用方法

二、实验原理

原子吸收分光光度法是基于物质所产生的原子蒸气对特定谱线（即待测元素的特征谱线）的吸收作用进行定量分析的方法。该法的特点决定其为测定微量元素的首选定量分析方法。一般情况下，其相对误差约为1%～2%，可用于70余种元素的微量测定。

若使用锐线光源，待测组分为低浓度的情况下，基态原子蒸气对共振线的吸收符合下式：$A=\lg\frac{1}{T}=\lg\frac{I_0}{I}=alN_0$ 式中：A－吸光度；T－透光度；I_0－入射光强度；I－经原子蒸气吸收后的透过光强度；a－比例系数；l－样品的光程；N_0－基态原子数目。

当用于试样原子的火焰温度低于3000K时，原子蒸气中基态原子数目实际上非常接近原子的总数目。在固定的实验条件下，待测组分原子总数与待测组分浓度的比例是一个常数，因此定量公式为：$A = kcl$

定量方法可用标准加入法或标准曲线法。

实验测定水中Mg的含量，测定波长选用285.2 nm或202.5 nm。

二、仪器及试剂

1. 仪器：

原子吸收分光光度计　乙炔钢瓶和无油空气压缩机或空气钢瓶

聚乙烯试剂瓶（500 mL）　吸量管（5 mL，10 mL）　容量瓶（50 mL，500 mL）　烧杯（200 mL）

2. 药品：

（1）1.00 $g \cdot L^{-1}$ Mg贮备标准液：称取1.0270g $MgSO_4 \cdot 7H_2O$（分析纯）溶解后，加去离子水稀释并定容100 mL，将此溶液转移至聚乙烯试剂瓶中保存。

（2）50 $mg \cdot L^{-1}$ Mg的工作标准溶液：移取2.50 mL Mg的贮备标准液于50 mL容量瓶中，加去离子水稀释并定容。

三、操作步骤

1. 原子吸收分光光度计操作步骤

打开电脑—打开主机电源—双击图标 进行自检—等自检完成后进行元素灯选择—根据向导提示进行寻峰操作。

火焰法：点击 样品 图标设置样品—点击 参数 图标进行参数设置—点击 仪器(I) 中的 燃烧器参数(F)进行原子化器位置的调整—打开空气压缩机电源（压力0.25～0.3MPa）—打开乙炔气瓶开关（压力调节到0.06MPa左右）—点击图标 点火 —点击 能量 图标进行能量自动平衡。点击 校零 —点击 测量 图标开始测量。测量结束后依次关闭乙炔，空压机，关闭主机。

石墨炉法：打开石墨炉电源—打开氩气（压力0.6～0.8MPa）—点击 样品 图标设置样品—点击 参数 图标进行参数设置—点击 石墨管 炉体打开后，安装石墨管，装好后点击 确定 关闭炉体—点击 仪器(I) 中的 原子化器位置(P)进行原子化器位置的调整—点击 能量 图标调整能量—打开冷却水——点击 加热 设置升温程序—点击 空烧 空烧三次后，

点击 测量 开始测量。测量结束后依次关闭冷却水，氩气，石墨炉电源，关闭主机。

2. 标准系列溶液的配制：分别移取不同量的 Mg 的工作标准溶液置于 50 mL 容量瓶中（移取量见表格），加去离子水稀释并定容。

3. 未知试样溶液的配制：平行移取 3 份各 10.00 mL 自来水于 50 mL 容量瓶，加去离子水稀释并定容。

4. 标准加入法工作溶液的配制：在 4 个 50 mL 容量瓶中，各加入 5.00 mL 自来水，然后依次加入一定量的 Mg 的标准溶液，加去离子水稀释并定容(平行三次)。

5. 测量：按照测量条件点火，并测定吸光度值，记录数据(用去离子水作参比)。根据测量数据计算水样中 Mg 的含量。

四、数据处理

1. 标准曲线法

移取 Mg 的工作标准溶液量(mL)	1.00	2.00	3.00	4.00	5.00
稀释后溶液中 Mg 的浓度($mg \cdot L^{-1}$)					
A					

测水样

水样	1	2	3
测定 A			
标准曲线中查出的浓度($mg \cdot L^{-1}$)			
水样中 Mg 的含量			
水样中 Mg 含量的平均值			

2. 标准加入法

容量瓶号	1	2	3	4
水样量(mL)	5.00	5.00	5.00	5.00
加入 Mg 的工作标准溶液量(mL)	0.00	1.00	2.00	3.00
A				

3. 比较两种测定方法：比较两种方法所得结果，并用误差表示。

五、误差分析

六、思考题

1. 原子吸收光谱的理论依据是什么？
2. 标准加入法测定自来水中的 Mg 时，为什么可以将工作曲线外推以此求 Mg 的含量？

实验二十三　原子吸收法测定头发中的锌含量

一、目的要求

1. 进一步熟悉和掌握原子吸收分光光度法的原理及应用
2. 学习和掌握样品的湿消化或干灰化技术，掌握标准曲线法进行定量分析测定元素含量的操作
3. 进一步熟悉和掌握原子吸收分光光度计的使用方法
4. 测定头发中锌的含量。

二、实验原理

Zn 广泛分布于有机体的所有组织中，是多种与生命活动密切相关的酶的重要成分。如醇脱氢酶、碳酸酐酶等。Zn 是叶绿体内碳酸酐酶的组成成分，能促进植物的光合作用，Zn 对许多植物，特别是玉米、柑橘和油桐的生长发育和产量有着重大的影响。当土壤中有效 Zn 低于 $1mg \cdot Kg^{-1}$（水浸提）时，施用 Zn 肥有良好的增产效果等。如果儿童缺锌，则会引起智力的延缓发育基骨骼的生长缓慢，成年人体内缺锌会引起失眠症。

头发主要由角蛋白组成，但也含有各种痕量元素，如锌、铅、钙、锰、铜、铁、砷等。头发中含有的痕量元素的量，体现了头发生长过程中吸收的这些元素的量。通过检测头发中痕量元素的量，可以了解人体中微量元素的状况。头发中的锌含量适于用原子吸收分光光度法测量，它是基于物质对紫外 - 可见光吸收所建立的分析方法，属成分分析法。操作特点：快速、灵敏、准确、选择性好等优点。

原子吸收是一个受激发跃迁的过程，将含有待测元素的试液经火焰原子化法和无火焰原子化法使待测元素原子化，解离成基态原子蒸气。待测元素的空心阴极灯发射的某一特征波长的光通过原子蒸气时，受到原子外层电子的选择性吸收，使得透过原子蒸气的入射光的强度减弱，其减弱程度与原子中含有的该元素的量成正比。当实验条件一定时，原子蒸气中的该元素的含量与待测试液中的该元素的浓度成正比，即入射光被吸收的程度与试样中该元素的浓度成正比。

$$A = Kc$$

式中：A 为吸光度；K 为 一定条件下的常数；c 为 样品溶液中该元素的浓度。

人和动物的毛发，用湿消化法和干灰化法处理溶液后，溶液对 213.9 nm 波长光（Zn 元素的特征谱线）的吸光度与毛发中 Zn 的含量呈线性关系，因此，可用标准曲线法测定毛发中 Zn 的含量。

三、实验仪器材料、试剂

1. 仪器

原子吸收分光光度计、吸量管（5mL）；　乙炔钢瓶、无油空气压缩机或空气钢瓶；
聚乙烯试剂瓶（500 mL）；　高温电炉；　锌的空心阴极灯；　烧杯（200mL）；
容量瓶（50 mL，500 mL）；　湿灰化法：锥形瓶（100 mL）；　曲颈小漏斗 ；
干灰化法：瓷坩埚（30 mL）。

2. 试剂

（1）1.000 g · L^{-1} Zn 贮备标准溶液：称取 0.6250g ZnO，溶于约 50 mL H_2O 及 0.5 mL 浓 H_2SO_4 中，移入 500 mL 容量瓶，用 H_2O 稀释至刻度，摇匀，转入聚乙烯试剂瓶中贮存。

（2）10 mg · L^{-1} Zn 的工作标准溶液：取 5.0 mL Zn 的贮备标准液置于 50 mL 容量瓶中，用去离子水定容，得浓度为 10 mg · L^{-1} 的 Zn 的工作标准溶液。

（3）HCl 溶液，1% 和 10%，干灰化法用。

（4）HNO_3 - $HClO_4$ 混和溶液：浓 HNO_3（$d = 1.42$）- $HClO_4$（60%）以 4∶1 的比例混和而成，湿消化法用。

四、操作步骤

1. 样品的采集与处理

用剪刀取 1 ~ 2g 近头皮 1 ~ 3 cm 处的发样，剪碎至 1 cm 左右，于烧杯中用普通洗发剂浸泡 2 min，然后用自来水冲洗至无泡，通常洗 2 ~ 3 次，以确保发样上无洗发剂、污垢和油腻。最后，发样用去离子水冲洗三次，晾干，置于烘箱中，在 80℃ 的条件下，干燥至恒重（约 6 ~ 8 h）。

准确称取 0.1000g 试样置于 100 mL 锥形瓶中，加入 5 mL 4∶1 HNO_3 - $HClO_4$ 混和溶液，加上弯颈小漏斗，于电炉上加热消化，温度控制在 140 ~ 160℃，待到约剩 0.5 mL 清亮液体时，冷却，以去离子水定容成 50.0 mL，待测。

2. 标准系列溶液的配制

在五 550 mL 的容量瓶中，分别加入 1.00 mL、2.00 mL、3.00 mL、4.00 mL、5.00 mL Zn 的工作标准溶液，加去离子水稀释至刻度，摇匀。

3. 测量

按原子吸收分光光度计中的仪器操作步骤开动仪器，根据测定条件设定的各项参数：测定波长为 213.9 nm，空心阴极灯的灯电流 3 mA，灯高 4 格，光谱通带（单色器道宽）0.2 nm，空气 - 乙炔贫燃火焰的燃助比为 1∶4。待火焰稳定后，喷入空白溶液，进行仪器零点调节。用去离子水调节仪器的吸光度为 0，按由稀到浓的顺序测定标准系列溶液，读出吸光度值，然后，用空白溶液清洗，调零。进行未知样的测定，记录吸光度数值。

五、数据处理

1. 绘制标准曲线，求出毛发中 Zn 的含量。

用 Zn 的标准系列溶液的吸光度绘制标准曲线，以测定的标准系列溶液的吸光度为纵坐标，浓度为横坐标，由工作曲线测定未知样中锌的含量。由此计算出头发中的 Zn 的含量。

2. 根据测定结果进行判断

由正常人发 Zn 的含量范围，判断提供发样的人是否缺 Zn 或者生活在 Zn 污染区中。

六、思考题

1. 原子吸收分光光度法的基本原理是什么？此分析方法有何优缺点？

2. 当待测试样的吸光度超出配制的标准如溶液的最大吸光度值时，要使其吸光度数值位于标准溶液系列的吸光度值之间，如何处理？

3. 原子吸收分光光度法中，吸光度与样品浓度之间有什么样的关系？当浓度较高时，一般会出现什么情况？

4. 测头发中锌含量具有什么实际意义？

第三节　电化学分析法实验

实验二十四　溶液 pH 值的测定

一、目的要求

1. 掌握电位法测定溶液 pH 的原理和方法
2. 学习酸度计的使用方法

二、实验原理

pH 是溶液中 H^+ 活度(实际浓度)的负对数，其大小说明了样品的酸碱性。电化学法是将一只能指示溶液 pH 的玻璃电极做指示电极，用甘汞电极做参比电极并组成一个电池，浸入被测试液中，此时所组成的电池将产生一个电动势，电动势的大小与溶液中的氢离子浓度，即与 pH 存在的线性关系。每相差 1 个 pH 单位，就产生 59.1mV 的电极电势。pH 可在仪器的数字显示屏上直接读出(现在常用的是玻璃甘汞复合电极)。

在实际工作中，常用酸度计直接测定溶液 pH 时，必须预先用已知 pH 的标准缓冲溶液进行校正，即利用酸度计测定溶液的 pH 时，选用标准缓冲溶液的 pH 与待测溶液的 pH 相接近来校准仪器，清除不对称电位等因素的影响。

常用的标准缓冲溶液有：酒石酸氢钾饱和溶液(pH = 3.56，25℃)；0.05mol · L^{-1} $KHC_8H_4O_4$(pH = 4.00，20℃)；0.025mol · L^{-1} KH_2PO_4 − Na_2HPO_4(pH = 6.86，20℃)；0.01 mol · L^{-1} $Na_4B_2O_7$(pH = 9.23，20℃)。

三、实验仪器材料、试剂

1. 仪器

PHSJ－4 型酸度计一台：E－201－C9 塑壳可充式复合电极；50mL 烧杯 4 只；10mL 吸量管 2 只；滤纸；洗瓶一个。

2. 材料

各种果汁或蔬菜、水果等。

3. 试剂

pH = (1.68，4.01，6.86，9.22)标准缓冲液(按缓冲液袋上的说明配制)。

四、操作步骤

1. 样品制备：①鲜样：平行取样 3 份，将水果或蔬菜压榨后，取其压榨液直接进行测定。②果汁：直接平行取样 3 份，分别进行测定。

2. pH 计的校正：按仪器说明书，用标准缓冲溶液对仪器进行校正。

3. 测定：①用去离子水清洗电极及烧杯，用滤纸或镜头纸擦干电极后，将电极及温度测试棒插入样品液中，轻轻摇动烧杯使溶液均匀。②读出样品液的 pH 值并记录数据。③测量完成后，将电极及烧杯洗净，放回原处。

注意事项：

保护电极。混合溶液要摇匀。

五、实验数据记录

测定数据		平均值
pH 值(样品 1，温度℃)		
pH 值(样品 2，温度℃)		
pH 值(样品 3，温度℃)		

六、误差分析

七、思考题

1. 电势法测量溶液 pH 的原理是什么？
2. 应用酸度计测量 pH 时，为什么 必须使用标准溶液？
3. 使用和安装玻璃电极时应注意什么问题？

实验二十五　离子选择性电极测定水中的氟含量

一、实验目的

1. 了解用 F^- 离子选择性电极测定水中微量氟的原理和方法
2. 了解总离子强度调节缓冲溶液的意义和作用
3. 掌握用标准曲线法测定水中微量 F^- 的方法

二、原理

离子选择性电极是以电势法测量溶液中某些特定离子浓度的指示电极。氟离子选择性电极(简称氟电极)是对溶液中的氟离子有专属性的离子选择电极。

氟电极由 NaF_3 单晶敏感电极薄膜、内参比电极(Ag - AgCl 电极)和内参比溶液(0.1 mol · L^{-1} NaCl - 0.1mol · L^{-1} NaF 溶液)组成。

氟电极与参比电极组成电池后，工作电池的电动势与离子活度的对数线性关系：

$$\varepsilon = K - \frac{2.303RT}{nF}\lg a(F^-)$$

测得电池电动势，即可求得 F^- 的活度(或浓度)。

待测溶液的离子强度对氟电极电位有影响，故测定时需在含 F^- 试液(及标准溶液)中加入惰性电解质，如 KNO_2、NaCl、$KClO_4$ 等，以控制总离子强度相同。

用氟电极测定 F^- 离子浓度时，最佳的 pH 范围为 5.5 ~8。pH 值过高时，NaF_3 单晶膜中

的 F^- 能与溶液中的 OH^- 发生交换作用，使溶液中 F^- 浓度增加而影响氟电极的电势。因此测定时需要控制待测试液的 pH 值。此外，凡是能与 F^- 形成稳定配合物或难溶沉淀的元素，如 Al、Fe、Ca、Mg、稀土元素等干扰测定，在测定时应加入掩蔽剂（如柠檬酸、EDTA 等）掩蔽。

当 F^- 离子浓度在 $10^{-1} \sim 10^{-5} mol \cdot L^{-1}$ 范围内时，利用标准曲线法或标准加入法用氟电极直接测量。本实验采用的是标准曲线法。

三、仪器和试剂

1. 仪器

PHS－2 型酸度计（或其它型号的精密酸度计）一台；饱和甘汞电极一支；氟电极 CSB－F－1 型（或其它型号）一支；电磁搅拌器一台；10mL 量筒一个；100mL 塑料烧杯二只；50mL 容量瓶六个。

2. 试剂

(1) 氟标准溶液（$0.1mol \cdot L^{-1}$ NaF）：将分析纯 NaF 在 120℃ 烘干 2 小时，冷却后准确称取约 2.09gNaF 放入 500mL 烧杯中，加入 100mLTISAB 溶液，加入 300mL 水，溶解后转移到 1000mL 容量瓶中，用去离子水稀释至刻度，摇匀，保存于聚乙烯塑料瓶中备用。

(2) 总离子强度调节缓冲溶液（TISAB）溶液：将 102gKNO_3（AR）、33g NaAc（AR）、32g 柠檬酸钾放入 1000mL 烧杯中，再加入 14mL 冰醋酸和 600mL 去离子溶解。用 2% NaOH 或 HAc 调节溶液的 pH 为 5.5～6.5，调好后加去离子水稀释至 1L，保存于试剂瓶中备用。

(3) $1.0 \times 10^{-3} mol \cdot L^{-1}$ NaF 溶液。

四、实验内容

1. 氟电极的准备（可由实验室教师预先准备好）

氟电极使用前应在盛有 $1.0 \times 10^{-3} mol \cdot L^{-1}$ NaF 溶液的塑料烧杯中浸泡 1～2 小时，然后用去离子水淋洗氟电极，使其在去离子水中的电势约为 300mV 左右（即空白电位）。当两次测定值相近时方可使用。

2. 标准曲线的绘制

(1) 标准液溶系列的配制

取 5 个 50mL 容量瓶，按 2、3、4、5、6 编号后分别加入 10mL TISAB 溶液。然后按下表配制。

编号	$c(F^-)(mol \cdot L^{-1})$	配制方法
2	10^{-2}	用 5mL 移液管移取 $0.1mol \cdot L^{-1}$ NaF 标准溶液置于 2 号容量瓶中，加去离子水稀释至刻度，摇匀。
3	10^{-3}	用 5mL 移液管移取上面配好的 $10^{-2} mol \cdot L^{-1}$ NaF 标准溶液置于 3 号容量瓶中，加去离子水稀释至刻度，摇匀。
4	10^{-4}	以下逐一稀释配制
5	10^{-5}	
6	10^{-6}	

(2) 标准溶液的测定与标准曲线的绘制

将标准系列溶液由低浓度到高浓度依次转移到100mL的塑料烧杯中，插入氟电极和饱和甘汞电极并连接酸度计。

电磁搅拌3分钟后停止搅拌，读取并记录电池电动势。每隔半分钟读一次数，直到3分钟内不变为止。每测定完一个溶液后，均需用去离子水冲洗电极，并用吸水纸吸干，再进行下一个溶液的测定。

以电动势 ε(mV) 值为纵坐标，标准系列溶液浓度 $c(F^-)$ 为横坐标，在半对数坐标纸上绘出 $\varepsilon - c(F^-)$ 图〔或在普通坐标纸上，以pF为横坐标作 ε - pF 图〕。

3. 水样中氟离子浓度的测定

取水样25.00mL于50mL容量瓶中，加入10mL TISAB溶液，用去离子水稀释至刻度，摇匀。

将氟电极在去离子水中淋洗干净，使其在纯水中测得的电势值与起始空白值〔约300mV〕相接近后，把水样全部转入100mL塑料烧杯中，按上法插入电极、连接酸度计，搅拌并测量电动势 ε(mV) 值。按 ε 值从标准曲上查出所测水样中所含 F^- 的浓度 $c(F^-)$，按下式计算水样中的含氟量〔以 $mg \cdot L^{-1}$ 表示〕。

$$氟含量(mg \cdot L^{-1}) = c(F^-) \times M(F) \times 1000 \times \frac{50}{25}$$

式中，$M(F)$ 为F的摩尔质量。

测定结束后，用去离子水多次清洗氟电极，直到测得的电势值与起始空白值相接近为止。然后用纸吸干电极，放入电极盒内保存。

思考题

1. 用氟电极测定 F^- 离子浓度的原理是什么？
2. 本实验中的总离子强度调节缓冲溶液是由哪些组分组成的？各组分的作用如何？
3. 测量 F^- 标准系列溶液的电势值时，为什么测定顺序要从低含量到高含量？
4. 使用氟电极应该注意哪些问题？

第四节　色谱分析法实验

实验二十六　混合物的气相色谱分析(归一化法)

一、实验目的

1. 了解气相色谱仪的简要工作原理
2. 初步学会正确使用气相色谱仪
3. 学习归一化法定量的基本原理及测定方法

二、基本原理

混和组分的分离是利用每种组分在固定相上地吸附系数不同。在一定条件下，它们各有一定的吸附平衡常数，平衡常数的微小差异经色谱柱固定相和流动相的作用，使之完全分离，被分离的组分随载气流经检测器，对于载气中某组分浓度的变化而产生的相应电流（或电压）随时间变化的信号，在记录仪中可得到信号的图形——色谱图。

使用FID检测器，当组分分子随载气通过离子室时，在氢焰的作用下直接或间接被离子化，并在电场内定向运动形成电流。通过电子放大系统后记录电流随时间变化的曲线——色谱图。从图中可得到各组分的保留值及信号强度（峰面积或峰高），以此作为定性及定量的依据。在测定各组分相对含量时，由于各组分在同一鉴定器上大多具有不同的响应值，所以必须对各组分的信号加以校正，此后，才能进行相互比较，这是测定和使用相对校正因子的目的。

1. 定性分析

色谱定性的任务是确定色谱图上每个峰分别代表什么物质。其依据是：在一定的色谱条件下，每种物质都有一个固定不变的保留值。

若仪器稳定性好，可以直接利用保留值进行定性，即与纯样品保留值相同的未知峰，可能与纯样品是同一物质。若换一根极性不同的色谱柱，再此测定，两次的保留值相同，则可以肯定未知峰代表的是和纯样品一样的物质。

当样品成分已知，又有纯样品对照时，利用保留值定性就相当简单、可靠。此实验即属于这种情况。

2. 定量分析

色谱定量分析的依据是：被测组分 i 的进样量 W_i 与检测器给出的响应信号（峰面积 A 或峰高 h_i）成正比。即

$$W_i = f_i \cdot A_i$$

式中：f_i 为绝对定量校正因子。定量分析的方法有多种，本实验采用面积归一化法。

（1）定量校正因子：由于相同量的不同物质在同一检测器上响应值不同，而相同量的同一物质在不同检测器上响应值也不同，因此，在定量分析中必须对响应值加以校正。

$$f_i = W_i / A_i$$

式中的 f_i（绝对定量校正因子）的物理意义是单位峰面积所代表的被测组分 i 的量。因各物质的响应值与检测器的灵敏度有关，并受实验条件的影响较大，但物质之间的相对响应值相同。通常将某物质 i 与标准物 s 的绝对定量校正因子比较，得相对定量校正因子 f'_i。随着被测组分使用的计量单位不同，又可分为质量校正因子、摩尔校正因子、体积校正因子，并可通过实验确定。

（2）质量校正因子的测定：准确称取一定量的某物质 i 和一定量的标准物质 s，混匀后取微量进样，得色谱图。从色谱图上分别测得峰面积 A_i 和 A_s，根据称样量，即可求出质量校正因子 f'_i 值。

需要注意的是：测量 f'_i 时所用的试剂必须是色谱纯的，或已知实际纯度的试剂。f'_i 的大小与载气和检测器种类有关。

（3）峰面积计算方法：

$$f'_i = f_i / f_s = \frac{W_i}{W_s} \times \frac{A_s}{A_i}$$

$$A_i = 1.065 \times h_i \times W_{1/2}$$

(4)归一化法

$$w_i = (f_iA_i)/(f_1A_1 + f_2A_2 + \cdots + f_nA_n) \times 100\%$$

该法只适用于所有组分皆出峰的情况。

归一化法的优点是计算简便，定量结果与进样量无关，且操作条件不需严格控制，是常用的一种色谱定量方法。

三、仪器和试剂

1. 仪器

气相色谱仪(GC－6850 型，具有 FID 检测器)一台；A4800 色谱数据工作站；相应的色谱柱；氢气高压钢瓶；1μL 微量注射器；1mL 容量瓶数个；万分之一电子天平一台；1mL、20 μL 移液枪各 2 只。

2. 试剂

甲醇(分析纯)；乙酸乙酯(色谱纯)；乙酸丙酯(色谱纯)；乙酸丁酯(色谱纯)

四、实验内容

1. 按实验要求设定色谱条件(色谱柱；氮气流速、燃气－助燃气－载气配比；进样口(气化室)温度、柱温、检测器温度等)

2. 仪器各种参数设定并稳定后，按一定要求分别用注射器进稀释后的纯试剂样(实验室准备)，记录响应数据(保留时间)。

3. 用分析天平分别称取一定量的纯甲醇(分析纯)、乙酸乙酯(色谱纯)、乙酸丙酯(色谱纯)、乙酸丁酯(色谱纯)，并混合均匀后，进样。

4. 根据色谱图进行定性、定量分析。

五、实验数据记录

1. 定性分析

溶液名称	纯乙酸乙酯稀释液	纯乙酸丙酯稀释液	纯乙酸丁酯稀释液	甲 醇
保留时间(t_R)				
混合液色谱峰峰号	1	2	3	4
保留时间(t_R)				
混合样品定性结果				

2. 定量分析

	峰面积	f	f'	质量分数(%)
混合样品中乙酸乙酯				
混合样品中乙酸丙酯				
混合样品中乙酸丁酯				
混合样品中甲醇				

六、思考题

1. 如何保证利用保留值定性结果的可靠性？
2. 在定量时用相对校正因子计算为什么比用绝对校正因子计算准确？
3. 使用归一化法定量的条件是什么？有什么优点？
4. 为什么可以利用色谱峰的保留值进行色谱定性分析？

实验二十七　气相色谱法测定乙醇中少量杂质的含量(外标法)

一、实验目的和要求

1. 学习固定液的涂渍，色谱柱的装填和老化处理方法
2. 学习色谱柱的柱效测定方法
3. 学习外标法定量的基本原理和测定试样中杂质含量的方法
4. 了解氢火焰检测器的基本原理

二、实验原理

色谱柱的柱效能的一项重要指标。在一定色谱条件下，色谱柱的柱效可以用理论塔板数或理论塔板高度来衡量，在实际工作中使用有效塔板数 n 塔板及有效塔板高度 H 有效来表示更为准确，更能真实地反应色谱柱分离的好坏，其计算公式为：

$$n_{有效} = 5.54\left(\frac{t'_R}{Y_{\frac{1}{2}}}\right)^2 = 16\left(\frac{t'_R}{Y}\right)^2$$

$$H_{有效} = \frac{L}{n_{有效}};\qquad t'_R = t_R - t_M$$

式中：t'_R——调整保留时间；$Y_{\frac{1}{2}}$——半高宽；Y——峰底宽；L——柱长；t_M——死时间。

外标法定量是用组分 i 的纯物质配制成已知浓度的标准样，在相同的操作条件下，分析标准样和未知样时，根据组分量与相应的峰面积或峰高呈线性关系，则当标准样与未知样的进样量相等时，可由下计算式计算组分的含量：

$$c_i(\%) = \frac{A_i}{A_{is}} \times c_{is} \times 100\%$$

式中：c_{is}——标准样中组分 i 的含量；c_i——样品中组分 i 的含量；A_{is}——标准样中组分 i 的峰面积；A_i——样品中组分 i 的峰面积；

三、仪器和试剂

1. 仪器

气相色谱仪一台；色谱数据工作站；色谱柱；氢气、空气、氮气高压钢瓶；漏斗；甲烷气袋；1μL 、100μL 微量注射器。

2. 试剂

邻苯二甲酸二异壬酯(DNP)，色谱纯；担体 6201 红色硅藻土，60～80 目；乙醚、盐酸、氢氧化钠、苯、甲苯、甲醇、乙醇均为分析纯。

四、实验内容

1. 实验条件

色谱柱，DNP：6201 担体(15：100)，60～80 目；检测器：氢火焰离子化检测器；氮气流量 15 mL·min^{-1}；空气 30mL·min^{-1}；氢气 30 mL·min^{-1}；柱温：110℃；气化室温度：30℃；检测器温度 110℃。

2. 色谱柱的装填与老化：

(1)称取 60g 60～80 目红色硅藻土担体，置于 400mL 烧杯中，在 105℃烘箱内干燥 4～6 h。

(2)称取固定液邻苯二甲酸二壬酯 7.5g 于 150 mL 蒸发皿中，加入适量乙醚溶解(乙醚的加入量应能浸没担体，并保持有 3～5 mm 液层)，然后加入 50 g 6201 担体，摇晃均匀，置于通风橱内，使乙醚自然挥发，待乙醚挥发完毕，移至红外线干燥箱内烘干 20～30 min 即可装填。

(3) 取一根长 2 m，内径 3 mm 不锈钢色谱柱，用 50 mL1 mol·L^{-1} HCl 溶液浸泡 5～6 min，用水抽洗至中性，再用 50 mL1 mol·L^{-1} NaOH 溶液浸泡抽洗，再用水抽洗至中性，烘干备用。采用真空泵抽气填入固定相，填满后用玻璃纤维塞紧柱两端。

(4) 色谱柱的老化：

把填好的色谱柱与色谱仪进样口接好，出气口直通大气，开启载气，流量为 5～10 mL·min^{-1}，检查至气路连接处不漏气，打开色谱仪电源，调节柱温 150℃，老化处理 8 h。

3. 色谱柱的柱效测定

根据实验条件，将色谱仪按仪器操作规程调至待测状态，当仪器上电路和气路系统达到平衡，记录图上基线平直时，即可进样。吸取 1μL 1g·μL^{-1}的苯和甲苯溶液进样，得苯和甲苯的色谱图，并重复两次。用 100 μL 进样器抽取 50 μL 甲烷进样，得死时间 t_M。

4. 乙醇中乙醚含量的测定

取无水乙醇五份，每份 5 mL，分别加入纯乙醚 60 μL、120 μL、180 μL、240 μL、300 μL配得标准溶液 5 瓶，从每瓶中吸取 0.1 μL 注入色谱仪得各标准溶液色谱图，取含杂质的乙醇试样 5 μL，于相同条件下进行分析，得色谱图。

5. 实验完毕，用乙醚清洗 1 μL 注射器，退出色谱工作站，关闭氢气和空气钢瓶，关闭氢火焰离子化检测器及色谱仪开关，待柱箱温度降至室温后关闭载气。

五、数据记录与处理

1. 打印出各色谱图，计算柱效。
2. 绘制乙醚的标准曲线。
3. 利用 A4800 色谱数据工作站采用外标法求样品中各组分含量。

六、思考题

1. 计算甲醇、乙醇和乙醚之间的分离度。
2. 通过实验，你认为装填好一个均匀、紧密的色谱柱，在操作上应注意哪些问题？
3. 用同一根色谱柱，分离不同组分，其塔板数是否一样，为什么？
4. 色谱柱温度对分离有何影响？

实验二十八　液相色谱法测定食品中的咖啡因

一、实验目的

1. 了解液相色谱仪的基本结构和基本原理
2. 了解反相液相色谱法的原理、优点和应用
3. 掌握标准曲线定量方法

二、实验原理

液相色谱法是以液体作为流动相的色谱法。高效液相色谱法是在经典液相色谱法基础上发展起来的一种新型分离、分析技术。

高效液相色谱由高压输液系统、进样系统、分离系统、检测系统、数据处理系统五部分组成。高效液相色谱中使用较短的色谱柱，柱外的谱带展宽效应较明显，与气相色谱不同。

高效液相色谱法是利用样品中各组分在色谱柱中固定相和流动相间分配系数或吸附系数的差异，将各组分分离后进行检测，并根据各组分的保留时间和响应值进行定性、定量分析。它具有高效、高速、高灵敏度、高自动化、应用范围广、流动相选择范围广、馏分容易收集等特性。因此，高效液相色谱法已广泛应用于生物学和医药上的大分子物质的分析，如蛋白质、核酸、氨基酸、多糖、生物碱、甾体、维生素、染料及药物等物质的分离和分析。

本实验已咖啡因为测定对象，以反相高效液相色谱技术来分离检测食品中的咖啡因含量。咖啡因又称为咖啡碱，化学名称为1，3，7－三甲基黄嘌呤，分子式为 $C_8H_{10}O_2N_4$。

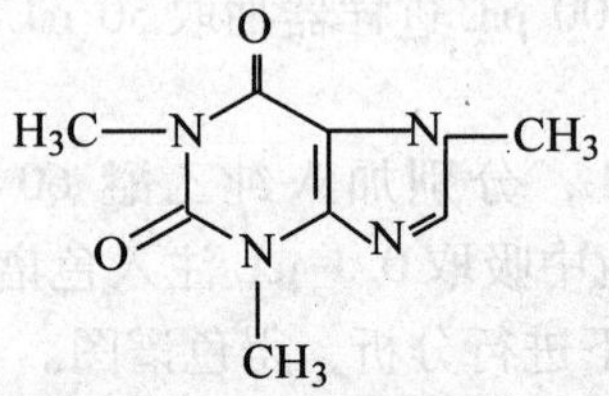

咖啡因属黄嘌呤衍生物，是一种可由茶叶或咖啡中提取而得的生物碱。它能兴奋大脑皮层，使人精神兴奋。咖啡中含咖啡因的质量分数为1.2%～1.8%；茶叶中含咖啡因的质量分数为2.0%～4.7%；可乐饮料、APC药品等物质中均含咖啡因。

在碱性条件下，咖啡因的三氯甲烷熔液在276.5 nm波长下有最大吸收，其吸收值的大小与咖啡因浓度成正比，从而可进行定量。用氯仿定量提取样品中的咖啡因，采用反相色谱技术进行分离，紫外检测器检测，以咖啡因标准系列溶液色谱峰面积对其浓度做工作曲线，再根据样品中的咖啡因峰面积，由工作曲线得出其浓度。

三、试剂、仪器（所用试剂均为分析纯试剂，实验用水为去离子水）

1. 仪器

高效液相色谱仪（Pro Star210，美国）；紫外检测器（UV 345）；Workstar色谱工作站；色谱柱（4.6×200 mm）；定量环：20μL；平头微量进样器，超声波清洗机；0.45 μm滤膜和过滤器。

2. 试剂

甲醇(色谱纯)、二次蒸馏水；氯仿(A. R)；NaOH(A. R)；NaCl(A. R)；Na_2SO_4(A. R)；咖啡因；含咖啡因的食品。

四、分析步骤

1. 溶液的配制

(1) 1000 μg · mL^{-1} 咖啡因标准储备液：将咖啡因在110℃下烘干1 h 。准确称取0.1000g咖啡因，用氯仿溶解，定量转移至100 mL容量瓶中，用氯仿稀释至刻度，摇匀，备用。

(2) 咖啡因标准系列溶液配制：分别用吸量管移取0.40 mL、0.60 mL、0.80 mL、1.00 mL、1.20 mL、1.40 mL咖啡因标准储备液于6只10 mL容量瓶中，用氯仿定容，摇匀。分别得到浓度(μg · mL^{-1})为40. 0、60. 0、80. 0、100. 0、120. 0、140. 0的系列标准溶液。

2. 样品处理

取100 mL可乐置于250mL洁净的烧杯中，超声波脱气15 min，以赶尽二氧化碳。将样品溶液进行干过滤(用干漏斗、干滤纸过滤)，弃去前过滤液，取后面的过滤液。吸取样品滤液25.00 mL于125 mL分液漏斗中，加入1.0 mL饱和氯化钠溶液，1 mL NaOH溶液，然后用20 mL氯仿分3次萃取(10 mL、5 mL、5 mL)。合并氯仿提取液并用装有无水硫酸钠的小漏斗(在小漏斗的颈部放一团脱脂棉，上面铺一层无水硫酸钠)脱水，过滤于50 mL容量瓶中，最后用少量氯仿多次洗涤无水硫酸钠小漏斗，将洗涤液合并至容量瓶中定容至刻度。

以上所有溶液(包括流动相)使用前均需经0.45μm的滤膜过滤后方可使用。

3. 按操作说明打开计算机和色谱仪，建立测定方法

设定色谱条件：

柱温为室温；流动相为甲醇/水 = 60/40；流动相流速为1.0 mL · min^{-1}；检测波长为275 nm。

4. 工作曲线的制作

仪器基线平稳后，分别进样咖啡因标准系列溶液20μL，重复3次，记录峰面积和保留时间。

5. 样品测定

在同样实验条件下，分别进样样品溶液20μL ，根据保留时间确定样品中咖啡因色谱峰的位置，记录咖啡因色谱峰面积。

6. 结束实验

实验结束后，按要求关好仪器和计算机。

五、实验数据处理：

1. 根据咖啡因标准系列溶液的色谱图，绘制咖啡因峰面积与其浓度的关系曲线。
2. 根据样品中咖啡因色谱峰的峰面积，由工作曲线得出食品中咖啡因含量(μg · mL^{-1})。

六、思考题

1. 若标准曲线用咖啡因浓度对峰高作图，能给出准确结果吗？与本实验的标准曲线相

比哪种优越？

2. 在样品干过滤时，为什么要弃去前过滤液？这样做会不会影响实验结果？为什么？

3. 若要测定茶叶中的咖啡因，应如何设计样品的处理方法。

第六章　定性分析实验

实验二十九　无机阳离子分析

一、实验目的

1. 掌握阳离子与常用试剂的反应

2. 掌握 NH_4^+、K^+、Na^+、Ca^{2+}、Mg^{2+}、Ba^{2+}、Pb^{2+}、Cu^{2+}、Hg^{2+}、Fe^{2+}、Fe^{3+}、Zn^{2+}、Mn^{2+}、Ag^+、Al^{3+} 的鉴定方法

3. 学会综合利用阳离子分析特性和个别鉴定方法，检出未知液中的阳离子

4. 学习半微量定性分析的基本操作。

二、原理

本实验鉴定的15种阳离子是农业上常见的阳离子。通过阳离子与常用试剂的反应和个别鉴定，可使初学者进一步熟悉常见阳离子的共性和个性。

未知液分析方法有分别分析法和系统分析法。本实验采用分别分析法，先通过初步试验消去一些离子，然后拟定分析方案。必要时可应用分离掩蔽的方法以排除干扰，检出离子。

三、仪器和试剂

(一)仪器

离心试管十四支；离心机一台；点滴板(白)一块；表面皿二个(一大一小)；水浴锅二个；毛细滴管一支；滴管一支；铂丝；铜片一块；玻璃棒一支；pH 试纸，滤纸。

(二)试剂

1. 阳离子练习试液

练习试液14种，每毫升含阳离子10mg。

2. 特殊试剂

(1)奈斯勒(Nessler)试剂：将115g HgI_2 和80g KI 溶于足量水中，稀释至500mL，加入500mL 6mol · L^{-1} NaOH。如静置时产生沉淀，将溶液过滤后，清液用棕色瓶贮存。

(2)醋酸铀酰锌溶液：10g 醋酸铀酰[$UO_2(Ac)_2 \cdot 2H_2O$]和6mL 6mol · L^{-1} HAc 溶于50mL 水中；30g $Zn(Ac)_2 \cdot 2H_2O$ 和6mL 6mol · L^{-1} HAc 溶于50mL 水中。然后将以上两种溶液混合，放置过夜，取清液使用。

(3)亚硝酸钴钠溶液：230g $NaNO_2$ 溶于500mL 水，再加165mL 6mol · L^{-1} HAc 和30g $Co(NO_2)_2 \cdot 6H_2O$，静置过夜，过滤，将滤液稀释至1L。溶液为橙色。

(4)乙二醛双缩：2－羟基苯胺的乙醇饱和溶液。

(5)镁试剂：将镁试剂(对－硝基苯偶氮间苯二酚)0.01g 溶于1L 2mol · L^{-1} NaOH 溶液中。

(6)酒石酸钾钠溶液：21g $NaKC_4H_4O_6$溶于100mL 水中。

(7)铝试剂溶液：1g 铝试剂溶于1L 水中。

(8)茜素：茜素红溶于95% 乙醇至饱和。

(9)0.05g·mL^{-1}硫代乙酰胺：5g 硫代乙酰胺溶于100mL 水中。

(10)硫化铵溶液：通 H_2S 于200 mL 15mol·L^{-1} $NH_3·H_2O$ 中至饱和，再加 200mL 15mol·L^{-1} $NH_3·H_2O$并将所得溶液稀释至1L。

(11)硫化钠：480g $Na_2S·9H_2O$ 和40gNaOH 溶于1L 水中。

(12)硫氰化铵：NH_4SCN 的饱和水溶液。

(13)0.01% 双硫腙：10mg 双硫腙溶于100mL CCl_4中。

(14)0.02% 玫瑰红酸钠：0.2g 玫瑰红酸钠溶于100mL 水中，用棕色瓶贮存，仅能保持2~3 天。

(15)2% 邻二氮菲：2g 邻二氮菲盐酸盐溶于100mL 水中。

3. 一般试剂(包括有机溶剂和固体试样)：

(1) 0.25mol·$L^{-1}$$K_4[Fe(CN_6)]$溶液

(2) 0.5mol·$L^{-1}$$SnCl_2$溶液

(3) 0.3mol·$L^{-1}$$K_3[Fe(CN)_6]$溶液

(4) 1mol·L^{-1}NaOH、6mol·L^{-1}NaOH 溶液

(5) 2 mol·L^{-1}HCl 溶液

(6) 6 mol·$L^{-1}$$HNO_3$溶液

(7) 3mol·$L^{-1}$$H_2SO_4$溶液

(8) 2 mol·L^{-1}HAc 溶液

(9) 1 mol·L^{-1} $NH_3·H_2O$，6mol·L^{-1} $NH_3·H_2O$，浓氨水

(10) 95% 乙醇

(11) CCl_4溶剂

(12) $CHCl_3$溶剂

(13) NH_4Cl 固体

(14) $NaNO_2$固体

(15) $NaBiO_3$固体

(16) NaAc 固体

(17)10% Na_2CO_3

四、实验内容

(一)阳离子的个别鉴定

1. NH_4^+ 的鉴定

(1)气室法 用大小不同的两块表面皿对合组成气室。在下面大块表面皿里放3 滴 NH_4^+试液，上面小表面皿中心贴一片润湿的 pH 试纸。迅速向大表面皿中加入2 滴 6mol·L^{-1} NaOH 溶液，立即将小表面皿盖上，放置片刻，观察试纸颜色变化。若实验现象不明显，可将气室置于水浴锅上加热数分钟。观察试纸颜色变化情况，pH 试纸呈碱性，示有 NH_4^+。

(2)奈斯勒试剂法　取1滴NH_4^+试液于白色点滴板上，加奈斯勒试剂1～2滴。生成红棕色沉淀，示有NH_4^+。

2. K^+的鉴定(亚硝酸钴钠法)

取2滴K^+试液于离心管中，加2滴0.1mol·L^{-1} $Na_3[Co(NO_2)_6]$，用玻璃棒摩擦管壁，生成黄色晶形沉淀，示有K^+。反应应在中性或弱酸性条件下进行。

3. Na^+的鉴定

(1)醋酸铀酰锌法　取1滴Na^+试液于离心管中，加4滴95%乙醇和8滴醋酸铀酰锌溶液，用玻璃棒摩擦管壁，生成淡黄色晶形沉淀，示有Na^+。

反应在中性或弱酸性条件下进行。Ag^+与试剂有类似反应，应事先除去。

(2)焰色反应　用铂丝尖端小环蘸取Na^+试液，在无色火焰中灼烧，火焰呈强烈的黄色，并持续数秒钟不褪，示有Na^+。

4. Ca^{2+}的鉴定(乙二醛双缩法)

取2滴Ca^{2+}试液于离心管中，加6～8滴乙二醛双缩的乙醇饱和溶液，1滴6mol·L^{-1} NaOH，2滴10% Na_2CO_3和2～4滴$CHCl_3$，加水数滴，振荡，$CHCl_3$层显红色，示有Ca^{2+}。

5. Mg^{2+}的鉴定(镁试剂法)

取1滴Mg^{2+}试液于点滴板上，加镁试剂和6mol·L^{-1}NaOH各1滴。有天蓝色沉淀生成，示有Mg^{2+}。如溶液变为黄色，则补加1滴6mol·L^{-1}NaOH，即有天蓝色沉淀生成。

6. Ba^{2+}的鉴定(玫瑰红酸钠法)

取1滴Ba^{2+}试液于离心管中，加1滴0.2%玫瑰红酸钠，生成红棕色沉淀，加2 mol·L^{-1}HCl至强酸性，沉淀变为桃红色，示有Ba^{2+}。

7. Pb^{2+}的鉴定(双硫腙法)

取2滴Pb^{2+}试液于离心管中，加2滴1mol·$L^{-1}$$NaKC_4H_4O_6$，滴加6mol·$L^{-1}$$NH_3·H_2O$ 1滴，调至pH值为9～11，加入0.01%双硫腙4～5滴，用力摇动，CCl_4层呈红色，示有Pb^{2+}。

8. Cu^{2+}的鉴定(亚铁氰化钾法)

取1滴Cu^{2+}试液于点滴板上，加2mol·L^{-1}HAc和0.25mol·L^{-1} $K_4[Fe(CN)_6]$各1滴，生成红棕色沉淀，示有Cu^{2+}。

9. Hg^{2+}的鉴定(氯化亚锡法)

取Hg^{2+}试液1滴于离心管中，加入1滴2mol·L^{-1} HCl，加$SnCl_2$2滴，开始生成白色沉淀，放置后慢慢变为灰黑色，示有Hg^{2+}。

若有Ag^+存在时，生成AgCl白色沉淀。Ag^+与Hg^{2+}共存时，则加入$SnCl_2$后试液立即变黑色。

10. Fe^{2+}的鉴定

(1)铁氰化钾法　取1滴Fe^{2+}试液于点滴板上，加2mol·L^{-1}HCl和0.3mol·L^{-1} $K_3[Fe(CN)_6]$各1滴，如有深蓝色沉淀生成，示有Fe^{2+}。若干扰离子较多时，采用邻二氮菲法。

(2)邻二氮菲法　取Fe^{2+}试液1滴于点滴板上，加1滴邻二氮菲试剂，溶液呈桔红色，示有Fe^{2+}。

11. Fe^{3+}的鉴定

(1)硫氰酸氨法 取Fe^{3+}试液1滴于点滴板上，加$2mol \cdot L^{-1}$ HCl和$0.25mol \cdot L^{-1}$ NH_4SCN溶液各1滴，出现血红色，示有Fe^{3+}。

(2)亚铁氰化钾法 取试液1滴于点滴板上，加$2mol \cdot L^{-1}$ HCl和$0.25mol \cdot L^{-1}$ $K_4[Fe(CN)_6]$各1滴，立即生成深蓝色沉淀，示有Fe^{3+}。

12. Zn^{2+}的鉴定(双硫腙法)

取2滴中碱性Zn^{2+}试液于离心管中，加入2滴双硫腙试剂和4~5滴CCl_4溶液，充分搅拌，水层中生成玫瑰红色，而CCl_4层则由绿色变为棕红色，示有Zn^{2+}。

13. Mn^{2+}的鉴定(铋酸钠法)

取2滴Mn^{2+}试液于离心试管中，加5滴水和2滴$6mol \cdot L^{-1}$ HNO_3，然后加足量固体$NaBiO_3$搅拌，溶液变为紫红色，示有Mn^{2+}。

Mn^{2+}试液中不能含有Cl^-存在，应事先除去。

14. Ag^+的鉴定(氯化银法)

取Ag^+试液2滴于离心管中，加$2mol \cdot L^{-1}$ HCl 1滴，有白色凝乳状沉淀生成，滴加$6mol \cdot L^{-1} NH_3 \cdot H_2O$至沉淀溶解；再滴加$6mol \cdot L^{-1} HNO_3$酸化，白色沉淀重新出现。示有$Ag^+$。

15. Al^{3+}的鉴定(铝试剂法)

取3滴Al^{3+}试液于离心管中，用$2mol \cdot L^{-1}$HAc酸化，加入铝试剂2滴，搅拌后放置数分钟，再加入$6mol \cdot L^{-1}$ $NH_3 \cdot H_2O$至呈碱性，置水浴中加热，有红色絮状沉淀出现，示有Al^{3+}。

(二)阳离子未知液的分析

1. 初步试验

(1)初步检验

(2)水解试验 用玻璃棒蘸取试液点在表面皿中pH试纸上。若pH≤2，则做水解试验。

取试液2滴于离心管中，加少量NaAc固体，未加热前如有结晶，加热后晶体溶解，可能是AgAc；加热后出现红棕色沉淀，表示有Fe^{3+}；白色沉淀可能是Al^{3+}；黄色沉淀，可能有Hg^{2+}。

(3)NaOH试验 取3~4滴试液于离心管中，滴加$1mol \cdot L^{-1}$NaOH至恰为碱性(用石蕊试纸检验)，观察有无沉淀生成及沉淀颜色。如有沉淀，加入过量$6mol \cdot L^{-1}$ NaOH 3~4滴，搅拌，观察沉淀有无变化。

(4)$NH_3 \cdot H_2O$试验 取3~4滴试液于离心管中，加$1mol \cdot L^{-1}$ $NH_3 \cdot H_2O$至恰为碱性，观察有无沉淀生成及沉淀颜色。如有沉淀，加入过量$6mol \cdot L^{-1}$ $NH_3 \cdot H_2O$ 3~4滴，搅拌，加热，观察沉淀有无变化。再加入固体NH_4Cl，搅拌，加热，观察沉淀有无变化。

(5)H_2SO_4试验 取3~4滴试液于离心管中，加$3mol \cdot L^{-1}$ H_2SO_4酸化，加热，观察是否有沉淀生成。

(6)$(NH_4)_2S$试验 取3~4滴试验于离心管中，加$1mol \cdot L^{-1}$ $NH_3 \cdot H_2O$至碱性，加入2滴$(NH_4)_2S$，加热并搅拌，观察是否产生沉淀。如果产生沉淀，注意沉淀颜色。再加些$(NH_4)_2S$，并加热搅拌，使沉淀完全，冷却后经离心分离，然后在沉淀上加5滴$2mol \cdot L^{-1}$

HCl，加热搅拌，观察沉淀是否溶解。如有不溶沉淀物，再离心分离，沉淀用水洗一次后，在沉淀上加5滴6mol·$L^{-1}HNO_3$和几颗$NaNO_2$晶粒，加热，观察沉淀是否溶解。

2. 分析方案的设计

整理初步试验结果，判断哪些离子不存在，哪些离子可能存在。根据判断结果设计分析方案，分析方案包括：待检离子，鉴定顺序；选择鉴定反应(预计可能有干扰时，应设计排除干扰的方法)。

3. 具体操作根据设计方案，鉴定未知阳离子，并报告鉴定结果

思考题

1. 怎样洗涤分析用器皿？洗净的标志是什么？
2. 怎样调节溶液的酸度，使之达到所需pH值？
3. 鉴定阳离子未知液时，为什么要进行初步试验？

实验三十　无机阴离子分析

一、实验目的

1. 掌握阴离子与常用试剂的反应
2. 掌握阴离子鉴定方法
3. 学会阴离子未知液的分析方法

二、原理

在水溶液中，非金属元素常以简单或复杂的阴离子形式存在。一种非金属元素可以不同价态存在，某些高价非金属离子，还以含氧酸根等阴离子形式存在。

有些阴离子在酸性溶液中生成气体逸出，或相互反应改变价态；不少阳离子对阴离子的鉴定有干扰。因上，通常将试样制成碱性溶液，溶解时不加入氧化剂或还原剂，并设法除去金属离子。

在阴离子中未知液的分析中，通常采用"消去法"进行初步检验，然后用分别分析法对可能存在的阴离子进行鉴定。

三、仪器和试剂

(一)仪器

离心试管八支；离心机一台；点滴板(白)一块；表面皿一块；验气装置一个；水浴锅一个；滴管一支；玻璃棒一支；pH试纸；$Pb(Ac)_2$试纸。

(二)试剂

1. 阴离子练习试液

阴离子练习试液8种，每毫升含阴离子10mg。

2. 特殊试剂

(1)5%钼酸铵试剂：5g$(NH_4)_2MoO_4$，加5mL浓HNO_3，加水至100mL。

(2)亚硝酰铁氰化钠：3g$Na_2Fe(CN)_5NO\cdot 2H_2O$溶于100mL水中。

(3)对氨基苯磺酸溶液：将1g试剂溶于300mL 2mol·L^{-1}HAc中。

(4)α－萘胺溶液：将1.5g α-萘胺在100mL热水中溶解，过滤，取清液，用2mol·L^{-1} HAc稀释至1L，应无色。

3. 一般试剂

(1)0.25mol·$L^{-1}$$BaCl_2$溶液

(2)0.1mol·$L^{-1}$$AgNO_3$溶液

(3)12% $(NH_4)_2CO_3$溶液

(4)0.02% $KMnO_4$溶液

(5)10% $NaNO_2$溶液

(6)0.5% KI－淀粉溶液

(7)0.5% I_2－淀粉溶液

(8)0.5mol·$L^{-1}$$SnCl_2$溶液

(9)0.1mol·L^{-1} KI溶液

(10)3mol·$L^{-1}$$H_2SO_4$，1mol·$L^{-1}$$H_2SO_4$溶液及浓$H_2SO_4$溶液

(11)6mol·L^{-1}HCl，2mol·L^{-1}HCl溶液

(12)6mol·L^{-1} HNO_3，2mol·L^{-1} HNO_3及浓HNO_3溶液

(13)2mol·L^{-1} HAc溶液

(14)2mol·L^{-1} $NH_3·H_2O$溶液

(15)CCl_4溶液

(16)2mol·L^{-1} NaOH溶液

(17)Zn粉

(18)$FeSO_4$

四、实验内容

(一)阴离子的个别鉴定

1. SO_4^{2-}的鉴定　取3滴SO_4^{2-}试液于离心管中，滴加2~3滴2mol·L^{-1} HCl，酸化，加3滴0.25mol·L^{-1} $BaCl_2$，生成白色沉淀，示有SO_4^{2-}。

2. CO_3^{2-}的鉴定　取5~6滴试液于验气装置的试管中，在玻璃泡上悬挂1滴饱和$Ca(OH)_2$溶液，立即向试管中加5~6滴6mol·L^{-1} HCl，迅速塞好，注意勿使玻璃泡与试管接触，勿使液滴掉落，试液中产生大量气泡，玻璃泡上的溶液变浑浊，示有CO_3^{2-}。

3. PO_4^{3-}的鉴定(钼酸铵法)　取3滴PO_4^{3-}试液于离心管中，加1滴浓HNO_3，8滴钼酸铵试剂，微热(40~50℃)，生成黄色晶型沉淀，示有PO_4^{3-}，再加几滴$SnCl_2$试剂，溶液变为蓝色。

4. Cl^-的鉴定　取4滴试液与离心管中，以2mol·L^{-1} HNO_3酸化，加2滴0.1mol·L^{-1} $AgNO_3$，产生白色沉淀。继续滴加$AgNO_3$至沉淀完全，将离心管置于水浴上微热，离心分离，弃去清液，沉淀用热水洗二次后，再加入10滴12% $(NH_4)_2CO_3$，加热搅拌，沉淀减少或全部溶解。最后用6mol·L^{-1} HNO_3酸化，又出现白色沉淀，示有Cl^-。

5. I^-的鉴定(亚硝酸盐－淀粉法)　取1滴试液于点滴板上，用2mol·L^{-1} HAc酸化，

加 0.5% KI^- 淀粉液和 10% $NaNO_2$ 溶液各 1 滴，出现蓝色，示有 I^-。

6. S^{2-} 的鉴定

(1) 亚硝酰铁氰化钠法　取 1 滴试液于点滴板上，加 1 滴 $2mol \cdot L^{-1}$ NaOH 碱化，再加 1 滴 1% $Na_2[Fe(CN)_5NO]$，出现紫红色，示有 S^{2-}。

(2) 醋酸铅法　取 3 滴试液于离心管中，加入 3 滴 $2mol \cdot L^{-1}$ HCl，立即用湿润的 $Pb(Ac)_2$ 试纸放在管口，试纸变成棕黑色。管中生成的气体有臭鸡蛋气味，示有 S^{2-}。

7. NO_2^- 的鉴定

取 1 滴试液于点滴板上，加 1 滴 $2mol \cdot L^{-1}$ HCl 酸化，依次加入对氨基苯磺酸和 α-萘胺各 1 滴，立即出现红色，示有 NO_2^-。

8. NO_3^- 的鉴定

(1) 棕色环法　取 1 滴试液于点滴板上，加一粒 $FeSO_4$，沿凹坑壁加 1 滴浓 H_2SO_4。沿 $FeSO_4$ 晶体出现棕色环，示有 NO_3^-。

NO_2^- 有类似反应，应事先除去。

(2) 还原为 NO_2^- 法　取 1 滴试液于点滴板上，加 1 ~ 2 滴 $6mol \cdot L^{-1}$ HCl 及少许锌粉，稍停片刻，依次加入对氨基苯磺酸及 α-萘胺溶液各 1 滴，出现红色，示有 NO_3^-。

在检出 NO_3^- 前，必须检验是否有 NO_2^- 存在，如有，应先除去。

(二) 阴离子未知液的分析

1. 初步检验

(1) 试液的酸碱性及气体排出试验　用 pH 试纸检验试液的酸碱性。如为中性或碱性，取 4 滴试液于离心管中，加 $3mol \cdot L^{-1}$ H_2SO_4 酸化，微热，振摇。观察是否产生气体，气体的颜色和嗅味。

(2) 硝酸银试验　取 4 滴试液于离心管中，试液若为酸性，用 $2mol \cdot L^{-1}$ $NH_3 \cdot H_2O$ 中和，滴入 $0.1mol \cdot L^{-1}$ $AgNO_3$ 溶液，观察是否生成沉淀，沉淀的颜色。如有沉淀，可离心分离，在沉淀上加 $6mol \cdot L^{-1}$ HNO_3 4 滴，搅拌后，观察沉淀的变化。

(3) 氯化钡试验　取 2 滴试液于离心管中(如试液为酸性)，先用 $2mol \cdot L^{-1}$ $NH_3 \cdot H_2O$ 中和)，然后加入 2 ~ 3 滴 $0.25mol \cdot L^{-1}$ $BaCl_2$，观察是否产生沉淀。如无沉淀则可否定 SO_4^{2-}、CO_3^{2-}、PO_4^{3-} 等离子存在。如有沉淀，离心分离后，在沉淀上加数滴 $6\ mol \cdot L^{-1}$ HCl，搅拌加热，若有不溶解的白色沉淀，表示有 SO_4^{2-}。

(4) 还原性离子试验　取 3 滴试液于离心管中，用 $1\ mol \cdot L^{-1}$ H_2SO_4 酸化，加 0.02% $KMnO_4$ 2 滴，振摇后红色褪去，表示有还原性阴离子存在。另取 3 滴试液于另一离心管中，用 $1\ mol \cdot L^{-1}$ H_2SO_4 酸化，滴入 I_2 – 淀粉溶液，若蓝色褪去，示有强还原性离子存在。

(5) 氧化性离子试验　取 3 滴试液于离心管中，以 $1\ mol \cdot L^{-1}$ H_2SO_4 酸化，加入 2 滴 KI 和 5 滴 CCl_4，振摇，如 CCl_4 层显红紫色，则表示有氧化性离子存在。也可不用 CCl_4，而滴加淀粉溶液，如出现蓝色，则表示有氧化性离子存在。

2. 分析方案的设计

整理初步检验结果，判断哪些离子不存在，哪些离子可能存在，需进一步鉴定。根据判断结果设计分析方案。

3. 具体操作根据分析方案，鉴定未知阴离子，并报告鉴定结果

思考题

1. 怎样进行下列鉴定：

(1) Cl^- 和 S^{2-} 共存；(2) SO_4^{2-} 和 Cl^- 共存；(3) I^- 和 Cl^- 共存；(4) NO_2^- 和 NO_3^- 共存。

2. 如果阴离子试液为强酸性，哪些阴离子不可能存在？

3. 一白色固体不溶于水，用 HCl 溶解时，不产生气泡。如阳离子检出 Ba^{2+}，哪些阴离子可能存在？

实验三十一　有机化合物中元素的定性分析

一、实验目的

1. 掌握钠熔法分解有机试样的操作

2. 掌握氮、硫、卤素的单独鉴定和混合分离鉴定

二、仪器

剪刀；镊子；20 mL 瓷蒸发皿；漏斗。

三、试剂与试样

金属钠	CP	硝酸溶液	CP 4mol · L^{-1}
盐酸溶液	CP 2mol · L^{-1}	硫酸溶液	CP 3mol · L^{-1}
乙酸溶液	CP 10%	乙酸铅溶液	CP 5%
氢氧化钠溶液	CP 10%	氟化钾溶液	CP 30%
三氯化铁溶液	CP 5%	硝酸银溶液	CP 10%
硫酸亚铁溶液	CP 5%	四氯化碳	CP
过硫酸铵	CP	亚硝酰铁氰化钠	CP
新制氯水	乙酸铜-联苯胺溶液		

试样

2, 4-二硝基苯、对氨基苯磺酸、氯苯 - 溴苯 - 碘仿（或正碘丁烷）的混合物

四、实验步骤

1. 试液的制备

用镊子取存于煤油中的金属钠一小块放在滤纸上，吸干煤油后用剪刀将钠剪成约 50mg（豌豆大小）的颗粒，取一粒于清洁干燥的试管底部。

用试管夹夹住试管上端 1/3 处（注①），用酒精灯加热试管，待钠蒸气充满试管下半部时，迅速加入 20 ~ 30mg 试样（液样 2 滴），强热 2 ~ 3min，立即将试管浸入盛有 10mL 水的瓷蒸发皿中，试管底部当即骤冷而破裂（不破者敲破）；将试液煮沸、过滤、滤渣用 5mL 水洗涤后，再用 5mL 水洗涤一次，合并洗液得约 20mL 无色或黄色清液（注②）。用于以下鉴定试验。

2. 鉴定

(1)氮的鉴定

①普鲁士蓝试验

取2mL试液于试管中，加5滴5%硫酸亚铁溶液，5滴10%氢氧化钠溶液和2滴30%氟化钾溶液，将溶液煮沸，冷却后加3mol·L^{-1}硫酸溶液至生成的氢氧化铁沉淀溶解，然后加2滴5%三氯化铁溶液，有普鲁士蓝析出(注③)表明试样含氮元素。

② 乙酸铜－联苯胺试验

取1mL试液于试管中，加5~6滴10%乙酸溶液、数滴乙酸酮－联苯胺试剂，摇动。溶液有蓝色或蓝色沉淀生成，表明试样含氮元素。若试液有硫离子应加乙酸铅溶液，将硫离子去除后取上层清液进行试验。

(2)硫的鉴定

① 硫化铅试验

取1mL试液于试管中，加数滴10%乙酸溶液酸化，加3滴5%乙酸铅溶液，若有黑褐色沉淀生成，表明试样含硫元素。若和白色或灰色沉淀，表明酸化不够，须再加入乙酸后观察。

② 亚硝酰铁氰化钠试验

取1mL试液于试管中，加一小粒亚硝酰铁氰化钠，摇动。若有红色配合物生成，表明试样含硫元素。

(3)硫、氮元素同时鉴定——三氯化铁试验(注④)

取1mL试液于试管中，加数滴2mol·L^{-1}盐酸溶液酸化，加1滴5%三氯化铁溶液，若有红色配合物生成，表明试样同时含氮、硫元素。

(4)卤素的鉴定——卤化银试验

取4mL试液于试管中，加数滴4mol·L^{-1}硝酸溶液酸化并在通风橱内煮沸数分钟以除去硫化氢和氰化氢(无氮、硫元素鉴定则免去此步)，加2滴10%硝酸银溶液，若有沉淀生成(注⑤)表明试样含有卤素。

(5)氯、溴、碘的分别鉴定

①溴、碘的鉴定——氯水试验

取2mL试液于试管中，加数滴4mol·L^{-1}硝酸溶液酸化(有氮、硫的鉴定应在通风橱内煮沸除去)，加1mL四氯化碳，逐滴加入新制氯水，每次加入后要摇动；四氯化碳层呈现紫红色，表明试样含碘元素。继续滴加氯水，直至四氯化碳层碘的紫色消失，再加几滴，剧烈摇动，四氯化碳层呈现黄色或红棕色，表明试样含溴元素(注⑥)。

②氯的鉴定——氯化银试验

取2mL试液于试管中，加2mL浓硫酸及0.5g过硫酸铵，在通风橱内煮沸数分钟以除去溴、碘。取清液于另一试管，加1滴10%硝酸银溶液和2滴4mol·L^{-1}硝酸溶液，有白色沉淀生成表明试样含氯元素。

注：①钠熔时试管不能对着人，试管必须干燥！用钠量必须按规定！

②试液颜色很深或试液有强烈地刺激气味，说明试样未分解完全，应重新制备试液。

③有时无普鲁士蓝产生，是因为酸化不够，应多加几滴硫酸后观察。

④制备试液时，用钠量少，则氮、硫常以硫氰根（SCN^-）形式存在，当氮、硫鉴

定均得到阴性结果时，必须进行此试验。

⑤溶液若呈浑浊，可能是试剂中存在杂质或未赶尽氰化氢；遇此现象应同时作空白试验进行对照。

⑥碘、溴同时存在，且碘含量较多时，常使溴不易检出，此时可用吸管吸去碘的四氯化碳层，再加入纯净的四氯化碳和氯水振荡，如仍有碘的紫色，再吸去直至碘完全被萃取尽，然后加纯净的四氯化碳数滴，逐滴加入氯水，如四氯化碳层变为黄色或红棕色表明试样含溴。

思考题

在进行元素鉴定时下列现象如何解释？

1. 试液加硝酸银溶液，产生棕黑色沉淀；
2. 含氮不含卤素的试样其试液经酸化后加硝酸银溶液产生白色沉淀。
3. 含氮试样的试液，做普鲁士蓝鉴定时，当亚硫酸铁反应完毕。试液经酸化后加三氯化铁以前即出现蓝色。

第七章　综合实验及自行设计实验

实验三十二　新鲜蔬菜中β-胡萝卜素的提取、分离和测定（综合性实验）

一、实验目的

1. 学习和掌握从新鲜胡萝卜中提取、分离β-胡萝卜素的方法。

2. 掌握紫外－可见吸收光谱法测定β-胡萝卜素含量的方法。

3. 了解共轭化合物 $\pi \rightarrow \pi^*$ 跃迁吸收波长的计算方法及共轭多烯化合物的紫外吸收光谱的特征。

二、实验原理

许多植物的叶、茎、果实如胡萝卜、地瓜、菠菜中含有丰富的胡萝卜素，它是维生素 A 的前体，具有类似维生素 A 的活性，胡萝卜素存在的异构体有 α、β、γ 三种形式，其中以β-胡萝卜素生理活性最强。β-胡萝卜素的结构式为：

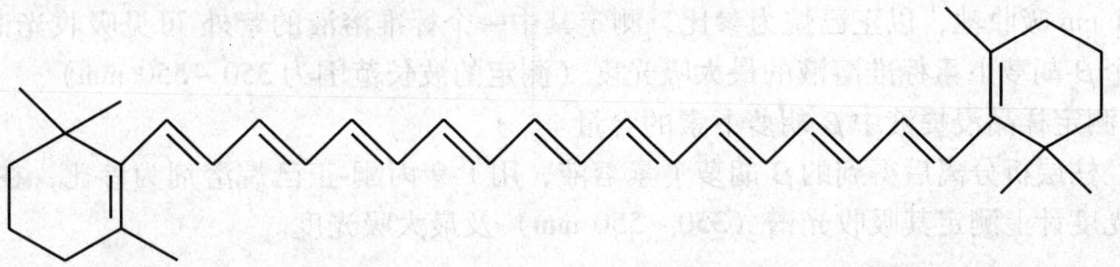

β-胡萝卜素的结构式

β-胡萝卜素是含 11 个共轭双键的长链多烯化合物，它的 $\pi \rightarrow \pi^*$ 跃迁吸收带处于可见光区，因此纯的β-胡萝卜素是桔红色晶体。

胡萝卜素不溶于水，可溶于有机溶剂中，因此，植物中的胡萝卜素可以用有机溶剂提取。但要注意有机溶剂也能同时提取植物中的叶黄素、叶绿素等成分，对测定会产生干扰，需要用适当方法加以分离。

本实验采用柱层析法将提取液中β-胡萝卜素分离出来，经分离提纯得到的β-胡萝卜素含量可以用紫外-可见分光光度法测定。

三、实验仪器及试剂

1. 仪器

UV-1201（或其它型号的）紫外-可见分光光度计；层析柱（10mm×20mm）；玻璃漏斗；分液漏斗；容量瓶（100 mL，50 mL，10 mL）；研钵；水泵；吸量管（1 mL）。

2. 试剂

活性 MgO；硅藻土助滤剂；无水 Na_2SO_4；正已烷；丙酮。

四、实验内容

1. 样品处理

将新鲜蔬菜胡萝卜粉碎混匀，称取 2 g，加 10 mL 1∶1 丙酮-正己烷混和溶剂，于研钵中研磨 5 min，将混和溶剂滤入预先盛有 50 mL 去离子水的分液漏斗中，残渣继续用 10 mL 1∶1混和溶剂研磨，过滤，如此反复直到浸提液无色为止，合并浸提液，用 2×20 mL 去离子水洗涤两次，将洗涤后的水溶液合并，用10 mL 正己烷萃取水溶液，与前浸提液合并供柱层析分离。

2. 柱层析分离

将 2 g 活性 MgO 与 2 g 硅藻土助滤剂混和均匀，作吸附剂，疏松地装入层析柱中，然后用水泵抽气使吸附剂逐渐密实，再在吸附剂顶面上盖上一层约 5 mm 厚无水 Na_2SO_4。

用正己烷冲洗层析柱，使胡萝卜素谱带与其它色素谱带分开。当胡萝卜素谱带移过柱中部后，用 1∶9 丙酮-正己烷混和溶剂洗脱并收集流出液，β-胡萝卜素将首先从层析柱流出，而其它色素仍保留在层析柱中，将洗脱的 β-胡萝卜素流出液收集在 50 mL 容量瓶中，用1∶9 丙酮-正己烷混和溶剂定容。

3. 制作标准曲线

用逐级稀释法准确配制 25 μg · mL^{-1}β-胡萝卜素与正己烷的标准溶液，分别吸取此溶液 0.40 mL，0.80 mL，1.20 mL，1.60 mL，2.00 mL 于 5 个 10 mL 容量瓶中，用正己烷定容。

用 1 cm 吸收池，以正己烷为参比，测定其中一个标准溶液的紫外-可见吸收光谱，分别测定 5 个 β-胡萝卜素标准溶液的最大吸光度（测定的波长范围为 350～550 mm）

4. 测定样品浸提液中 β-胡萝卜素的含量

将经柱层析分离后得到的 β-胡萝卜素溶液，用 1∶9 丙酮-正己烷溶剂为参比，在紫外-可见分光光度计上测定其吸收光谱（350～550 mm）及最大吸光度。

五、数据处理

1. 绘制 β-胡萝卜素的标准曲线。
2. 确定样品溶液 λ_{max} 处的吸光度，计算 β-胡萝卜素的含量。

$$w\ (\beta\text{-胡萝卜素}) = \frac{50\text{mL} \cdot \rho}{m} \times 10^6 \times 100\%$$

式中：ρ——标准曲线上查得的 β-胡萝卜素质量浓度（单位 μg · mL^{-1}）；

m——胡萝卜样品的质量。

实验三十三 酸碱混合物中各组分的测定（综合设计实验）

在实际工作中常常遇到酸碱混合组分的测定问题，它比单组分纯溶液、纯物质的测定要复杂许多。本实验是通过各种混合酸碱体系的测定方法的设计，培养学生的分析问题和解决问题的能力。

一、实验目的和要求

1. 了解基准物质碳酸钠及硼砂的分子式和化学性质。

2. 掌握 HCl 标准溶液的配制、标定过程。

3. 掌握强酸滴定二元弱碱的滴定过程、突跃范围及指示剂的选择。

4. 掌握定量转移操作的基本要点。

5. 学生根据自己选择的检测对象，在图书馆查阅有关文献、资料，进行归纳整理，写出实验方案（包括分析步骤、记录、数据处理、问题讨论等）。

二、实验原理

工业纯碱的主要成分为碳酸钠，商品名为苏打，其中可能还含有少量 NaCl，Na_2SO_4，NaOH 及 $NaHCO_3$等成分。常以 HCl 标准溶液为滴定剂测定总碱度来衡量产品的质量。滴定反应为：

$$Na_2CO_3 + 2HCl \Longrightarrow 2NaCl + H_2CO_3$$

$$H_2CO_3 \Longrightarrow CO_2\uparrow + H_2O$$

反应产物 H_2CO_3易形成过饱和溶液并分解为 CO_2逸出。化学计量点时溶液 pH = 3.8 ~ 3.9，可选用甲基橙为指示剂，用 HCl 标准溶液滴定，溶液由黄色变为橙色即为终点。试样中的 $NaHCO_3$同时被中和。

由于试样易吸收水分和 CO_2，应在 270 ~ 300℃将试样烘干 2h，以除去吸附水并使 $NaHCO_3$全部转化为 Na_2CO_3，工业纯碱的总碱度通常以 w（Na_2CO_3）或 w（Na_2O）表示，由于试样均匀性较差，应称取较多试样，使其更具代表性。测定的允许误差可适当放宽一点。

三、主要试剂和仪器

1. HCl 溶液 0.1mol · L^{-1}配制时应在通风橱中操作。用量杯（或量筒）量取原装浓盐酸约 9mL，倒入试剂瓶中，加去离子水稀释至 1 L，充分摇匀。

2. 无水 Na_2CO_3于 180℃干燥 2 ~ 3h。也可将 $NaHCO_3$置于瓷坩埚内，在 270 ~ 300℃的烘箱内干燥 1 h，使之转变为 Na_2CO_3。然后放入干燥器内冷却后备用。

3. 1 g · L^{-1}甲基橙指示剂。

4. 2 g · L^{-1}甲基红 60% 的乙醇溶液。

5. 甲基红 - 溴甲酚绿混合指示剂：将 2 g · L^{-1}甲基红的乙醇溶液与 1 g · L^{-1}溴甲酚绿乙醇溶液以 1:3 体积相混合。

6. 硼砂（$Na_2B_4O_7 \cdot 10H_2O$）：应在置有 NaCl 和蔗糖的饱和溶液的干燥器内保存，以使相对湿度为 60%，防止结晶水失去。

四、实验提示

1. 选择检测对象

学生在下面体系中挑选一组试剂进行方法设计（设定待测组分浓度为 0.1 mol · L^{-1}）。

（1）$NH_3 \cdot H_2O$ − NH_4Cl 混和液

（2）HAC − NaAC 混和液

（3）HCl − NH_4Cl 混和液

（4）工业碱固体试样

(5) $K_2HPO4-KH_2PO_4$混和液

(6) $NaOH-Na_3PO_4$混和液

(7) $HAc-H_2SO_4$混和液

(8) $H_2SO_4-H_3PO_4$混和液

2. 方法设计的基本思路

判断能否准确滴定→可用哪几种方法滴定→采用什么滴定剂→产物是什么→产物溶液pH是多少→选用哪种指示剂→推导待测组分滴定结果的计算公式→终点误差分析。

五、思考题

1. 无水Na_2CO_3保存不当，吸收了1%的水分，用此基准物质标定HCl溶液浓度时，对其结果产生何种影响?

2. 甲基橙、甲基红及甲基红-溴甲酚绿混合指示剂的变色范围各为多少?混合指示剂优点是什么?

3. 标定HCl的两种基准物质Na_2CO_3和$Na_2B_4O_7\cdot 10H_2O$各有哪些优缺点?

4. 在以HCl溶液滴定时，怎样使用甲基橙及酚酞两种指示剂来判别试样是由$NaOH-Na_2CO_3$或$Na_2CO_3-NaHCO_3$组成的?

实验三十四 食品中有机酸的总酸度测定（综合设计实验）

果蔬、乳品及乳制品等食品中有机酸是它们特有的酸味物质，通常是以游离态或酸式盐形式存在，有机酸的含量对食品的质量、风味和颜色等有着直接的影响。

一、实验目的

1. 学习样品的预处理方法。

2. 熟练掌握称量和滴定分析的基本操作。

3. 作为设计实验，学生应到图书馆查阅有关文献及测定方法的资料，完成实验设计(包括仪器、试剂、配制溶液的方法、标准溶液的标定、实验步骤、结果和数据处理等)。

二、实验原理

水果及加工品中富含有机酸，如乙酸、柠檬酸、苹果酸、酒石酸等，这些有机酸可以用碱标准溶液滴定，终点时溶液呈碱性，因此，使用酚酞作指示剂，根据所消耗的碱标准溶液的浓度和体积，求出食品中的总酸度。

$$w_{有机酸}=\frac{c(NaOH)\cdot V(NaOH)\cdot K}{m_x}$$

式中：K为有机酸基本单元的式量$M_B\times 10^{-3}$，乙酸取值0.060、柠檬酸取值0.064、苹果酸取值0.067、酒石酸取值0.075、琥珀酸取值0.059、草酸取值0.045；

m_x为实际滴定的试样量(g)；

$V(NaOH)$为滴定果品试样所消耗的NaOH标准溶液体积(mL)

由于食品中的酸值较低，因此，实验中应用水样做空白实验或煮沸除去CO_2，扣除空白的影响。

三、仪器和试剂

1. 0.05 mol · L^{-1} NaOH 溶液
2. 邻苯二甲酸氢钾为基准试剂
3. 0.2 % 酚酞的指示剂

四、实验内容提示

1. NaOH 溶液的标定（操作方法见前相关实验）
2. 食品试样总酸度的测定

准确称取制成糊状的果肉约 20 g，放在干净的小烧杯中，用适量的去离子水定量地将食品样冲洗，倒入 250 mL 的容量瓶中，加去离子水定容、摇匀。以备滴定实验使用。

3. 测量数据及处理

（1）给出测量数据、实际计算的公式。

（2）求出 NaOH 溶液的准确浓度及其平均值、相对偏差和平均相对偏差。

（3）求出食品样的总酸度及其精密度。

五、实验要求

1. 作为设计实验，学生应到图书馆查阅有关文献，拟定实验方案，写出详细步骤。
2. 本实验要求拟定实验方案，包括实验题目、实验目的、实验原理、仪器与试剂、实验步骤、配制溶液的方法、标准溶液的标定、实验步骤、结果和数据处理等。
3. 自行安装和调试仪器，自配试剂，且独立完成，至少测定两种不同试样。
4. 根据拟定方案进行实验。实验中若发现问题，应及时对实验方案进行调整、修正。
5. 实验完成后，写出实验报告。

六、思考题

1. 做空白实验的目的是什么？
2. 测定时，用什么仪器称取食品试样？称量数据应精确到几位？
3. 本测定中，将样品残渣也一起进行定容对结果有无影响

实验三十五　铅、铋混合液中 Bi^{3+} 和 Pb^{2+} 含量的测定（综合设计实验）

一、实验目的及要求

1. 了解由调节酸度提高 EDTA 选择性的原理。
2. 掌握用 EDTA 进行连续滴定的方法。
3. 应用学过的理论知识，在总结有关实验操作的基础上，采用配位滴定法，自行设计测定 Bi^{3+}、Pb^{2+} 混和液含量的方案。

二、实验原理

混合离子的滴定常用控制酸度法、掩蔽法进行，可根据有关副反应系数论证对它们分别滴定的可能性。

Bi^{3+}，Pb^{2+}均能与 EDTA 形成稳定的 1:1 配合物，$\lg K_f^\theta$ 分别为 27.94 和 18.04。由于两者的 $\lg K_f^\theta$ 相关很大，故可利用酸效应，控制不同的酸度，进行分别滴定。在 pH≈1 时滴定 Bi^{3+}，在 pH≈5～6 时滴定 Pb^{2+}。

在 $Bi^{3+}-Pb^{2+}$混合溶液中，首先调节溶液的 pH≈1，以二甲酚橙为指示剂，Bi^{3+}与指示剂形成紫红色配合物（Pb^{2+}在此条件下不会与二甲酚橙形成有色配合物），用 EDTA 标液滴定 Bi^{3+}，当溶液由紫红色恰变为黄色，即为滴定 Bi^{3+}的终点。

在滴定 Bi^{3+}后的溶液中，加入六亚甲基四胺溶液，调节溶液 pH＝5～6，此时 Pb^{2+}与二甲酚橙形成紫红色配合物，溶液再次呈现紫红色，然后用 EDTA 标液继续滴定，当溶液由紫红色恰转变为黄色时，即为滴定 Pb^{2+}的终点。

三、主要试剂和仪器

1. EDTA（分析纯）固体
2. 指示剂：$2g \cdot L^{-1}$二甲酚橙
3. $200g \cdot L^{-1}$六亚甲基四胺溶液
4. HCl 溶液（1：1）
5. Bi^{3+}，Pb^{2+}混合液

四、设计提示

本实验混和液 $Bi^{3+}-Pb^{2+}$浓度大约为 $0.02\ mol \cdot L^{-1}$，pH＝0.5～1.0。
提供试剂：EDTA（分析纯）固体，缓冲溶液、指示剂。

五、设计要求

1. 有关资料，设计出 详细的实施方案（包括实验目的、实验要求、实验原理、详细的操作步骤、实验用品、以及注意事项和有关的化学反应式）。经指导教师审阅批准后方可进行实验。

2. 实验原理需讨论以下几个问题

（1）能否连续滴定？

（2）合适的 pH 值是多少？

（3）选用何种指示剂？为什么？

（4）选用的缓冲溶液组分及 pH 值？

3. 写出完整的实验报告

$Bi^{3+}-Pb^{2+}$含量以质量浓度表示，单位为 $g \cdot L^{-1}$。

4. 针对实验结果，分析在本实验中应注意的关键问题.

六、思考题

1. 描述连续滴定 Bi^{3+}，Pb^{2+}过程中，锥形瓶中颜色变化的情形，以及颜色变化的原因。

2. 为什么不用 NaOH，NaAc 或 $NH_3 \cdot H_2O$，而用六亚甲基四胺调节 pH 到 5～6？

实验三十六　蔬菜、食品中铁和钙的测定（综合设计实验）

一、实验目的

1. 学习样品的预处理方法
2. 综合运用所学知识，会用仪器分析法（如分光光度法）和滴定分析法测定物质含量
3. 练习灵活运用各种基本操作的能力和查阅资料的能力

二、实验原理

食品中的金属元素，由于常可与蛋白质、维生素等有机物结合成难溶或难于解离的物质，因此，在测定前需要先破坏有机结合体，释放出被测组分。通常采用有机破坏法，该法是在高温条件下加入氧化剂，使有机物质分解。让其中的碳、氢、氧等元素生成二氧化碳和水，以气体形式逸出。从而使被测的金属元素以氧化物或无机盐的形式残留下来。

有机物的破坏法又可分为干法和湿法两种，可以查阅有关资料。

常量组分的测定可采用滴定分析法，而微量和痕量组分的测定不宜用滴定分析法，应使用仪器分析法，如食品中微量铁的测定可采用分光光度法，食品中较高含量的钙可采用滴定法。

三、实验内容提示

1. 样品的处理（可用干法或湿法）
2. 条件实验
3. 样品的铁和钙的测定
4. 回收实验

四、实验要求

1. 查阅有关文章，拟定实验方案，写出详细实验步骤。

2. 本实验要求测定蔬菜、茶叶、鸡蛋黄、虾皮等食品中铁和钙的含量。要求每种物质单独拟定实验方案，包括实验题目、实验目的、实验原理、仪器与试剂、实验步骤等。

3. 自行安装和调试仪器，自配试剂，且独立完成，至少测定两种不同试样。

4. 根据拟定方案进行实验。实验中若发现问题，应及时对实验方案进行调整、修正。

5. 实验完成后，写出实验报告。

五、实验指导

1. 采用单因素的条件试验方法确定实验条件（注意：平行测定三次）。

2. 对所选实验方法是否可信，需检验其准确度和精密度。可用标准样与未知样做平行测定，将结果进行比较，并检验是否存在显著性差异。还可采用回收率实验，在试样中加入一定量的待测组分，在最佳条件下进行 n 次平行测定，计算每次的回收率。

六、思考题

1. 如何确定组分的出峰顺序？
2. 定量的方法还有哪些？

实验三十七 水和土壤中有机磷农药残留量的测定（综合设计实验）

一、实验目的

1. 学习复杂样品的萃取技术
2. 学习并掌握水和土壤中有机磷农药残留的测定方法

二、实验原理

采用合适的有机溶剂萃取水或土壤中的有机磷农药。使用气相色谱氮磷检测器测定有机磷农药的含量，如速灭磷、甲拌磷、二嗪磷、异稻瘟净、甲基对硫磷、溴硫磷、水胺硫磷、杀扑磷等。

三、仪器和试剂

1. 仪器

气相色谱仪，色谱工作站，水浴锅，微量注射器（5μL，10μL），玻璃磨口样品瓶，旋转蒸发仪，振荡器，真空泵；分液漏斗（500 mL），具塞锥形瓶（300 mL），吸滤瓶（500 mL），布式漏斗，平底烧瓶（250 mL）。

2. 主要试剂

农药标准样品（速灭磷、甲拌磷、二嗪磷、异稻瘟净、甲基对硫磷、溴硫磷、水胺硫磷、杀扑磷，含量95% ~99%），二氯甲烷（CH_2Cl_2，AR），三氯甲烷（$CHCl_3$，AR），丙酮（CH_3COCH_3，AR），石油醚（沸点60~90℃），乙酸乙酯（$CH_3COOC_2H_5$，AR），磷酸（H_3PO_4，85%，AR）氯化铵（NH_4Cl，85%，AR），氯化钠（NaCl，AR），无水硫酸钠（Na_2SO_4，AR，300℃烘4h），助滤剂Celite 545，玻璃棉，固定液（OV-17，苯基甲基硅酮），氮气（99.9%，氧的体积积分数低于5×10^{-6}），氢气，空气。

四、实验内容

1. 色谱柱的处理
（1）色谱柱的预处理
（2）固定液涂
（3）色谱柱的填充
（4）色谱柱的老化
2. 仪器的调整
3. 标准样品的制备及标准样品图的获得
4. 水样的提取及净化

5．土样的提取及净化

6．样品分析

7．结果处理

根据标准色谱图各组分的保留时间来确定被测试样中出现的组分数目和名称，计算出各组分的含量（$mg\cdot kg^{-1}$或$mg\cdot L^{-1}$）。

五、思考题

1．如何确定组分的出峰顺序？

2．定量的方法还有那些？

实验三十八　土壤、苹果及血清中钙的提取和测定（设计性实验）

一、实验目的

1．熟悉和掌握用原子吸收法测定 Ca 的定量分析方法。

2．掌握用原子吸收光谱法测定土壤、苹果和血清样品中的 Ca。

二、设计提示

本实验用火焰原子吸收光谱法测定题中所述试样中的 Ca，建议依据题意先查阅有关文献或专著，通过主题词（查文摘的年度、索引或卷索引、查专著目录等时用）如“原子吸收光谱法”、“钙”、“土壤”、“苹果”、“血清”等，了解实验原理、方法及可能的实验步骤等。从而拟定实验方案，选择仪器药品时，还必须考虑到价廉易得，使用安全、操作简便、不污染环境等诸因素。

三、设计要求

1．根据指定的仪器和样品，拟订样品的处理及分析方案。

2．设计实验应写的内容包括：实验目的、实验要求、实验原理、实验仪器和试剂、操作步骤、数据处理、注意事项等。

3．设计并写出规范的实验报告。

下　篇
分析化学学习指导

第八章　滴定分析误差及分析数据的处理

第一节　重要概念和知识要点

- 误差
  - 系统误差
    - 产生原因
      - 方法误差：分析方法本身不够完善所造成的误差
      - 试剂误差：所用试剂不纯或蒸馏水中含有微量杂质产生的误差
      - 仪器误差：仪器本身不够准确或未经校准引入的误差
      - 操作误差（主观误差）：分析人员掌握的操作规程与控制条件有出入引起的误差
    - 减免方法：针对产生的原因进行减免
      - 方法误差：做对照实验
      - 试剂误差：做空白实验
      - 仪器误差：校准仪器
    - 特点：单向性、重复性、数值大小恒定
    - 表征：准确度，测定值与真实值之间的差异
    - 表示
      - 绝对误差
        - 单一测量值 $E = x_i - x_T$
        - 平均值 $E = \bar{x} - x_T$
      - 相对误差
        - 相对误差 $E_r = \frac{x_i - x_T}{x_T} \times 100\%$
        - 相对误差 $E_r = \frac{\bar{x} - x_T}{x_T} \times 100\%$
  - 关系：准确度高，精密度一定高；精密度高，准确度不一定高；精密度是衡量准确度的前提条件
  - 偶然误差
    - 产生原因：由于偶然因素引起的误差
    - 减免方法：多次测量求均值，通常 3 ~ 5 次即可
    - 特点：表面无规律，可大可小，可正可负；统计规律：正态分布
    - 表征：精密度 —— 偏差，平行测定结果之间的关系
    - 表示
      - 绝对偏差 $d = x_i - \bar{x}$　$dr = \frac{d}{\bar{x}} \times 100\%$
      - 平均偏差 $\bar{d} = \sum |x_i - \bar{x}|/n$
      - 相对平均偏差 $\bar{d_r} = \frac{\bar{d}}{\bar{x}} \times 100\%$
      - 样本标准偏差 $s = \sqrt{\frac{\sum d_i^2}{n-1}}$
      - 相对标准偏差（变异系数）$CV = \frac{s}{\bar{x}} \times 100\%$
      - 极差 R：$R = x_{\max} - x_{\min}$
      - 相差 Δ：$\Delta = x_2 - x_1$
      - 相对相差：$\Delta_r = \frac{\Delta}{\bar{x}} \times 100\%$

- 数据处理
  - 误差检验消除：对照实验、空白实验、校准仪器
  - 数据取舍检验
    - 实质：区分偶然误差和过失误差
    - 方法
      - $4\bar{d}$ 法
        - 4 个以上数据，求 $\bar{x}$ 和 $\bar{d}$（不包括可疑值在内的）
        - 舍弃依据：$|x_{可疑}-\bar{x}| \geqslant 4\bar{d}$ 舍弃，否则保留
      - Q 检验
        - 3～10 次实验，从小到大排序，求极差 R
        - 舍弃依据：$Q>Q_{表}$，舍弃，否则保留 Q 计算：
          - x_1 可疑，$Q=\dfrac{x_2-x_1}{R}$
          - x_n 可疑，$Q=\dfrac{x_n-x_{n-1}}{R}$
      - G 检验
        - 3～20 次实验，从小到大排序，求 s、$\bar{x}$
        - 舍弃依据：$G>G_{表}$，舍弃，否则保留。G 计算
          - x_1 可疑，$G=\dfrac{\bar{x}-x_1}{s}$
          - x_n 可疑，$G=\dfrac{x_n-\bar{x}}{s}$
  - 分析数据的集中趋势：
    - 平均值（$\bar{x}$）
    - 中位数（x_m）
      - 奇数个数：从小到大序列中，中间的那个数值
      - 偶数个数：从小到大序列中，中间两个数值取均值的结果
  - 分析数据的分散程度：极差，相对平均偏差，样本标准差
  - 实验数据的统计学处理
    - 频数分布⟶正态分布⟶标准正态分布
    - t 分布
      - 置信度、置信区间
      - 显著性检验
        - 新方法，$\bar{x}$ 与 μ　$t_{计}<t_{表}$，$t_{计}=\dfrac{|\bar{x}-\mu|}{s}\sqrt{n}$
        - 两组数据
          - 先 F，精密度检验。$F=\dfrac{s_{大}^2}{s_{小}^2}$
          - 后 t，准确度检验。
            - $t_{计}=\dfrac{|\bar{x}_1-\bar{x}_2|}{s_{合}}\cdot\sqrt{\dfrac{n_1\cdot n_2}{n_1+n_2}}$
            - $s_{合}=\sqrt{\dfrac{(n_1-1)s_1^2+(n_2-1)s_2^2}{(n_1-1)+(n_2-1)}}$

- 有效数字
  - 特点
    - 反映测定值的大小和精度
    - 由全部准确位加一位可疑值组成
  - 位数确定
    - 普通：从第一位不是零的数字算起数字位数
    - 特殊
      - pH，pK^θ 等对数表达，以小数点后位数为准，整数表示方次
      - 31000 等类似数据，以科学计数法表征为准
      - e，π 等常数可视为无限位
      - 首位大于等于 8 在计算时可多算一位
  - 修约规则
    - 4 舍，6 入
    - 5 考虑
      - 保留位后面是 5，若 5 后还有数进位
      - 5 后为 0 或无数
        - 前为偶数，舍弃
        - 前为奇数，进位
  - 计算规则
    - 加减法
      - 误差考虑：绝对误差最小
      - 位数考虑：结果小数点后位数最少
    - 乘除法
      - 误差考虑：相对误差最小
      - 位数考虑：结果有效数字位数最少

第二节　习　题

一、选择题

1. 有一组数据，从小到大排列为：x_1，x_2，……，x_n，现用 Grubbs 法检验有无可疑值时，采用的公式为(　　)。

A. $G=\frac{|\bar{x}-x_1|}{s}$　　B. $G=\frac{|x_n-x_1|}{s}$　　C. $G=\frac{|x_n-x_{n-1}|}{s}$　　D. $G=\frac{|\bar{x}-x_1|}{|\bar{x}-x_n|}$

2. 在定量分析中，对误差的要求是(　　)。

A. 越小越好　　B. 在允许的误差范围内　　C. 等于零　　D. 接近零

3. 某一分析方法由于试剂带入的杂质量大而引起很大的误差，此时应采用下列哪种方法来消除？(　　)

A. 对照实验　　B. 空白实验　　C. 分析效果校正　　D. 提纯试剂

4. 对某试样进行多次平行测定获得其中硫的平均质量分数为 3.25%，则其中某个测定值(如 3.15%)与此平均值之差为该次测定的(　　)。

A. 绝对误差　　B. 相对误差　　C. 系统误差　　D. 绝对偏差

5. 由计算器算的 $\frac{2.236\times1.1124}{91.036\times0.2000}$ 的结果为 0.1366122，按有效数字运算规则应将结果修约为(　　)。

A. 0.14　　B. 0.1366　　C. 0.137　　D. 0.13661

6. 滴定分析中，一般利用指示剂颜色的突变来判断化学计量点的到达，在指示剂变色时停止滴定。这一点称为(　　)。

A. 化学计量点　　B. 滴定分析　　C. 滴定误差　　D. 滴定终点

7. 下列表达错误的是(　　)。

A. 置信水平愈高，测定的可靠性愈高

B. 置信水平愈高，置信区间愈宽

C. 置信区间的大小与测定次数的平方根成反比

D. 置信区间的位置取决于测定的平均值

8. 下列有关偶然误差的论述中正确的是(　　)。

A. 在消除了偶然误差后，总体平均值就是真值

B. 偶然误差具有单向性

C. 偶然误差是定量分析中主要的误差来源

D. 偶然误差在定量分析中是不可避免的

9. 下列何种方法不能消除分析测试中的系统误差(　　)。

A. 对照实验　　B. 增加测定次数　　C. 空白实验　　D. 回收实验

10. 下列表述中，最能说明偶然误差小的是(　　)。

A. 高精密度　　B. 与已知含量的试样多次分析结果的平均值一致

C. 标准偏差大　　D. 仔细校正所用砝码和容量仪器等

11. 算式 $\frac{0.1026(25.00-21.36)}{0.900}$ 的结果应以几位有效数字报出？(　　)

A. 2 位　　B. 3 位　　C. 4 位　　D. 5 位

12. 两位分析人员对同一含 SO_4^{2-} 的试样用重量法进行了分析，得到两组数据，要判断两人分析的精密度有无显著性差异，应该用下列哪一种方法？(　　)

A. *Q* 检验法　　B. *F* 检验法　　C. *G* 检验法　　D. *t* 检验法

13. 滴定分析的相对误差一般要求为 ±0.1%，对 50mL 滴定管滴定时耗用标准溶液的体积应控制在(　　)。

A. 10mL 以下　　B. 10～15mL　　C. 20～30mL　　D. 50mL 以上

14. 滴定分析的相对误差一般要求为 ±0.1%，若称取试样的绝对误差为 0.0002g，则一般至少称取试样(　　)。

A. 0.1g　　B. 0.2g　　C. 0.3g　　D. 0.4g

15. 预测某水泥熟料中的 SO_3 含量，由 4 人分别进行测定。试样质量均为 2.2g，4 人获得 4 份报告如下。哪一份报告是合理的？(　　)

A. 2.0852%　　B. 2.085%　　C. 2.09%　　D. 2.1%

16. 称取一定量的基准物质——草酸，溶解后转移至 250mL 容量瓶中，稀释至刻度，配成标准溶液。用移液管吸取其分量来标定 NaOH 溶液的浓度，在下述情况下，将使所标 NaOH 溶液的浓度偏低的是(　　)。

A. 所用砝码的总校正值为负值　　B. 移液管的校正值为负值

C. 容量瓶的校正值为正值　　D. 滴定管在所用容积区间的校正值为负值

17. 分析测定中偶然误差的特点是(　　)。

A. 数值在一定范围　　B. 数值无规律可循

C. 大小误差出现的概率相同　　D. 正负误差出现的概率相同

18. 某人用 EDTA 直接滴定法测出铁矿石中铁的质量分数为 35.628195%，你认为此时应取几位有效数字(　　)。

A. 3　　B. 5　　C. 4　　D. 2

19. 移液管使用前用待移取的溶液洗三遍，对测定结果的影响是(　　)。

A. 偏高　　B. 偏低　　C. 无影响　　D. 降低精密度

20. 在阴雨天气以 Na_2CO_3 为基准物质标定 HCl 标准溶液浓度时称量操作较慢，将引起(　　)。

A. 正误差　　B. 负误差　　C. 不确定　　D. 无影响

二、填空题

1. 空白试验是用于消除________带进杂质所造成的________误差。

2. 误差是指________与________之差，偏差是指________与________之差。通常相对误差是用来表示________，标准偏差是用来表示________。

3. 在消除了________后，总体平均值就是真值。

4. 对照实验是检验________误差的有效方法，但在进行对照实验时，应尽量选择与试

样 ________ 相近的标准试样进行对照分析。

5. 在分析化学中，用“多次测定求平均值”的方法，可以减少 ________ 误差。其根据是当测定次数 n→∞ 时 ________。

6. 就样本 $x\{x_1, x_2, \cdots\cdots, x_n\}$ 的四个统计量而言（平均偏差，相对平均偏差，标准偏差和相对标准偏差），不受原始测量数据放大和缩小影响的是 ________ 和 ________。

7. 用适当的有效数字表示下面计算结果。$34.2335 + 16.62 - 8.6885 =$ ________。

8. 已知微量分析天平可称准至 ±0.001mg。要使天平称量误差不大于 0.1%，则至少应称取试样的量为 ________ mg。

9. 移液管、容量瓶相对体积未校准，由此对分析结果引起的误差属于 ________ 误差。

10. 有效数字的取舍将影响分析结果的 ________。

11. 称取邻苯二甲酸氢钾基准物质时，装邻苯二甲酸氢钾的容器可用 ________。

12. 已知滴定管的读数误差为 0.02mL，滴定体积为 20.00mL 的相对误差为 ________。

13. 用适当的有效数字表示下面计算结果。$\dfrac{5.24 \times 10^3 \times 4.12 \times 10^{-4}}{0.02538 \times 2.014 \times 10^{-3}} =$ ________。

14. 滴定分析法的相对误差约为 0.1%，若试样称取量为 1g，绝对误差不应大于 ________。

15. 太阳质量是地球质量的 330 000 倍。请将这个数据用三位有效数字表示为 ________。

16. 有限次测量结果的偶然误差的分布遵循 ________。当测定次数趋近无限多次时，偶然误差的分布趋向 ________。其规律为正误差出现的概率 ________，小误差出现的 ________；大误差出现的 ________。

17. 同一组测量值的标准偏差值比平均偏差值 ________，平均值的标准偏差比单次测量的标准偏差 ________。

18. 在少量数据的统计处理中，当测定次数相同时，置信水平越高，则显著性水平越 ________，置信区间越 ________，可靠性越 ________，包括真值在内的可能性越 ________。

19. 在分析过程中，下列情况各造成何种（系统、偶然）误差。

①称量过程中天平零点略有变动：________；

②分析用试剂中含有微量待测组分：________；

③读取滴定管读数时，最后一位数值估测不准：________。

20. 标定 HCl 溶液的浓度时，可用 Na_2CO_3 或硼砂（$Na_2B_4O_7 \cdot 10H_2O$）为基准物质，若 Na_2CO_3 吸水，则标定结果 ________；若硼砂失去部分结晶水，则标定结果 ________（以上两项填无影响，偏高或偏低）。若两者均保存妥当，不存在上述问题，则选 ________ 作为基准物质更好，原因为 ________。

三、问答和计算题

1. 分析过程中出现下面的情况，试回答它是什么性质的误差，如何改进？

(1) 滴定管读数时，最后一位估计不准；

(2) 试剂中含有少量的被测组分。

2. 测定试样中 CaO 含量，得到如下结果：35.65%，35.69%，35.72%，35.60%，问：

(1)统计处理后的分析结果应该如何表示？

(2)比较95%和90%置信度下总体平均值和置信区间。

3. 某分析人员提出了测定氮的最新方法。用此法分析某标准样品(标准值为16.62%)，四次测定的平均值为16.72%，标准偏差为0.08%。问此结果与标准值相比有无显著差异？(置信度为95%)。

4. 在不同温度下对某试样作分析，所得结果(%)如下：

10℃：96.5，95.8，97.1，96.0

37℃：94.2，93.0，95.0，93.0，94.5

试比较两组结果是否有显著差异。(置信度为95%)？

5. 某人测定一溶液的物质的量浓度($mol \cdot L^{-1}$)，获得以下结果：0.2038，0.2042，0.2052，0.2039。第三个结果应否弃去？结果应该如何表示？测了第五次，结果为0.2041，这时第三个结果可以弃去吗？

6. 标定0.1 $mol \cdot L^{-1}$ HCl，欲消耗HCl溶液25 mL左右，应称取Na_2CO_3基准物多少克？从称量误差考虑能否达到0.1%的准确度？若改用硼砂($Na_2B_4O_7 \cdot 10H_2O$)为基准物，结果有如何？

7. 下列各数含有的有效数字是几位？

0.0030；6.023×10^{23}；64.120；4.80×10^{-10}；998；1000；1.0×10^3；

pH = 5.2 时的$[H^+]$

8. 有两位学生使用相同的分析仪器标定某溶液的浓度($mol \cdot L^{-1}$)，结果如下：

甲：0.12，0.12，0.12(相对平均偏差0.00%)；

乙：0.1243，0.1237，0.1240(相对平均偏差0.16%)。

你如何评价他们的实验结果的准确度和精密度？

9. 6次测定某钛矿中TiO_2的质量分数，平均值为58.60%，$s = 0.70\%$，计算：(1)置信区间；

(2)若上述数据均为3次测定的结果，置信区间又为多少？比较两次计算结果可得出什么结论(P均为0.95)？

10. 用电位滴定法测定铁精矿中铁的质量分数(%)，6次测定结果如下：

60.72　60.81　60.70　60.78　60.56　60.84

(1) 用格鲁布斯法检验有无应舍去的测定值($P = 0.95$)；

(2) 已知此标准试样中铁的真实含量为60.75%，问上述测定方法是否准确可靠($P = 0.95$)？

第三节　习题参考答案与解析

一、选择题

1. A　2. B　3. D　4. D　5. B　6. D　7. A　8. D　9. B　10. A　11. B　12. B　13. C　14. B　15. D　16. D　17. D　18. C　19. C　20. A

二、填空题

1. 试剂和器皿；系统
2. 测量值；真值；测量值；平均值；分析结果的准确度；分析结果的精密度
3. 系统误差
4. 系统；组成
5. 偶然；正负误差出现的概率相等
6. 相对平均偏差；相对标准差
7. 42.16
8. 2
9. 系统
10. 准确度
11. 称量瓶
12. 0.1%
13. 4.22×10^{-2}
14. 0.001g
15. 3.30×10^5
16. t 分布；正态分布；相等；概率大；概率小
17. 大；小
18. 低；宽；大；大
19. 偶然误差；系统误差；偶然误差
20. 偏高、偏低，硼砂与两者均按计算比进行反应，硼砂摩尔质量大，称量时相对误差小

三、问答和计算题

1. 答：(1)滴定管读数时，最后一位估读不准，属于偶然误差，可以增加平行测量次数。

(2)试剂中含有少量被测组分，引起了系统误差，应做空白实验进行校正。

2. 答：(1) $\bar{x} = \frac{(\sum x_i)}{n} = 35.66\%$　　$s = \sqrt{\frac{\sum d_i^2}{n-1}} = 0.052\%$

分析结果表示为 $\bar{x} = 35.66$　　$s = 0.052\%$　　$n = 4$

(2) 当置信度为95%，$t = 3.18$：

$$\mu = \bar{x} \pm ts_{\bar{x}} = \bar{x} \pm \frac{ts}{\sqrt{n}} = 35.66 \pm 3.18 \times \frac{0.052}{\sqrt{4}} = (35.66 \pm 0.08)\%$$

即总体平均值的置信区间为（35.58%，35.74%）；

当置信度为90%，$t = 2.35$：

$$\mu = \bar{x} \pm ts_{\bar{x}} = \bar{x} \pm \frac{ts}{\sqrt{n}} = 35.66 \pm 2.35 \times \frac{0.052}{\sqrt{4}} = (35.66 \pm 0.06)\%$$

即总体平均值的置信区间为（35.60%，35.72%）。

3. 答：$t_{计} = \frac{|\bar{x} - \mu|}{s}\sqrt{n} = \frac{|16.72 - 16.62|}{0.08} \times \sqrt{4} = 2.5 \quad t_{表} = 3.18 > t_{计} = 2.5$

所以此结果与标准值相比无显著差异。

4. 答：$\bar{x} = \frac{\sum x_i}{n_1} = 96.4 \quad s_1 = 0.58 \quad \bar{x} = \frac{\sum x_i}{n_2} = 93.9 \quad s_2 = 0.90$

$F_{计} = \frac{s_2^2}{s_1^2} = \frac{0.81}{0.34} = 2.4 \quad F_{表} = 9.12 > F_{计} = 2.25$

表明 σ_1 和 σ_2 没有显著差异。

$$s_{合} = \sqrt{\frac{(n_1 - 1)s_1^2 + (n_2 - 1)s_2^2}{n_1 + n_2 - 2}} = 0.78$$

$$t_{计} = \frac{|\overline{x_1} - \overline{x_2}|}{s_{合}}\sqrt{\frac{n_1 n_2}{n_1 + n_2}} = \frac{|96.4 - 93.9|}{0.78}\sqrt{\frac{4 \times 5}{9}} = 4.78 > t_{表} = 2.37$$

所以两组数据存在着显著差异。

5. 答：(1) $Q_{计} = \frac{0.2052 - 0.2042}{0.2052 - 0.2038} = 0.71$

$Q_{表}(P = 0.95) = 0.105 > Q_{计} \quad Q_{表}(P = 0.90) = 0.76 > Q_{计}$

第三个结果不应该弃去。

$\bar{x} = 0.2043\ \text{mol} \cdot \text{L}^{-1} \quad s = 0.0006 \quad n = 4$

(2) $Q_{计} = 0.71 \quad Q_{表}(P = 0.95) = 0.86 > Q_{计} \quad Q_{表}(P = 0.95) = 0.64 < Q_{计}$

这时如果置信度为0.90，第三个结果应该舍去。

$\bar{x} = 0.2040\text{mol} \cdot \text{L}^{-1} \quad s = 0.0002 \quad n = 4$

6. 答：$m(Na_2CO_3) = n(Na_2CO_3) \cdot M(Na_2CO_3)$

$= \frac{1}{2}n(HCl) \cdot M(Na_2CO_3) = \frac{1}{2}c(HCl) \cdot V(HCl) \cdot M(Na_2CO_3) = \frac{1}{2} \times 0.1 \times 25 \times 106 \times 10^{-3} = 0.13(g)$

$E_r = \frac{0.0002}{0.13} \times 100\% = 0.15\%$ 所以只称量0.1g的 Na_2CO_3 作基准物，从称量误差考虑达不到0.1%的准确度。若是改用硼砂：

$$m(Na_2B_4O_7 \cdot 10H_2O) = \frac{1}{2}n(HCl) \cdot M(Na_2B_4O_7 \cdot 10H_2O)$$

$$= \frac{1}{2}c(HCl) \cdot V(HCl) \cdot M(Na_2B_4O_7 \cdot 10H_2O)$$

$$= \frac{1}{2} \times 0.1 \times 25 \times 381 \times 10^{-3} = 0.48(g)$$

$$E_r = \frac{0.0002}{0.48} \times 100\% = 0.04\%$$

改用硼砂作为基准物需称取0.48g，从称量误差考虑，达到了0.1%的准确度。

7. 答：0.0030 两位有效数字　　998 三位或四位有效数字

6.023×10^{23} 四位有效数字　　1000 不明确

64.120 五位有效数字　　1.0×10^3 两位有效数字

4.80×10^{-10}三位有效数字　　　pH = 5.2 时的$[H^+]$一位有效数字

8. 答：乙的准确度和精密度都高。因为从两人的数据可知，他们都是用分析天平取样。所以有效数字应取四位，而甲只取了两位。因此从表面上看甲的精密度高，但从分析结果的精密度考虑，应该是乙的实验结果的准确度和精密度都高。

9. 解：（1）$\bar{x} = 58.60\%$，$s = 0.70\%$ 查表 $t_{0.95,5} = 2.57$

因此　$\mu = \bar{x} \pm t_{P,f}\dfrac{s}{\sqrt{n}} = 58.60\% \pm 2.57 \times \dfrac{0.70\%}{\sqrt{6}} = 58.60\% \pm 0.73\%$

（2）$\bar{x} = 58.60\%$，$s = 0.70\%$ 查表 $t_{0.95,2} = 4.30$

因此 $\mu = \bar{x} \pm t_{P,f}\dfrac{s}{\sqrt{n}} = 58.60\% \pm 4.30 \times \dfrac{0.70\%}{\sqrt{3}} = 58.60\% \pm 1.74\%$

由上面两次计算结果可知：将置信度固定，当测定次数越多时，置信区间越小，表明 $\bar{x}$ 越接近真值。即测定的准确度越高。

10 解：（1）$\bar{x} = \dfrac{60.72\% + 60.81\% + 60.70\% + 60.78\% + 60.56\% + 60.84\%}{6} = 60.74\%$

$$s = \sqrt{\frac{\sum d_i^2}{n-1}} = \sqrt{\frac{0.02\%^2 + 0.07\%^2 + 0.04\%^2 + 0.04\%^2 + 0.18\%^2 + 0.10\%^2}{6-1}}$$

$= 0.10\%$

$$G_1 = \frac{\bar{x} - x_1}{s} = \frac{60.74\% - 60.56\%}{0.10\%} = 1.8$$

$$G_2 = \frac{x_6 - \bar{x}}{s} = \frac{60.84\% - 60.74\%}{0.10\%} = 1.0$$

查表得，$G_{0.95,6} = 1.82$，$G_1 < G_{0.95,6}$，$G_2 < G_{0.95,6}$，故无舍去的测定值。

（2）$t = \dfrac{|\bar{x} - T|}{s} = \dfrac{|60.74\% - 60.75\%|}{0.10\%} = 0.10$

查表得，$t_{0.95,5} = 2.57$，因 $t < t_{0.95,5}$，说明上述方法准确可靠。

第九章　滴定分析概论

第一节　重要概念和知识要点

概念：以NaOH滴定HCl为例

- 滴定：通过滴定管将标准溶液滴加到待测溶液中，对待测物进行定量分析
  - 如：将滴定管中的 NaOH 滴加到 HCl 溶液中，以求得 $c(HCl)$
- 标准溶液：已知准确浓度的溶液
  - 如：$0.1000\ mol \cdot L^{-1}$的 NaOH；
- 化学计量点：当标准溶液与被测定的物质定量反应完全时，即两者的物质的量正好符合化学反应式所表示的化学计量关系时，称反应到达了化学计量点。
  - 如：当 $n(NaOH) = n(HCl)$时；
- 指示剂：能在滴定反应化学计量点时发生明显颜色变化的试剂。
  - 如：酚酞
- 滴定终点：滴定过程中，指示剂变色的那一点。
  - 如：溶液由无色变为浅粉色的那一点
- 滴定误差：滴定终点与化学计量点存在差异，由此带来的误差称滴定误差；
  - 如：酚酞变色时 pH 为 9 左右，与恰好完全反应的 pH = 7 存在差异

滴定方法

- 酸碱：以质子转移为基础 $H^+ + OH^- = H_2O$
- 配位：以配位反应为基础 $M + Y = MY$
- 氧化还原：以电子转移，氧化还原反应为基础 $2Fe^{3+} + Sn^{2+} = Sn^{4+} + 2Fe^{2+}$
- 沉淀：以沉淀反应为基础 $Ag^+ + Cl^- = AgCl\downarrow$

定量分析方法选择

- 原则：根据所分析样品的性质以及分析结果要求进行选择
- 方法
  - 化学法：有适合于滴定的化学反应；
    适用于常量分析，简便、快速、准确
  - 仪器法：有适合定量的物理及物理化学性质；
    适用于微量及痕量分析

		对应的对象	反应数	标准溶液数	特例
滴定方法	直接滴定	反应快速；按反应方程式定量完成；可确定终点。	1	1	NaOH ⟶ HCl
	返滴定	反应慢；固体反应；没有合适指示剂的反应	2	2	HCl 测 $CaCO_3$，配位滴定测 Al^{3+}
	置换滴定	不按方程式进行的反应；副反应多	2	1	$Na_2S_2O_3$ 测 $K_2Cr_2O_7$；HCHO 法测 NH_4^+
	间接滴定	标准溶液与待测物不反应	n	1	$KMnO_4$ 法测钙

- 溶液
  - 溶液配制
    - 直接配制
      - 对象：基准物
        - 纯度高
        - 在空气中稳定
        - 组成与化学式符号
        - M 大
      - 方法：准确称量，准确定容，由 m 及 V 求浓度 c
    - 间接配制
      - 对象：在空气中不稳定，不易提纯的物质
      - 方法：称略大于理论值的样品，配制成所需体积后进行标定
        - 基准物标定
        - 标准溶液标定
      - 要求
        - 使用标定量器
        - 平行 3 ~4 次，误差 <0.2%
        - 称样量 >0.2g
        - 滴定体积消耗 20 ~30mL
  - 浓度表示
    - 物质的量浓度 c：单位，$mol \cdot L^{-1}$，$mmol \cdot L^{-1}$，$mmol \cdot mL^{-1}$
    - 需指明基本单元。如 $c(KMnO_4)$ 和 $c(\frac{1}{5}KMnO_4)$；$c(C_2O_4^{2-})$ 和 $c(\frac{1}{2}C_2O_4^{2-})$
    - 滴定度 T
      - 每 mL 所含溶质的质量 $T_S(g \cdot mL^{-1})$
      - 每 mL 标准溶液相当于被测物的质量 $T_{S/X}(g \cdot mL^{-1})$
      - 每 mL 标准溶液相当于被测物的百分含量 $T_{S/X}(\% \cdot mL^{-1})$
    - 换算
      - 关系表达式：滴定度 $T_{s/x} = \frac{待测系数}{标准系数} \cdot c_{标准} \cdot M_{待测} \cdot 10^{-3}$
      - 例
        - $8H^+ + MnO_4^- + 5Fe^{2+} = Mn^{2+} + 5Fe^{3+} + 4H_2O$
        - $T_{KMnO_4/Fe} = \frac{5}{1}c(MnO_4^-) \cdot M(Fe) \times 10^{-3}$

- 计算
  - 等物质的量规则
    - $aA + bB = cC + dD$
    - $n(aA) = n(bB)$
    - $n(aA) = \frac{1}{a}n(A)$
    - $2NaOH + H_2SO_4 = Na_2SO_4 + 2H_2O$
    - $n(2NaOH) = n(H_2SO_4)$　$n(2NaOH) = \frac{1}{2}n(NaOH)$
    - $NaOH + \frac{1}{2}H_2SO_4 = \frac{1}{2}Na_2SO_4 + H_2O$
    - $n(NaOH) = n(\frac{1}{2}H_2SO_4)$　$n(\frac{1}{2}H_2SO_4) = 2n(H_2SO_4)$
    - $16H^+ + 2MnO_4^- + 5C_2O_4^{2-} = 2Mn^{2+} + 8H_2O + 10CO_2 \uparrow$
    - $n(2MnO_4^-) = n(5C_2O_4^{2-})$，$n(2MnO_4^-) = \frac{1}{2}n(MnO_4^-)$，$n(5C_2O_4^{2-}) = \frac{1}{5}n(C_2O_4^{2-})$
    - $\frac{8}{5}H^+ + \frac{1}{5}MnO_4^- + \frac{1}{2}C_2O_4^{2-} = \frac{1}{5}Mn^{2+} + \frac{4}{5}H_2O + CO_2 \uparrow$
    - $n(\frac{1}{5}MnO_4^-) = n(\frac{1}{2}C_2O_4^{2-})$，$n(\frac{1}{5}MnO_4^-) = 5n(MnO_4^-)$，$n(\frac{1}{2}C_2O_4^{2-}) = 2n(C_2O_4^{2-})$
  - 物质的量比　$aA + bB = cC + dD$　$\frac{n(A)}{n(B)} = \frac{a}{b}$

第二节 习 题

一、选择题

1. 在 1L 0.2000mol · L^{-1}HCl 溶液中需加入(　　)水，才使稀释后的 HCl 溶液对 CaO 的滴定度 $T_{HCl/CaO}=0.00500g \cdot mL^{-1}$。(已知 $Mr(CaO)=56.08$)

A. 60.8mL　　B. 182.4mL　　C. 121.6mL　　D. 243.2mL

2. 用同一种 $KMnO_4$ 标准分别滴定体积相等的 $FeSO_4$ 和 $H_2C_2O_4$ 溶液，耗用的标准溶液体积相等，则 $FeSO_4$ 和 $H_2C_2O_4$ 两种溶液的浓度之间的关系为(　　)

A. $2c(FeSO_4)=c(H_2C_2O_4)$　　B. $c(FeSO_4)=2c(H_2C_2O_4)$

C. $c(FeSO_4)=c(H_2C_2O_4)$　　D. $5c(FeSO_4)=c(H_2C_2O_4)$

3. 滴定分析法中用的标准溶液是

A. 用于滴定分析的溶液　　B. 用基准物质配制的溶液

C. 确定了浓度的溶液　　D. 确定了准确浓度，用于滴定分析的溶液

4. 能用于直接配制法配制标准的物质(试剂)是(　　)

A. 光谱纯试剂　　B. 优级纯试剂　　C. 基准试剂(物质)　　D. 分析纯试剂

5 . 下列物质中能作为滴定分析基准物质的是

A. $KMnO_4$　　B. $K_2Cr_2O_7$　　C. $Na_2S_2O_3$　　D. KSCN

6. 用置于一般常用的干燥器中保存的基准物质($Na_2B_4O_7 \cdot 10H_2O$)标定 HCl 溶液的浓度时，c(HCl)将(　　)

A. 偏高　　B. 偏低　　C. 无影响　　D. 结果混乱

7. 配制标准溶液，量取浓盐酸合适的量器是(　　)

A. 容量瓶　　B. 移液管　　C. 量筒　　D. 滴定管

8. 某含铅试样，经处理后为一定质量的 $PbSO_4$，并由此 $PbSO_4$ 质量计算试样中 Pb_3O_4 的质量分数，计算时使用的化学因数为(　　)。

A. $\frac{M(PbSO_4)}{M(Pb_3O_4)}$　　B. $\frac{3M(PbSO_4)}{M(Pb_3O_4)}$　　C. $\frac{M(Pb)}{M(Pb_3O_4)}$　　D. $\frac{M(Pb_3O_4)}{3M(PbSO_4)}$

9. 在定量完成的滴定反应中，若以滴定反应中的化学式为物质的基本单元，则下列说法正确的是(　　)。

A. 各反应物的物质的量应呈简单的整数比

B. 各反应物的物质的量相等

C. 各反应物的质量之比等于它们相应的摩尔质量之比

D. 各反应物的质量之比等于它们相应的物质的量之比

10. 用同一盐酸分别滴定体积相等的 NaOH 溶液和 $NH_3 \cdot H_2O$ 溶液，消耗 HCl 溶液的体积相等，说明两溶液(NaOH 溶液和 $NH_3 \cdot H_2O$ 溶液)中的(　　)。

A. [OH^-]相等　　B. NaOH 和 $NH_3 \cdot H_2O$ 溶液的浓度(mol · L^{-1})相等

C. 两物质的 pK_b^θ相等　　D. 两物质的电离度相等

11. 某基准物质 A 的摩尔质量为 130g · L^{-1}，用来标定 0.02 mol · L^{-1}的 B 溶液，设反

应为 $5A+2B=2C$，则每份基准物质的称取量为(　　)。

A. 0.02 ~ 0.03g　B. 0.06 ~ 0.07g　C. 0.1 ~ 0.2g　D. 0.2 ~ 0.4g

12. 称取一定质量的邻苯二甲酸氢钾基准物，用来标定 NaOH 溶液的浓度，在下列各情况中(　　)引起偏高的结果。

A. 滴定时滴定终点在化学计量点时到达

B. 滴定时滴定终点在化学计量点之后到达

C. 所称质量中使用的一只 10mg 砝码，事后发现其校正后的值为 9.7mg

D. 所称基准物中有少量的邻苯二甲酸

13. 欲配制草酸钠溶液以标定 0.04000 $mol \cdot L^{-1}$ $KMnO_4$ 溶液，如要使标定时两种溶液的体积相等，则草酸钠应配制的浓度为(　　)。

A. 0.1000 $mol \cdot L^{-1}$　B. 0.04000 $mol \cdot L^{-1}$

C. 0.05000 $mol \cdot L^{-1}$　D. 0.08000 $mol \cdot L^{-1}$

14. 以重量法测定铁矿石中铁的含量(约含 50% Fe)，要求获 Fe_2O_3 约 0.1g，则试样称取量应为(　　)。

A. $0.1\times\frac{2M(Fe)}{M(Fe_2O_3)}$　B. $0.1\times\frac{M(Fe)}{M(Fe_2O_3)}$

C. $0.1\times\frac{M(Fe_2O_3)}{2M(Fe)}$　D. $2\times0.1\times\frac{2M(Fe)}{M(Fe_2O_3)}$

15. 用高锰酸钾光度法测定低含量锰的方法误差约为 2%；使用称量误差为 ±0.002g 的天平称取 $MnSO_4$，若要配制成每毫升含 0.2mg $MnSO_4$ 的标准溶液，至少要配制(　　)。

A. 50mL　B. 250mL　C. 1000mL　D. 500mL

16. 某组分的质量分数计算式为：$w(X)=\frac{c\cdot V\times10^{-3}\cdot M}{m}\times100\%$，若 $c=0.1020\pm0.0001$，$V=30.02\pm0.02$，$M=50.00\pm0.01$，$m=0.2020\pm0.0001$。则对 $w(X)$ 的误差来说(　　)。

A. 由“V”项引入的误差最大　B. 由“c”项引入的误差最大

C. 由“M”项引入的误差最大　D. 由“m”项引入的误差最大

17. 欲取 50mL 溶液进行滴定，要求测定结果的相对误差≤0.1%，在下列量器中最宜选用(　　)

A. 50mL 量筒　B. 50mL 移液管　C. 50mL 滴定管　D. 50mL 容量瓶

18. 在以 $KHC_8H_4O_4$ 为基准物标定 NaOH 溶液时，下列哪些仪器需用操作溶液淋洗三次?

A. 滴定管　B. 容量瓶　C. 量筒　D. 锥形瓶

19. 指出下列物质中哪些只能用间接法配制一定浓度的溶液，然后在标定?

A. $KHC_8H_4O_4$　B. NaOH　C. $H_2C_2O_4\cdot2H_2O$　D. Na_2CO_3(无水)

20. 人体血液中，平均每 100mL 含 K^+ 19mg，则血液中 K^+(K^+ 的摩尔质量为 39 $g\cdot moL^{-1}$)的浓度(单位：$mol\cdot L^{-1}$)约为：

A. 4.9　B. 0.49　C. 0.049　D. 0.0049

二、填空题

1．称取纯$K_2Cr_2O_7$ 5.8836g，配制成1000mL溶液，则此溶液的$c(K_2Cr_2O_7)$为________ mol·L^{-1}；$c(\frac{1}{6}K_2Cr_2O_7)$为________ mol·L^{-1}；$T_{K_2Cr_2O_7/Fe}$为 g·mL^{-1}；$T_{K_2Cr_2O_7/Fe_2O_3}$为________ g·mL^{-1}。（已知：$Mr(K_2Cr_2O_7)=294.18$；$Ar(Fe)=55.85$；$Ar(O)=16.00$）

2．常用于标定HCl溶液浓度的基准物质有________和________；常用于标定NaOH溶液的基准物质有________和________。

3．$KMnO_4$溶液作为氧化剂，在不同介质中可被还原至不同价态，在酸性介质中还原时，其基本单元为________；在中性介质中还原时，其基本单元应取________；在强碱性介质中还原时，其基本单元应取________。

4．在滴定分析法中，标准溶液的浓度常用________和________来表示。在常量组分分析中，标准溶液的浓度一般采用________位有效数字表示。

5．适合滴定分析的化学反应应该具备的4个条件是：________、________、________、________。

6．$KHC_2O_4 \cdot H_2C_2O_4 \cdot H_2O$作为酸时基本单元是________，作为还原剂时基本单元是________。

7．配制标准溶液的方法有________和________。

8．下列情况将对分析结果产生何种影响：（请填写．正误差，负误差，．无影响，．结果混乱）

①标定HCl溶液浓度时，使用的基准物Na_2CO_3中含有少量$NaHCO_3$，影响为________；②用差减法称量试样时，第一次读数时使用了磨损的砝码，影响为________；③加热使基准物溶解后，溶液未经冷却即转移至容量瓶中并稀释至刻度，摇匀，马上进行标定，影响为________；④配制标准溶液时未将容量瓶内溶液摇匀，影响为________；⑤用移液管移取试样溶液时事先未用待移取溶液润洗移液管，影响为________；⑥称量时，承接试样的锥形瓶潮湿，影响为________。

三、问答和计算题

1．称取纯金属锌0.3250 g，溶于HCl后，稀释到250 mL的容量瓶中，计算Zn^{2+}溶液的物质的量浓度。

2．欲配制$Na_2C_2O_4$溶液用于标定0.02 mol·L^{-1}的$KMnO_4$溶液（在酸性介质中），若要使标定时两种溶液消耗的体积相近，问应配制多少浓度（mol·L^{-1}）的$Na_2C_2O_4$溶液？要配制100 mL溶液，应该称取$Na_2C_2O_4$多少克？

3．某铁厂化验室经常要分析铁矿中铁的含量。若使用的$K_2Cr_2O_7$溶液中浓度为0.0200 mol·L^{-1}。为避免计算，直接从所消耗的$K_2Cr_2O_7$溶液中的毫升数表示出w(Fe)(%)，问应当称取铁矿多少克？

4．解释以下名词术语：滴定分析法；滴定；标准溶液（滴定剂）；标定；化学计量点；滴定终点；滴定误差；指示剂；基准物质。

5．滴定度的表示方法$T_{B/A}$和$T_{B/A}\%$各自的意义如何？

6．分析纯的NaCl试剂，如不做任何处理，用来标定Ag NO_3 溶液的浓度，结果会偏高。为什么？

7. 下列各分析纯物质，用什么方法将它们配制成标准溶液？如需标定，应该选用哪些相应的基准物质？H_2SO_4，KOH，邻苯二甲酸氢钾，无水碳酸钠。

8. 欲使滴定时消耗0.10 mol·L^{-1}HCl 溶液 20 ~ 25 mL，问应称取基准试剂 Na_2CO_3 多少克？此时称量误差能否小于0.1%？

9. 称取分析纯试剂 $MgCO_3$ 1.850g 溶解于过量的 HCl 溶液 48.48 mL 中，待两者反应完全后，过量的 HCl 需 3.83 mL NaOH 溶液返滴定。已知 30.33 mL NaOH 溶液可以中和 36.40 mL HCl 溶液。计算该 HCl 和 NaOH 溶液的浓度。

10. 为了分析食醋中 HAc 的含量，移取试样 10.00 mL 用 0.3024 mol·L^{-1}NaOH 标准溶液滴定，用去 20.17 mL。已知食醋的密度为 1.055 g·mL^{-1}，计算试样中 HAc 的质量分数。

11. 用0.2000mol·L^{-1}HCl 标准溶液滴定含有 20% CaO 、75% $CaCO_3$ 和 5% 酸不容物质的混合物，欲使 HCl 溶液的用量控制在 25 mL 左右，应称取混合物试样多少克？

12. 配制浓度为 2.0 mol·L^{-1}下列物质溶液各 5.0×10^{-2} L，应各取其浓溶液多少毫升？

(1)氨水(密度 0.89 g·mL^{-1}，含 NH_3 29%)

(2)冰乙酸(密度 1.84 g·mL^{-1}，含 HAc 100%)

(3)浓硫酸(密度 1.84 g·mL^{-1}，含 H_2SO_4 96%)

13. 不纯 Sb_2S_3 0.2513 g，将其在氧气流中灼烧，产生的 SO_2 通入 $FeCl_3$ 溶液中，使 Fe^{3+} 还原至 Fe^{2+}，然后用 0.02000 mol·L^{-1} $KMnO_4$ 标准溶液滴定 Fe^{2+}，消耗 $KMnO_4$ 溶液 31.80 mL。计算试样中 Sb_2S_3 的质量分数，若以 Sb 计，质量分数又为多少？

第三节　习题参考答案与解析

一、选择题

1. C　2. B　3. D　4. C　5. B　6. B　7. C　8. D　9. A　10. B　11. C　12. C　13. A　14. D　15. D　16. B　17. B　18. A　19. B　20. D

二、填空题

1. 0.02000 mol·L^{-1}，0.1200 mol·L^{-1}，0.006702 g·mL^{-1}，9.582×10^{-3} g·mL^{-1}

2. Na_2CO_3 和 $Na_2B_4O_7\cdot10H_2O$；$H_2C_2O_4\cdot2H_2O$ 和 $KHC_8H_4O_4$

3. $\frac{1}{5}KMnO_4$；$\frac{1}{3}KMnO_4$；$KMnO_4$

4. 物质的量浓度，滴定度，4

5. 反应按一定方式进行，无副反应；反应应定量进行，反应完全程度高；反应速度快；有适当的方法确定滴定终点

6. $\frac{1}{3}$ $KHC_2O_4\cdot H_2C_2O_4\cdot H_2O$；$\frac{1}{4}$ $KHC_2O_4\cdot H_2C_2O_4\cdot H_2O$

7. 直接配制法 间接配制法

8. ①正误差 ②正误差 ③负误差 ④结果混乱 ⑤负误差 ⑥无影响

三、问答和计算题

1．答：$c(Zn^{2+})=\dfrac{m(Zn^{2+})}{M(Zn^{2+})\cdot V}=\dfrac{0.3250}{65.38\times0.250}=0.01988(mol\cdot L^{-1})$

所以 Zn^{2+} 的物质的量浓度为 0.01988 $mol\cdot L^{-1}$。

2．答：间接测定的反应式为：$Ca^{2+}+C_2O_4^{2-}=CaC_2O_4\downarrow$

$$CaC_2O_4+2HCl=Ca^{2+}+2Cl^-+2H_2C_2O_4$$

$$5C_2O_4^{2-}+2MnO_4^-+16H^+=2Mn^{2+}+10CO_2+8H_2O$$

$$n(CaO)=n(CaC_2O_4)=\frac{5}{2}n(KMnO_4)$$

$$m_s=\frac{n(CaO)\cdot M(CaO)}{w(CaO)\cdot 1000}=\frac{\frac{5}{2}n(KMnO_4)\cdot M(CaO)}{40\%\times1000}=\frac{\frac{5}{2}\times0.020\times30\times56}{400}=0.21(g)$$

所以应该称取试样 0.21g。

3．答：滴定反应为：$Cr_2O_7^{2-}+6Fe^{2+}+14H^+=2Cr^{2+}+6Fe^{3+}+7H_2O$

化学计量点时：$n(Fe)=6n(Cr_2O_7^{2-})$

$$w(Fe)=\frac{n(Fe)\cdot M(Fe)}{m_s}\times100\%=\frac{6n(K_2Cr_2O_7)\cdot M(Fe)}{m_s}\times100\%$$

$$=\frac{6c(K_2Cr_2O_7)\cdot V(K_2Cr_2O_7)\cdot M(Fe)\times100}{m_s\times1000}$$

$\because w(Fe)=V(K_2Cr_2O_7)$

$\therefore m_s=6c(K_2Cr_2O_7)\cdot M(Fe)\times10^{-1}=6\times0.02000\times55.85\times0.1=0.6702(g)$

所以应当称取铁矿 0.6702 g。

4．答：滴定分析法：将一种已知准确浓度的试剂溶液(即标准溶液)由滴定管滴加到被测物质的溶液中，直到两者按照一定的化学方程式所表示的计量关系完全反应为止，然后根据滴定反应的化学计量关系，标准溶液的浓度和体积用量，计算出被测组分的含量，这种定量分析的方法称为滴定分析法。

滴定：在用滴定分析法进行定量分析时，先将被测定物质的溶液置于一容器中(通常为锥形瓶)，在适宜的条件，再用一种标准溶液通过滴定管逐滴地加到容器里，直到两者完全反应为止。这样的操作过程称为滴定。

标准溶液(滴定剂)：已知准确浓度的试剂溶液。

标定：将不具备基准物质条件的这类物质配制成近似于所需浓度的溶液，然后利用该物质与某基准物质或另一种标准之间的反应来确定其准确浓度，这一操作过程称为标定。

化学计量点：当滴入的标准溶液与被测定的物质按照一定的化学计量关系完全反应为止，称反应达到了化学计量点。

滴定终点：滴定进行至指示剂的颜色发生突变时立即停止滴定，此时称为滴定终点。

滴定误差：滴定终点与化学计量点往往并不相同，由此引起测定结果的误差称为终点误差，又称滴定误差。

指示剂：为了便于观察滴定终点而加入的化学试剂。

基准物质：能用于直接配制标准溶液的化学试剂称为基准物质。

5. 答：$T_{B/A}$表示每毫升标准溶液相当于被测物质的质量(g或mg)。

$T_{B/A\%}$表示每毫升标准溶液相当于被测物质的质量分数。

6. 解：因为 $c=\frac{m}{MV}$，所以 m 增大(试剂中含有少量的水份)，引起了结果偏高。

7. 解：H_2SO_4，KOH用间接配配制法配成标准溶液。邻苯二甲酸氢钾，无水碳酸钠用直接配制法配成标准溶液。H_2SO_4 选用无水 Na_2CO_3，KOH选用邻苯二甲酸氢钾。

8. 解：设应称取 xg　　$Na_2CO_3+2HCl \longrightarrow 2NaCl+CO_2+H_2O$

当 $V_1=V=20$mL时，　　$x=0.5\times0.10\times20\times10^{-3}\times105.99=0.11$g

当 $V_2=V=25$mL时，　　$x=0.5\times0.10\times25\times10^{-3}\times105.99=0.13$g

此时称量误差不能小于0.1%

9. 解：设HCl和NaOH溶液的浓度分别为 c_1 和 c_2

$MgCO_3+2HCl \longrightarrow MgCl_2+CO_2+H_2O$

30.33mL NaOH溶液可以中和36.40mL　HCl溶液。

即 36.40 / 30.33 = 1.2　　1mL NaOH相当1.20mL HCl

因此，实际与 $MgCO_3$ 反应的HCl为：$48.48-3.83\times1.20=43.88$mL

由 $\frac{n(HCl)}{n(MgCO_3)}=\frac{2}{1}$　得 $c_1=c(HCl)=\frac{m(MgCO_3)\times1000\times2}{M(MgCO_3)\cdot V(HCl)}$

$$=\frac{1.850\times1000\times2}{84.32\times43.88}=1.000(mol\cdot L^{-1})$$

再由 $\frac{V_1}{V_2}=\frac{c_1}{c_2}$　得　$c_2=c(NaOH)=\frac{36.40\times0.001}{30.33\times0.001}\times1.000=1.200(mol\cdot L^{-1})$

HCl和NaOH溶液的浓度分别为 $1.000mol\cdot L^{-1}$ 和 $1.200mol\cdot L^{-1}$

10. 解：$w(HAc)=\frac{c(NaOH)\cdot V(NaOH)\times M(HAc)\times10^{-3}}{\rho(HAc)\cdot V(HAc)}\times100\%$

$$=\frac{0.3024\times20.17\times10^{-3}\times60.05}{1.055\times10}\times100\%=3.47\%$$

11. 解：$2HCl+CaO \longrightarrow CaCl_2+H_2O$　　$2HCl+CaCO_3 \longrightarrow CaCl_2+H_2O+CO_2$

$n(HCl)_{总}=0.2000\times2.5\times10^{-3}=5\times10^{-3}$ mol

设称取混合物试样 x 克 则 $\frac{x\times20\%}{56.08}\times2+\frac{x\times75\%}{100.09}\times2=5\times10^{-3}$　解得 $x=0.23$g

12. 解：(1) 设取其浓溶液 V_1 mL，$m(NH_3)=\rho_1V_1\cdot NH_3\%$ ，

$cV_{稀}=\frac{m(NH_3)}{M(NH_3)}$，$\therefore V_1=\frac{cV_{稀}M(NH_3)}{\rho_1 29\%}=\frac{2.0\times0.5\times17.03}{0.89\times29\%}=66(mL)$

(2) 设取其浓溶液 V_2 mL，$\therefore V_2=\frac{cV_{稀}M(HAc)}{\rho_2 100\%}=\frac{2.0\times0.5\times60}{1.05\times100\%}=57(mL)$

(3) 设取其浓溶液 V_3 mL　$\therefore V_3=\frac{cV_{稀}M(H_2SO_4)}{\rho_3\times96\%}=\frac{2.0\times0.5\times98.03}{1.84\times96\%}=56(mL)$

13. 解：$Sb_2S_3 \xrightarrow{O_2} 3SO_2 \xrightarrow{Fe^{3+}} 6Fe^{2+} \xrightarrow[\text{滴定}]{KMnO_4} 5Fe^{3+}$

$$n(Sb_2S_3) = \frac{5}{6}n(KMnO_4)$$

$$w(Sb_2S_3) = \frac{\frac{5}{6}n(KMnO_4) \cdot M(Sb_2S_3)}{m_s} \times 100\%$$

$$= \frac{\frac{5}{6}c(KMnO_4) \cdot V(KMnO_4) \cdot M(Sb_2S_3)}{m_s} \times 100\%$$

$$= \frac{\frac{5}{6} \times 0.2000 \times 31.80 \times 10^{-3} \times 339.68}{0.2513} \times 100\% = 71.64(\%)$$

第十章　酸碱滴定法

第一节　重要概念和知识要点

- 基础知识
  - 水溶液中的酸碱平衡
    - 酸碱定义
      - Brφnst 酸碱
        - 能够给出质子的为酸；能够接受质子的为碱
        - 分类
          - 一元酸：能够给出一个质子的物质
          - 一元碱：能够接受一个质子的物质
          - 多元酸（碱）：能够给出（接受）多个质子的物质
          - 两性物质：既能给出质子，也能接受质子的物质
      - Lewis 酸碱：能够接受电子的物质为酸；能够给出电子的物质为碱。定义范围更加广泛
    - 酸碱反应的实质：质子的转移
      - 半反应相互依存：一个反应有酸给出质子，就必定有相应的碱接受质子
      - 水
        - $HA + H_2O = A^- + H_3O^+$
        - $A^- + H_2O = HA + OH^-$
        - $H_2O + H_2O = H_3O^+ + OH^-$
        - 水的质子自递反应。结论：水为两性物质
    - 酸碱强度
      - 定义
        - 酸：将质子给予水的能力
        - 碱：从水中夺取质子的能力
      - 表示：离解常数 K_a^θ、K_b^θ 越大，酸碱越强，
      - 酸的酸性越强，其共轭碱的碱性越弱
    - 共轭酸碱对
      - 表达：酸$\rightleftharpoons$碱 + H^+
      - 特定
        - 相互之间只差一个质子；$K_a^\theta \cdot K_b^\theta = K_w^\theta$
        - 多元酸碱的共轭酸碱对，有
        - $K_{ai}^\theta \cdot K_{bn-i+1}^\theta = K_w^\theta$，下标之和满足 $n+1$ 规则
        - 如 H_3PO_4：$K_{a_1}^\theta \cdot K_{b3}^\theta = K_w^\theta$；$K_{a2}^\theta \cdot K_{b2}^\theta = K_w^\theta$；$K_{a3}^\theta \cdot K_{b1}^\theta = K_w^\theta$
        - 共轭酸碱对相互依存
    - 酸碱的存在形式
      - 定义：弱酸碱的存在形式用分布系数表示，游离浓度占总浓度的分数
      - n 元酸
        - $x(H_nA) = \dfrac{[H^+]^n}{[H^+]^n + K_{a1}^\theta[H^+]^{n-1} + \cdots\cdots + K_{a1}^\theta K_{a2}^\theta \cdots K_{an}^\theta}$
        - $x(H_{n-i}A) = \dfrac{K_{a1}^\theta \cdot K_{a2}^\theta \cdots\cdots K_{ai}^\theta [H^+]^{n-i}}{[H^+]^n + K_{a1}^\theta[H^+]^{n-1} + \cdots\cdots + K_{a1}^\theta \cdot K_{a2}^\theta \cdots K_{an}^\theta}$
        - $x(A) = \dfrac{K_{a1}^\theta \cdot K_{a2}^\theta \cdots K_{an}^\theta}{[H^+]^n + K_{a1}^\theta[H^+]^{n-1} + \cdots\cdots + K_{a1}^\theta \cdot K_{a2}^\theta \cdots K_{an}^\theta}$
        - 由上式，当相邻两种型体浓度相等，$pH = pK_a^\theta$
  - 活度和活度系数
    - 活度 a：有效浓度
    - 活度系数 γ：实际溶液与理想溶液间有效浓度的差异 $\gamma \leqslant 1$
    - 离子强度越大，离子价数越高，活度系数越小，影响越大

- 酸碱平衡的处理方法
  - 由物料平衡和电荷平衡推导质子条件
  - 零水准法
    - HA：$[H^+]=[A^-]+[OH^-]$
    - A^-：$[H^+]+[HA]=[OH^-]$
    - H_2A：$[H^+]=[HA^-]+2[A^{2-}]+[OH^-]$
    - A^{2-}：$[H^+]+[HA^-]+2[H_2A]=[OH]$
    - $NH_4H_2PO_4$：$[H^+]+[H_3PO_4]=[NH_3]+[HPO_4{}^{2-}]+2[PO_4{}^{3-}]+[OH]$
    - $HA+A^-$：选 HA 和 A^- 任何一个均可
    - 注每一范例中的零水准都包含水

- pH 值计算
  - 强酸 HCl
    - 精确式：$[H^+]=\frac{c}{2}+\sqrt{\frac{c^2}{4}+K_w^\theta}$
    - 最简式：$[H^+]=c$，$c\geqslant 10^{-6}$
  - 强碱 NaOH
    - 精确式：$[OH^-]=\frac{c}{2}+\sqrt{\frac{c^2}{4}+K_w^\theta}$
    - 最简式：$[OH^-]=c$，$c\geqslant 10^{-6}$
  - 一元弱酸
    - 精确式：$[H^+]=\sqrt{K_a^\theta\cdot[HA]+K_w^\theta}$
    - 近似式：$[H^+]=\sqrt{K_a^\theta\cdot[HA]}=\sqrt{K_a^\theta\cdot(c_a-[H^+])}$，　$c_a\cdot K_a^\theta>20K_w^\theta$
    - 最简式：$[H^+]=\sqrt{K_a^\theta\cdot c_a}$，　$c_a/K_a^\theta\geqslant 500$
  - 一元弱碱酸
    - 精确式：$[OH^+]=\sqrt{K_b^\theta\cdot[B]+K_w}$
    - 近似式：$[OH^+]=\sqrt{K_b^\theta\cdot[B]}=\sqrt{K_b^\theta\cdot(c_b-[OH^-])}$，　$c_b\cdot K_b^\theta>20K_w^\theta$
    - 最简式：$[OH^+]=\sqrt{K_b^\theta\cdot c_b}$　$c_b/K_b^\theta\geqslant 500$
  - 盐：按酸碱定义，归结为相应类别，选择公式进行计算
  - 多元酸
    - 近似式：$[H^+]=-\frac{K_{a1}^\theta}{2}+\sqrt{\frac{(K_{a1}^\theta)^2}{4}+c_a\cdot K_{a1}^\theta}$　$c_aK_{a1}^\theta>K_w^\theta$；$c_a/K_{a1}^\theta<500$
    - 最简式：$[H^+]=\sqrt{c_a\cdot K_{a1}^\theta}$，$\frac{c_a}{K_{a1}^\theta}>500$
  - 多元碱
    - 近似式：$[OH^-]=-\frac{K_{b1}^\theta}{2}+\sqrt{\frac{(K_{b1}^\theta)^2}{4}+c_b\cdot K_{b1}^\theta}$，　$c_b\cdot K_{b1}^\theta>20K_w^\theta$；$c_b/K_{b1}^\theta<500$
    - 最简式：$[OH^-]=\sqrt{c_b\cdot K_{b1}^\theta}$，$\frac{c_b}{K_{b1}^\theta}>500$
  - 两性物质 HPO_4^{2-}
    - 精确式：$[H^+]=\sqrt{\dfrac{c\cdot K_{a3}^\theta+K_w^\theta}{1+\dfrac{c}{K_{a2}^\theta}}}$
    - 近似式：$[H^+]=\sqrt{\dfrac{c\cdot K_{a3}^\theta}{1+\dfrac{c}{K_{a2}^\theta}}}$，$c\cdot K_{a3}^\theta>20K_w^\theta$
    - 最简式：$[H^+]=\sqrt{K_{a2}^\theta\cdot K_{a3}^\theta}$，　$\frac{c}{K_{a2}^\theta}>20$
  - 缓冲溶液　最简式：$[H^+]=K_a^\theta\cdot\frac{c_a}{c_b}$，　$pH=pK_a^\theta-\lg\frac{c_a}{c_b}$，　$c_a\gg[OH^-]-[H^+]$

强酸—强碱滴定原理

NaOH ↓ HCl 滴定曲线

起点：待滴 HCl

化学计量点前：HCl 剩余，按剩余的 HCl 计算

化学计量点前 0.1%，反应完成程度 99.9%：

$$[H^+]=\frac{n(HCl)_{剩余}}{V_t}=\frac{0.1\%\,n(HCl)_{总}}{V_t}$$

$$=\frac{0.1\%\,c(HCl)_{理}\cdot V(HCl)_{总}}{V(HCl)_{总}+99.9\%\cdot V(HCl)_{总}}\approx\frac{0.1\%\,c(HCl)_{理}}{2}$$

化学计量点：水，pH = 7.00

化学计量点后：NaOH 过量，按过量的 NaOH 计算

化学计量点后 0.1%，完成程度 100.1%：

$$[OH^-]=\frac{n(NaOH)_{过量}}{V_t}=\frac{0.1\%\,c(NaOH)_{理}}{V_t}$$

$$=\frac{0.1\%\,c(NaOH)\cdot V(NaOH)_{理}}{V(HCl)_{总}+V(NaOH)_{加}}\approx\frac{0.1\%\,c(NaOH)_{理}}{2}$$

曲线特点：起始为浓强酸 HCl 的缓冲区，pH 随滴定剂的加入变化缓慢；随着浓度的减小，缓冲作用减弱，进入强酸的非缓冲区，pH 变化明显；然后进入到突跃范围，NaOH 的加入导致 pH 的突变；然后进入 NaOH 的非缓冲区，浓强碱缓冲区。

HCl 滴 NaOH 曲线形状与 NaOH 滴 HCl 对称相反

影响突跃范围的因素

影响突跃范围的因素：可根据前、后 0.1% 表达式总结得到

化学计量点前 0.1%：$[H^+]=\frac{0.1\%\,c(HCl)_{理}}{2}$

化学计量点后 0.1%：$[OH^-]=\frac{0.1\%\,c(NaOH)_{理}}{2}$

NaOH→HCl：前后 0.1% 表达式中包含了 $c(HCl)_{理}$ 和 $c(NaOH)_{理}$，因此，影响突跃范围的因素即为强酸、强碱的浓度。

$[H^+]$ 或 $[OH^-]$ 浓度改变 10 倍，对应 pH 或 pOH 改变 1 个单位。

酸浓度增大，$[H^+]$ 变大，即 pH 向更低方向移动；碱浓度变大，$[OH^-]$ 变大，pOH 变小，pH 向更高方向移动；即浓度增大，突跃范围扩展。同理，浓度变小，突跃范围压缩。

由表达式可知，当仅单侧浓度变化，则仅对应的 0.1% 结果发生改变，即突跃范围单侧变化。

用 HCl→NaOH，前、后 0.1% 表达式对调，因此，影响规律相同。

强酸(酸)-弱酸(碱)滴定原理

NaOH→HAc滴定曲线

起点：待滴 HAc

化学计量点前：未参与反应的 HAc 与生成 Ac^- 形成缓冲体系

化学计量点前 0.1%，完成程度 99.9%

$$pH = pK_a^\theta - \lg\frac{c_a}{c_b} = pK_a^\theta - \lg\frac{n_a}{n_b} = pK_a^\theta - \lg\frac{0.1\% \cdot n_{a总}}{99.9\% \cdot n_{a总}}$$

$$= pK_a^\theta - \lg\frac{0.1\%}{99.9\%} = pK_a^\theta + 3$$

化学计量点：组成 NaAc，一元弱碱：$[OH^-] = \sqrt{K_b^\theta \cdot c_b}$*

化学计量点后：过量的 NaOH 与生成的 Ac^- 共存，以 NaOH 计算

化学计量点后 0.1%，完成程度 100.1%

$$[OH^-] = \frac{n(NaOH)_{过量}}{V_t} = \frac{0.1\% c(NaOH)_{理}}{V_t}$$

$$= \frac{0.1\% \cdot c(NaOH)_{理} \cdot V(NaOH)_{理}}{V(HCl)_{总} + V(NaOH)_{加}} \approx \frac{0.1\% c(NaOH)_{理}}{2}$$

曲线特点：起始时加入 NaOH 生成 Ac^-，在此区域：1、Ac^- 的生成抑制了 HAc 的水解；2、Ac^- 的浓度远小于 HAc，缓冲能力太差，曲线 pH 变化幅度较大。随着 NaOH 的加入，缓冲体系的缓冲能力变强，故曲线平坦。继而因剩余的 HAc 相对较少，缓冲能力再度变差，pH 变化明显。然后进入突跃范围；最后进入 NaOH 的非缓冲区及浓强碱缓冲区。

特殊点：滴定完成程度为 50% 时有 $pH = pK_a^\theta$

强酸滴定弱碱：如 $HCl \rightarrow NH_3 \cdot H_2O$(低浓度，多采用返滴方式)

化学计量点前 0.1%：$pOH = pK_a^\theta + 3$

化学计量点后 0.1%：$[H^+] = \frac{c(HCl)_{理} \times 0.1\%}{2}$

影响突跃范围的因素

化学计量点前 0.1%：$pH = pK_a^\theta + 3$

化学计量点后 0.1%：$[OH^-] = \frac{0.1\% c(NaOH)_{理}}{2}$

NaOH→HAc：前后 0.1% 表达式中包含了弱酸的 $K_a{}^\theta$ 和强碱的 c，因此，影响突跃范围的因素为弱者的 K^θ 和强者的 c。

$K_a{}^\theta$ 改变 10 倍，$pK_a{}^\theta$ 改变一个单位，对应 pH 改变 1 个单位；c 改变 10 倍，pH 改变 1 个单位。$K_a{}^\theta$ 增大，c(NaOH)变大，突跃范围扩展；否则压缩。

对于强酸滴定弱碱，则有 $K_b{}^\theta$ 增大，pH 高移；c(HCl)增大，pH 低移，突跃范围扩展；否则压缩。即对于强弱滴定，有 K^θ 越大、c 越大，突跃范围也越大。

准确滴定的判据：由临界情况即前、后 0.1% 点重合推得 $\frac{K^\theta \cdot c}{2} \geq 10^{-8}$，通常忽略 1/2，有 $K^\theta \cdot c \geq 10^{-8}$。当假设浓度为 $0.1 mol \cdot L^{-1}$，有 $K^\theta \geq 10^{-7}$

强碱-多元酸（混合酸）滴定*

NaOH → H_3PO_4 滴定曲线

第一计化学点前：H_3PO_4 与生成的 $H_2PO_4^-$ 共存，缓冲体系

化学计量点前 0.1%：$pH = pK_{a1}^{\theta} - \lg\dfrac{c(H_3PO_4)}{c(H_2PO_4^-)} = pK_{a1}^{\theta} + 3$

第一化学计量点：为 $H_2PO_4^-$，两性物质，$pH = \dfrac{1}{2}(pK_{a1}^{\theta} + pK_{a2}^{\theta})$ *

第一计量化学点后：$H_2PO_4^-$ 与生成的少量 HPO_4^{2-} 共存，缓冲体系

完成程度 100.1%：$pH = pK_{a2}^{\theta} - \lg\dfrac{c(H_2PO_4^-)}{c(HPO_4^{2-})} = pK_{a2}^{\theta} - 3$

同理，完成程度 199.9%：$pH = pK_{a2}^{\theta} - \lg\dfrac{c(H_2PO_4^-)}{c(HPO_4^{2-})} = pK_{a2}^{\theta} + 3$

第二化学计量点：为 HPO_4^{2-}，两性物质，$pH = \dfrac{1}{2}(pK_{a2}^{\theta} + pK_{a3}^{\theta})$ *

完成程度 200.1%：$[OH^-] = \dfrac{c(NaOH) \times 0.1\%}{3}$

曲线特点：与强碱－弱酸滴定的曲线叠加类似。两个计量点均为两性物质，而计量点包含在突跃范围内，即对于两性物质而言，当在其溶液中加入酸或加入碱，会一定程度上引起 pH 突变，因此，在各类型的缓冲溶液中，两性物质的缓冲能力颇差。

对强碱－多元酸滴定，只需求得计量点的结果，对突跃范围不作要求。

特殊点：包括完成程度为 50%、150% 和 250% 点，pH 值分别对应三级离解常数 pK^{θ}

分级滴定的判据

后一级离解对前一级滴定无干扰：$\dfrac{K_{ai}^{\theta}}{K_{a(i+1)}^{\theta}} \geq 10^4$ or 10^5

准确滴定判据：$K_{ai}^{\theta} \cdot c \geq 10^8$，即一元弱酸直接准确滴定判据

理解上：对多元酸的分级滴定而言，后一级的离解可以忽略，则可以将所考察酸看成一元酸，而一元酸需要满足一元酸直接准确滴定的判据。故，对多元酸滴定，若要形成滴定终点（明显的滴定突跃，可以选择指示剂确定终点），上述两条件缺一不可。

对混合酸，可以按强弱顺序排序，基本上可按多元酸理解。

指示剂

指示剂的变色原理：$HIn \rightleftharpoons H^+ + In^-$

指示剂的变色点：变色点时两种型体浓度相等，缓冲体系。根据缓冲溶液公式：

$pH = pK_a^\theta - \lg \frac{c_a}{c_b}$推得变色点时 $pH = pK_a^\theta$；

指示剂的变色范围：当 HIn 为 In^- 的 10 倍为酸型色，而 In^- 为 HIn 的 10 倍为碱型色，将浓度比为 10 倍范围称为变色范围，故变色范围为 $pH = pK_a^\theta \pm 1$。

变色范围内呈现的颜色为酸型与碱型的混合色。

因肉眼对颜色刺激的敏感程度不同，造成指示剂的实际变色范围与理论值存在一定的差异。

指示剂选择的前提：HIn 与 In^- 的颜色不同；颜色差异越大越敏锐

指示剂选择原则：

化学计量点对应变色点、化学计量点对应变色范围、突跃范围对应变色范围

实际操作：

1. 根据反应得到化学计量点时体系的理论组成，根据组成性质(一元弱酸碱、多元弱酸碱、水、两性物质等)直接选择
2. 根据化学计量点体系的组成性质选择合适的计算公式，得到化学计量点的 pH 值，再根据指示剂选择的原则选择合适的指示剂。

指示剂使用时注意的问题：

1. 指示剂用量：因消耗滴定剂而引入误差；改变变色范围
2. 温度(溶剂)：改变离解常数，因而改变理论变色点
3. 滴定程序：应该由浅色变为深色

指示剂误差的克服：

1. 多次移取法
2. 与仪器方法进行对比
3. 标准溶液对比法

其它

混合指示剂：因变色范围狭窄、变色敏锐而提高灵敏度和准确度。

对强酸强碱滴定中常用指示剂的评价：

习惯采用的指示剂为甲基橙、甲基红和酚酞。但强酸与强碱互滴，化学计量点 pH = 7，按指示剂的选择原则，最优的方案是选择在 pH = 7 变色的指示剂，但常用指示剂中无一例符合。按突跃范围对应变色范围原则虽然都适合，但甲基橙因交叉区域极小(误差大)，颜色变化不明显而成为最差的选择；甲基红则因酸型与碱型颜色差异太小而不理想；相对而言酚酞是强碱－强酸滴定过程中的最佳选择，如果是强酸滴定强碱，同样会存在颜色变化不理想的问题。

作用拓展：

给定指示剂，推测终点产物形体，设计反应进行相关实验或计算。

应用

NaOH 和 HCl 的配制与标定

NaOH：由配制所需浓度与体积计算出 NaOH 的理论称取量，在托盘天平上称取略多于理论称取量的 NaOH 后，用去离子水冲洗、溶解后在试剂瓶中配成大约所需的体积，待标定；标定可采用基准物邻苯二甲酸氢钾、草酸，也可采用标准溶液 HCl。

HCl：由配制所需体积和浓度计算出浓 HCl 的量取体积，然后用量筒量取，倒入盛有去离子水的烧杯中稀释后，转移到试剂瓶，加水至所需的体积附近，待标定。

CO_2 的影响

1. 对标定的影响：采用基准物标定法，选酚酞为指示剂，滴定终点化学组成 HCO_3^-，Na_2CO_3 参与反应，有影响；标准溶液 HCl 标定法，选甲基橙为指示剂，滴定终点化学组成为 H_2CO_3，Na_2CO_3 参与反应，有影响。故标定 NaOH 时无法克服 CO_2 的影响。只滴定溶液中的 NaOH，而 CO_2 溶入后生成的 Na_2CO_3 不反应时，CO_2 无影响。
2. 对测定的影响（生成的 Na_2CO_3 能够最终以 CO_2 形式出去或者以 H_2CO_3 形式存在时，对测定无影响。）：对以酚酞为指示剂的滴定过程，滴定终点化学组成 $H_2CO_3^-$，因此有影响；以甲基橙为指示剂的滴定过程，滴定终点化学组成为 HCO_3，剧烈摇晃或加热后会分解成 CO_2 释放出去，因此无影响。即选择在较小 pH 值变色的指示剂影响小。

烧碱中 NaOH 和 Na_2CO_3 的测定及纯碱中 Na_2CO_3 和 $NaHCO_3$ 的测定

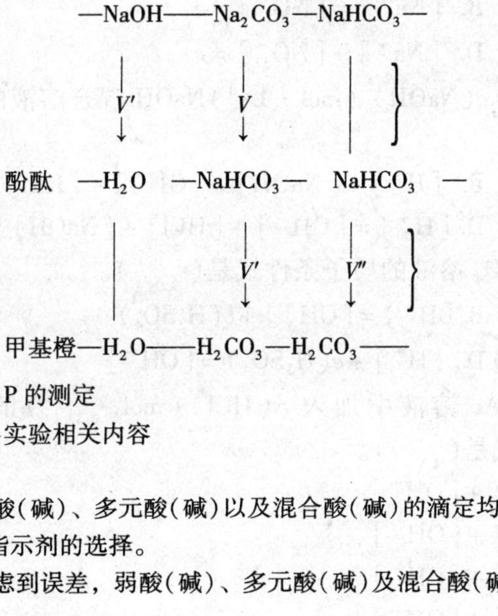

碱体系：滴定剂为强酸(HCl)；
指示剂：双指示剂，先酚酞后甲基橙
纯 Na_2CO_3：两步消耗的 HCl 体积基本相等，因此有对应不同指示剂时的消耗 $V_1 = V_2$
$NaOH + Na_2CO_3$：有 $V_1 > V_2$
$NaHCO_3 + Na_2CO_3$：有 $V_1 < V_2$
根据反应对应得到物质的量的关系

P 的测定

实验相关内容

＊注：

1. 弱酸(碱)、多元酸(碱)以及混合酸(碱)的滴定均需先进行计算公式的选择判断，然后再进行滴定、计算以及指示剂的选择。

2. 考虑到误差，弱酸(碱)、多元酸(碱)及混合酸(碱)的化学计量点 pH 计算应选用近似式或精确式

第二节 习题

一、选择题

1. 当下列各酸水溶液中 H^+ 离子浓度(单位；$mol \cdot L^{-1}$)相等时，哪一种物质的量浓度最大？

A. HAc($K_a^\theta = 1.8 \times 10^{-5}$)； B. H_3BO_3($K_{a1}^\theta = 5.7 \times 10^{-10}$)；

C. $H_2C_2O_4(K_{a1}^{\theta}=5.9\times10^{-2})$； D. $HF(K_a^{\theta}=1.8\times10^{-4})$；

2. H_3PO_4 的 $pK_{a1}^{\theta}\sim pK_{a3}^{\theta}$分别为2.12，7.20，12.4。当 H_3PO_4 溶液的 pH =7.30 时溶液的主要存在形式是( )

A. $[H_2PO_4^-]>[HPO_4^{2-}]$ B. $[HPO_4^{2-}]>[H_2PO_4^-]$

C. $[H_2PO_4^-]=[HPO_4^{2-}]$ D. $[PO_4^{3-}]>[HPO_4^{2-}]$

3. H_3PO_4 的 $pK_{a1}^{\theta}\sim pK_{a3}^{\theta}$ 分别为 2.12，7.20，12.4。当 H_3PO_4 溶液的 pH = 6.20 时，$[HPO_4^{2-}]:[H_2PO_4^-]$ 是( )。

A. 10:1 B. 1:5 C. 1:2 D. 1:10

4. 已知0.10mol·L^{-1}一元弱酸 B^- 溶液的 pH =8.0，则0.10mol·L^{-1}共轭酸 HB 溶液的pH 值是( )。

A. 2.5 B. 3.0 C. 3.5 D. 4.0

5. 以甲基橙为指示剂，能用 HCl 标准溶液直接滴定的碱是( )。

A. PO_4^{3-} B. $C_2O_4^{2-}$ C. Ac^- D. $HCOO^-$

6. 以酚酞为指示剂，能用 HCl 标准溶液直接滴定的物质是( )。

A. CO_3^{2-} B. HCO_3^- C. HPO_4^{2-} D. Ac^-

7. 浓度为 c(mol·L^{-1})的 $NaNO_3$ 溶液的质子条件式是( )。

A. $[H^+]=[OH^-]$ B. $[Na^+]=[NO_3^-]=c$

C. $[H^+]+[Na^+]=[NO_3^-]+[OH^-]$ D. $[Na^+]+[NO_3^-]=c$

8. 浓度为 c(HCl)(mol·L^{-1})的 HCl 和 c(NaOH)(mol·L^{-1})NaOH 混合溶液的质子条件式是( )。

A. $[H^+]=[OH^-]+[HCl]$ B. $[H^+]+[NaOH]=[OH^-]+[HCl]$

C. $[H^+]+[NaOH]=[OH^-]$ D. $[H^+]=[OH^-]+[HCl]+[NaOH]$

9. 浓度为 $c(H_2SO_4)$(mol·L^{-1})的 H_2SO_4 溶液的质子条件式是( )。

A. $[H^+]=[SO_4^{2-}]+[OH^-]$ B. $[H^+]=[OH^-]+c(H_2SO_4)$

C. $[H^+]=[SO_4^{2-}]+[OH^-]+c(H_2SO_4)$ D. $[H^+]+c(H_2SO_4)=[OH^-]$

10. 浓度为 c(HAc)(mol·L^{-1})的 HAc 溶液中加入 c(HCl)(mol·L^{-1})的 HCl 和 c(NaOH)(mol·L^{-1})NaOH 后的质子条件式是( )。

A. $[H^+]+c(HCl)=[Ac^-]+c(NaOH)+[OH^-]$

B. $[H^+]=c(HCl)+[Ac^-]+c(NaOH)+[OH^-]$

C. $[H^+]+c(HCl)+c(NaOH)=[Ac^-]+[OH^-]$

D. $[H^+]+c(NaOH)=c(HCl)+[Ac^-]+[OH^-]$

11. 下列各组酸碱对中，不属于共轭酸碱对的是( )。

A. $H_2^+Ac-HAc$ B. $NH_3-NH_2^-$ C. $HNO_3-NO_3^-$ D. $H_2SO_4-SO_4^{2-}$

12. 在浓度相同的下列水溶液中，其缓冲作用最大的是( )。

A. $NaHCO_3$ B. $NaHCO_3-Na_2CO_3$ C. $Na_2B_4O_7\cdot10H_2O$ D. NaH_2PO_4

13. 以0.1000 mol·L^{-1} NaOH 溶液滴定20.00 mL 0.1000 mol·L^{-1}的 HCl 和2.0×10^{-4} mol·L^{-1}盐酸羟胺($pK_b^{\theta}=8.00$)混合溶液，则滴定 HCl 至化学计量点的 pH 值是( )。

A. 5.00 B. 6.00 C. 5.50 D. 5.20

14. 用0.1000 mol·L^{-1} NaOH溶液分别滴定25mL某一H_2SO_4和HCOOH溶液，若消耗的NaOH体积相同，则这两种溶液中H_2SO_4和HCOOH浓度之间的关系是(　　)。

A. $c(HCOOH)=c(H_2SO_4)$　　B. $4c(HCOOH)=c(H_2SO_4)$

C. $c(HCOOH)=2c(H_2SO_4)$　　D. $2c(HCOOH)=c(H_2SO_4)$

15. 0.20 mol·L^{-1}二元弱酸H_2B 30mL，加入0.20mol·L^{-1} NaOH溶液15mL时的pH=4.70；当加入30mL NaOH时，达到第一化学计量点的pH=7.20，则H_2B的pK_{a2}^{θ}是(　　)。

A. 9.70　B. 9.30　C. 9.40　D. 9.00

16. 用0.1000 mol·L^{-1} NaOH溶液滴定同浓度的HAc($pK_a^{\theta}=4.74$)的pH值突跃范围为7.7~9.7。若用用0.1000 mol·L^{-1} NaOH溶液滴定某弱酸HB($pK_a^{\theta}=2.74$)时，pH值突跃范围是(　　)。

A. 8.7~10.7　B. 6.7~9.7　C. 6.7~10.7　D. 5.7~9.7

17. 移取20.0mL $KHC_2O_4\cdot 2H_2C_2O_4$试液两份。其中一份酸化后，用0.0400 mol·L^{-1} $KMnO_4$溶液滴定至终点时，消耗20.0mL；另一份试液若以0.100 mol·L^{-1}NaOH溶液滴定至酚酞变色点时，消耗的NaOH体积是(　　)。

A. 20.0mL　B. 15.0mL　C. 30.0mL　D. 25.0mL

18. 称取0.3814g $Na_2B_4O_7\cdot 10H_2O$($Mr(Na_2B_4O_7\cdot 10H_2O)=381.4$)，溶于适量水中，待标定的$H_2SO_4$溶液滴定至甲基红变色点时，消耗40.0mL，则此时H_2SO_4溶液的浓度是(　　)。

A. 0.0500 mol·L^{-1}　B. 0.0125 mol·L^{-1}　C. 0.0200 mol·L^{-1}D. 0.0250 mol·L^{-1}

19. 用标准NaOH溶液滴定同浓度的HAc，若两者的浓度均增大10倍，以下叙述滴定曲线pH值突跃大小，正确的是(　　)。

A. 化学计量点前后0.1%的pH值均增大

B. 化学计量点前0.1%的pH值不变，后0.1%的pH值增大

C. 化学计量点前0.1%的pH值减小，后0.1%的pH值增大

D. 化学计量点前后0.1%的pH值均减小

20. 用0.10mol·L^{-1}NaOH滴定0.10mol·L^{-1} HCOOH($pK_a^{\theta}=3.74$)。对此滴定时用的指示剂是(　　)。

A. 酚酞($pK_a^{\theta}=9.1$)　　B. 中性红($pK_a^{\theta}=7.4$)

C. 甲基橙($pK_a^{\theta}=3.4$)　　D. 溴酚蓝($pK_a^{\theta}=4.1$)

二、填空题

1. 用0.20mol·L^{-1}NaOH滴定0.10mol·L^{-1} HCl和0.20mol·L^{-1}HAc($pK_a^{\theta}=4.74$)的混合溶液时，在滴定曲线上，出现______个突跃范围。

2. 用0.20mol·L^{-1}HCl滴定0.10mol·L^{-1} NH_3($pK_b^{\theta}=4.74$)和0.10mol·L^{-1}甲胺($pK_b^{\theta}=3.38$)的混合溶液时，在滴定曲线上，出现______个突跃范围。

3. 用吸收了CO_2的标准NaOH溶液测定工业HAc的含量时，会使分析结果______；如以甲基橙作为指示剂，用此NaOH溶液测定工业HCl的含量时，对分析结果______。

(填偏高，偏低，无影响)

4．列出下列溶液的质子条件式：浓度为(mol·L^{-1})$(NH_4)_2CO_3$：______；浓度为(mol·L^{-1})$NH_4H_2PO_4$：______。

5. 根据酸碱质子理论，OH^-的共轭酸是______，HAc的共轭碱是______。

6. 已知柠檬酸的pK_{a1}^{θ} ~ pK_{a3}^{θ}分别为3.13，4.76，6.40，则pK_{b2}^{θ} = ______，pK_{b3}^{θ} = ______。

7．当用强碱滴定强酸时，若酸和碱的浓度均增大10倍，则化学计量点前0.1%的pH减小______单位，化学计量点的pH值为______，化学计量点后0.1%的pH增大______单位。

8．六亚甲基四胺的$pK_b^{\theta}=8.85$，用它配制缓冲溶液时的pH缓冲范围是______，NH_3的$pK_b^{\theta}=4.74$，其pH缓冲范围是______。

9. H_3PO_4的pK_{a1}^{θ} ~ pK_{a3}^{θ}分别为2.12，7.20，12.3。今用H_3PO_4和NaOH来配制pH = 7.20的缓冲溶液时，H_3PO_4和NaOH的物质的量之比是______。

10. 对于缓冲溶液，影响缓冲容量β大小的主要因素是______与______。

11. 为了滴定下列混合酸(碱)，分别选择一种合适的指示剂。①用0.100mol·L^{-1} NaOH滴定含有0.100mol·L^{-1} HCl和0.10mol·L^{-1} NH_4Cl混合溶液中的HCl，选择______为指示剂。②用0.100mol·L^{-1}HCl滴定含有0.100mol·L^{-1}NaOH和0.10mol·L^{-1}NaAc混合溶液中的NaOH，选择______为指示剂。

12. 用0.100mol·L^{-1}HCl滴定同浓度的NH_3($pK_b^{\theta}=4.74$)时，pH突跃范围为6.3 ~ 4.3。若用0.100mol·L^{-1} HCl滴定同浓度的某碱B($pK_b^{\theta}=3.74$)时，pH突跃范围为______。

13. 用0.100mol·L^{-1}NaOH滴定0.100mol·L^{-1}甲酸，若将NaOH和甲酸的浓度均增大10倍，则在上述两种滴定过程中，pH值相等时相应的中和百分率是______。

14. 常见的用于标定NaOH的基准物质有______和______。

15. 对酚酞这种类型的单色指示剂而言，若指示剂用量过多，其变色范围向______(指pH高或低)的方向移动。

16. 对某些$c(HA)\cdot K_a^{\theta}<10^{-8}$或$c(B)\cdot K_b^{\theta}<10^{-8}$的弱酸或弱碱，有时可以通过哪些方法来达到准确测定的目的：①______；②______；③______。

17．用0.10mol·L^{-1} HCl滴定0.100mol·L^{-1}某碱$N(OH)_3$(已知$pK_{b1}^{\theta}=3.00$，$pK_{b2}^{\theta}=4.80$，$pK_{b3}^{\theta}=8.20$)，有______个突跃，滴定产物是______，化学计量点时的pH值为______。

18. 已知甲基橙，当溶液pH = 3.1时，$\frac{[In^-]}{[HIn]}$的比值为______；溶液pH = 4.4时，$\frac{[In^-]}{[HIn]}$的比值为______。

19. NH_4HCO_3水溶液的质子条件应选______，______和______为参比水准。质子条件式是______。

20. 计算一元弱酸溶液的pH值，常用的最简式为$[H^+]$ = ______，使用此式时要注意应先检查是否满足两个条件：________和________，否则将引入较大误差。

21. 用强碱滴定弱酸时，要求弱酸的 cK_a^θ________；用强酸滴定弱碱时，要求弱碱 cK_b^θ________。

22. 以通常计算，指示剂变色范围应为 $pH = pK_a^\theta \pm 1$。但甲基橙（$pK_a^\theta = 3.4$）实际变色范围(3.1～4.4)与此不符，这是由于________。

23. 将 0.5050g MgO 试样溶于 25.00mL 0.09257mol·L^{-1} H_2SO_4 溶液中，再用 0.1112 mol·L^{-1}NaOH 溶液滴定，用去 24.30mL。由此计算出 MgO 的质量分数为，这种滴定方式称 法。

24. 判断下图所示的滴定曲线的类型是________，可选用________作指示剂。

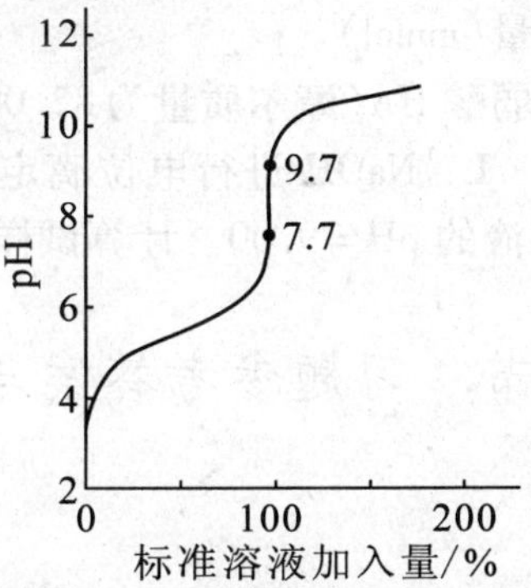

25. 已知某一标准 NaOH 溶液吸收 CO_2 后，有 0.2% 的 NaOH 转变成 Na_2CO_3，用此 NaOH 溶液测定 HAc 的浓度时，会使分析结果偏________百分之________。

三、问答和计算题

1. 用 0.1000 mol·L^{-1} HCl 溶液滴定 20.00 mL 0.1000 mol·L^{-1}的 NaOH，若 NaOH 溶液中同时含有 0.1000 mol·L^{-1}的 NaAc。计算化学计量点以及化学计量点前后 0.1% 时的 pH。

2. 下列物质能否用酸碱滴定法直接测定？使用什么标准溶液和指示剂。如果不能，可用什么方法使之适用于酸碱滴定法进行测定？①乙胺；② NH_4Cl；③HF；④NaAc；⑤ H_3BO_3；⑥硼砂；⑦苯胺；⑧$NaHCO_3$。

3. 下列各溶液能否用酸碱滴定法测定，用什么滴定剂和指示剂，滴定终点的产物是什么？①柠檬酸；②NaHS；③顺丁烯二酸；④NaOH + $(CH_2)_6N_4$（浓度均为 0.1mol·L^{-1}）；⑤ 0.1 mol·L^{-1}氯乙酸 + 0.01 mol·L^{-1}HAc。

4. 设计下列混合物的分析方案：①HCl + NH_4Cl 混合液；②硼酸 + 硼砂混合物；③HCl + H_3PO_4 混合液。

5. 标定 HCl 溶液时，准确称取 $Na_2C_2O_4$ 0.3042g，灼烧成 Na_2CO_3 以后，溶于水，用 HCl 滴定，以甲基橙作指示剂，用去 HCl 22.38 mL，计算 HCl 溶液的浓度。

6. 现有一含磷样品，称取样品 1.000g，经过处理后，以钼酸铵沉淀磷为磷钼酸铵，用水洗去过量的钼酸铵后，用 0.1000 mol·L^{-1} NaOH 50.00 mL 溶解沉淀。过量的 NaOH 用 0.2000 mol·$L^{-1}$$HNO_3$ 滴定，以酚酞作指示剂，用去 HNO_3 10.27 mL，计算试样中的磷和五氧化二磷的质量分数。

7. 有一含 Na_2CO_3 与 NaOH 的混合物。现称取试样 0.5895g，溶于水中，用 0.3000 mol·L^{-1} HCl 滴定至酚酞变色时，用去 HCl 24.08 mL，加入甲基橙后继续用 HCl 滴定，又消耗去 HCl 12.02 mL，试计算试样中 Na_2CO_3 与 NaOH 的质量分数。

8. 某试样含有 Na_2CO_3、$NaHCO_3$ 及其它惰性物质。称取试样 0.3010g，用酚酞作指示剂滴定，用去 0.1060 mol·L^{-1} 的 HCl 溶液 20.10 mL，继续用甲基橙作指示剂滴定，共用去 HCl 47.70 mL，计算试样中 Na_2CO_3 与 $NaHCO_3$ 的质量分数。

9. 某溶液中可能含有 H_3PO_4 或 NH_2PO_4 或 Na_2HPO_4，或是它们不同比例的混合溶液。以酚酞为指示剂，用 48.36 mL 1.000 mol·L^{-1} NaOH 标准溶液滴定至终点；接着加入甲基橙，再用 33.72 mL 1.000 mol·L^{-1} HCl 溶液回滴至甲基橙终点(橙色)，问混合后该溶液组成如何？并求出各组分的物质的量(mmol)。

10. 称取不纯的未知的一元弱酸 HA(摩尔质量为 82.00g·moL^{-1})试样 1.600 g，溶解后稀释至 60.00 mL，以 0.2500mol·L^{-1} NaOH 进行电位滴定。已知 HA 被中和一半时溶液的 pH = 5.00，而中和至计量点时溶液的 pH = 9.00。计算试样中 HA 的质量分数。

第三节　习题参考答案与解析

一、选择题

1. B　2. D　3. A　4. B　5. D　6. C　7. A　8. B　9. C　10. D　11. C　12. B　13. C　14. C　15. B　16. D　17. D　18. C　19. A　20. B

二、填空题

1. 2 个
2. 1 个
3. 偏高，无影响
4. $[H^+]+[HCO_3^-]+2[H_2CO_3]=[OH^-]+[NH_3]$，$[H^+]+[H_3PO_4]=[OH^-]+2[PO_4^{3-}]+[NH_3]+[HPO_4^{2-}]$
5. H_2O，Ac^-
6. 9.24；10.87
7. 1；不变；1
8. 4.1 ~ 6.1；8 ~ 10
9. 2∶3
10. 酸及其共轭碱的总浓度；共轭酸碱组分的浓度比值
11. 甲基红；酚酞
12. 7.3 ~ 4.3
13. 50%
14. 草酸；邻苯二甲酸氢钾
15. 低
16. ①改变检测终点；②改变溶剂；③利用化学反应

17. 1；$NOHCl_2$；7.5
18. 0.5；10
19. HCO_3^-，NH_4^+，H_2O；$[H^+]+[H_2CO_3]=[OH^-]+[NH_3]+[CO_3^{2-}]$
20. $[H^+]=\sqrt{cK_a^\theta}$；$\dfrac{c}{K_a^\theta}>400$；$cK_a^\theta>20K_w^\theta$
21. $>10^{-8}$；$>10^{-8}$
22. 人眼对不同颜色的敏锐程度不同造成的
23. 7.69%。返滴定法
24. 强碱滴定弱酸，酚酞
25. 高，0.1

三、问答和计算题

1. 答：(1) 化学计量点时，体系中有 0.0500 $mol\cdot L^{-1}$ NaAc。$K_a^\theta(HAc)=1.75\times10^{-5}$

$$\frac{c}{K_b^\theta}=\frac{0.0500}{\dfrac{1.0\times10^{-14}}{1.75\times10^{-5}}}=\frac{0.0500}{5.6\times10^{-10}}>500$$

$$[OH^-]=\sqrt{c\cdot K_b^\theta}=\sqrt{0.0500\times5.6\times10^{-10}}=5.3\times10^{-6}(mol\cdot L^{-1})$$

pOH = 5.28　pH = 8.72

(2) 化学计量点前 0.1%　$[H^+]+[OH^-]=[OH^-]-c(Ac^-)$

$$[OH^-]=[HAc]+c(Ac^-)\approx c(Ac^-)=\frac{20.00\times0.1000\times0.1\%}{40.00}=5.0\times10^{-5}(mol\cdot L^{-1})$$

pOH = 4.30　　pH = 9.70

(3) 化学计量点后 0.1%　此时体系中组成：HAc + NaAc

$$[H^+]=K_a^\theta\cdot\frac{c(HAc)}{c(Ac^{-1})}=1.75\times10^{-5}\cdot\frac{\dfrac{20.00\times0.1000\times0.1\%}{40.00}}{\dfrac{0.1000}{2}}$$

$$=\frac{5.0\times10^{-5}}{0.050}=1.75\times10^{-8}(mol\cdot L^{-1})\ \ pH=7.74$$

2. 解：①乙胺：$K_b^\theta=4.3\times10^{-4}>10^{-7}$，可以用 HCl 溶液直接滴定。产物为弱酸：$[H^+]$ $=\sqrt{c\cdot K_a^\theta}=\sqrt{c\cdot\dfrac{K_w^\theta}{K_b^\theta}}=\sqrt{0.05\times\dfrac{1.0\times10^{-14}}{4.3\times10^{-4}}}=\sqrt{1.16\times10^{-12}}=1.08\times10^{-6}$，pH = 5.97，可选用甲基红作指示剂，也可选用溴甲酚紫。

②NH_4Cl：$K_a^\theta=\dfrac{K_w^\theta}{K_b^\theta}=\dfrac{1.0\times10^{-14}}{1.75\times10^{-5}}=5.6\times10^{-10}<10^{-7}$，不能直接滴定，可用甲醛法进行测定。

③HF：$K_a^\theta=6.8\times10^{-4}>10^{-7}$，可以用 NaOH 直接滴定

$[OH^-]=\sqrt{c\cdot K_b^\theta}=\sqrt{0.05\times\dfrac{1.0\times10^{-14}}{6.8\times10^{-4}}}=8.57\times10^{-7}$，pOH = 6.07　pH = 7.93，选用百里酚蓝 - 甲酚红混合指示剂。

④NaAc：$K_b^\theta=\frac{K_w^\theta}{K_a^\theta}=5.6\times10^{-10}<10^{-7}$，不能直接用 HCl 滴定，用离子交换法交换等物质的碱，再用 HCl 滴定，$R-NR_3-OH\ +\rightarrow R-NR_3-Ac\ +\ OH^-$。

⑤H_3BO_3：$K_a^\theta=5.8\times10^{-10}<10^{-7}$，不能用 NaOH 直接滴定；但可用甘油等强化，生成配位酸，满足准确滴定的条件，可用 NaOH 滴定。化学计量点的 pH = 9.0，可选用酚酞作指示剂。

⑥硼砂：$K_b^\theta=1.7\times10^{-5}>10^{-7}$，可以用 HCl 直接滴定。化学计量点：$[H^+]=\sqrt{c\cdot K_a^\theta}=\sqrt{0.05\times5.8\times10^{-10}}=5.38\times10^{-6}$，pH = 5.26，选用甲基红为指示剂。

⑦苯胺：$K_b^\theta=4.2\times10^{-10}<10^{-7}$，不能直接用 HCl 滴定。可改变试剂(非水溶液)体系进行滴定。

⑧$NaHCO_3$：$K_{a2}^\theta=5.6\times10^{-11}$，$K_{b2}^\theta=\frac{K_w^\theta}{K_{a1}^\theta}=2.3\times10^{-8}\approx10^{-7}$。在误差允许较大的情况下，可以用 HCl 直接滴定，选用甲基橙为指示剂。

3. 解：①柠檬酸：$K_{a1}^\theta=7.4\times10^{-4}>10^{-7}$，$K_{a2}^\theta=1.7\times10^{-5}>10^{-7}$，$K_{a3}^\theta=4.0\times10^{-7}>10^{-7}$，$\frac{K_{a1}^\theta}{K_{a2}^\theta}<10^4$，$\frac{K_{a2}^\theta}{K_{a3}^\theta}<10^4$，可以一次滴定至第三化学计量点。

$[OH^-]=\sqrt{c\cdot K_{b1}^\theta}=\sqrt{0.025\times\frac{1.0\times10^{-14}}{4.0\times10^{-7}}}=2.5\times10^{-5}$，pOH = 4.60，pH = 9.40 可以用 NaOH 为滴定剂，指示剂选用酚酞，终点产物为柠檬酸根(三元弱碱)。

②NaHS：$K_{a1}^\theta=8.9\times10^{-8}$，$K_{a2}^\theta=1.2\times10^{-13}$，$K_{b2}^\theta=\frac{K_w^\theta}{K_{a1}^\theta}=1.1\times10^{-7}\approx10^{-7}$。$HS^-$ 作为碱可以用 HCl 滴定。$[H^+]=\sqrt{c\cdot K_{a1}^\theta}=\sqrt{0.05\times8.9\times10^{-8}}=6.7\times10^{-5}$，pH = 4.18，可以用甲基橙为指示剂，终点产物 H_2S。

③顺丁烯二酸：$K_{a1}^\theta=1.2\times10^{-2}>10^{-7}$，$K_{a2}^\theta=6.0\times10^{-7}>10^{-7}$；$\frac{K_{a1}^\theta}{K_{a2}^\theta}>10^4$，可以用 NaOH 滴定至第二化学计量点(可以分步滴定)。

第一化学计量点时，产物为：顺丁烯二酸氢钠，

$[H^+]=\sqrt{K_{a1}^\theta\cdot K_{a2}^\theta}=\sqrt{1.2\times10^{-2}\times6.0\times10^{-7}}=8.5\times10^{-5}(mol\cdot L^{-1})$，pH = 4.07，选用甲基橙为指示剂；

第二化学计量点，产物为：顺丁烯二酸钠，

$[OH^-]=\sqrt{c\cdot K_{b1}^\theta}=\sqrt{0.033\times\frac{1.0\times10^{-14}}{6.0\times10^{-7}}}=2.3\times10^{-5}(mol\cdot L^{-1})$

pOH = 4.63 pH = 9.37 选用酚酞作指示剂。

④$NaOH+(CH_2)_6N_4$(浓度均为 $0.1mol\cdot L^{-1}$)：由于$(CH_2)_6N_4$ $K_b^\theta=1.35\times10^{-9}<10^{-7}$，可以在$(CH_2)_6N_4$ 存在的情况下以 HCl 作标准溶液滴定 NaOH，终点产物为$(CH_2)_6N_4$。$[OH^-]=\sqrt{c\cdot K_b^\theta}=\sqrt{0.05\times1.35\times10^{-9}}=8.3\times10^{-6}(mol\cdot L^{-1})$，

pOH = 5.08 pH = 8.92 选用酚酞做为指示剂。

⑤ 0.1 mol·L^{-1}氯乙酸＋0.01 mol·L^{-1}HAc：

氯乙酸(1)：$K_a^\theta(1)=1.38\times10^{-3}>10^{-7}$可以直接滴定；$K_b^\theta(1)=7.24\times10^{-12}$

HAc(2)：$K_a^\theta(2)=1.75\times10^{-5}>10^{-7}$可以直接滴定；$K_b^\theta(2)=5.6\times10^{-10}$

$\frac{c(1)\cdot K_a^\theta(1)}{c(2)\cdot K_a^\theta(2)}=\frac{0.5\times1.38\times10^{-3}}{0.01\times1.75\times10^{-5}}=3.9\times10^3<10^4$，可以用NaOH标准溶液滴定两种酸的总量，不能分别滴定。终点产物为氯乙酸钠和醋酸钠混合溶液。

$[OH^-]=\sqrt{c\cdot K_b^\theta(1)+c\cdot K_b^\theta(2)}=\sqrt{0.1\times7.2\times10^{-12}+0.002\times5.6\times10^{-10}}=1.3\times10^{-6}(mol\cdot L^{-1})$ pOH＝5.87　pH＝8.13 选用甲酚红－百里酚蓝混合指示剂。

4. 解：①HCl＋NH_4Cl混合液：取混合液一份，以甲基红为指示剂，用NaOH滴定至橙色，终点产物是NH_4^+。$[H^+]=\sqrt{c\cdot K_a^\theta}=\sqrt{0.05\times5.6\times10^{-10}}=5.3\times10^{-6}(mol\cdot L^{-1})$，pH＝5.3，设所消耗体积为$V_1$，则$c(HCl)=\frac{c(NaOH)\cdot V_1}{V_{样}}$；滴定反应完成后(HCl反应完全)，在此溶液中加入中性甲醛，反应后，加入酚酞作指示剂，用NaOH标准溶液滴定至浅红，消耗体积为V_2，以V_2计算NH_4Cl的含量，终点产物$(CH_2)_6N_4$，$c(NH_4Cl)=\frac{c(NaOH)\cdot V_2}{V_{样}}$。

②硼酸＋硼砂($H_3BO_3+Na_2B_4O_7$)混合物：取混合物的试液一份，用甲基红作指示剂，以HCl滴定(V)，终点产物为H_3BO_3，以此计算$Na_2B_4O_7$的含量。另取一份试液用甘油强化后，用NaOH滴定配位酸的总量，即求出$H_3BO_3+Na_2B_4O_7$所产生的H_3BO_3的总量，扣除$Na_2B_4O_7$的量后，即为H_3BO_3的量。$B_4O_7^{2-}+5H_2O=2H_3BO_3+2H_2BO_3^-$

$$w(Na_2B_4O_7)=\frac{n(HCl)\cdot M(Na_2B_4O_7)\times\frac{1}{2}}{m_s}\times100\%$$

$$=\frac{c(HCl)\cdot V(HCl)\cdot M(Na_2B_4O_7)\times\frac{1}{2}}{m_s}\times100\%$$

$$w(H_3BO_3)=\frac{n(NaOH)\cdot M(H_3BO_3)}{m_s}\times100\%$$

$$=\frac{[c(NaOH)\cdot V(NaOH)-2c(HCl)\cdot V(HCl)]\times M(H_3BO_3)}{m_s}\times100\%$$

③HCl＋H_3PO_4混合液：取一份试液，用甲基橙为指示剂，用NaOH滴定，设消耗体积为V_1；另取一份试液，用酚酞为指示剂，用NaOH滴定，设消耗体积为V_2。

$c(HCl)=\frac{c(NaOH)\cdot(2V_1-V_2)}{V_{样}}$　　$c(H_3PO_4)=\frac{c(NaOH)\cdot(V_2-V_1)}{V_{样}}$

5. 解：1 $Na_2C_2O_4$～1 Na_2CO_3～2HCl

$$n(HCl)=2n(Na_2C_2O_4)=2\frac{m(Na_2C_2O_4)}{M(Na_2C_2O_4)}$$

$$c(HCl)=\frac{2\frac{m(Na_2C_2O_4)}{M(Na_2C_2O_4)}}{V(HCl)}=\frac{2\times\frac{0.3042}{134.0}}{22.38\times10^{-3}}=0.2028(mol\cdot L^{-1})$$

6. 答：1P～1$(NH_4)_2HPO_4\cdot12MoO_3\cdot H_2O$～24$OH^-$

$n(\mathrm{P})=\frac{1}{24}n(\mathrm{NaOH})\quad n(\mathrm{P_2O_5})=\frac{1}{48}(\mathrm{NaOH})$

$$w(\mathrm{P})=\frac{[c(\mathrm{NaOH})\cdot V(\mathrm{NaOH})-c(\mathrm{HNO_3})\cdot V(\mathrm{HNO_3})]\cdot M(\mathrm{P})\times\frac{1}{24}}{m_s}\times100\%$$

$$=\frac{(0.1000\times50.00-0.2000\times10.27)\times10^{-3}\times30.97\times\frac{1}{24}}{1.000}\times100\%=38.02(\%)$$

$$w(\mathrm{P_2O_5})=\frac{M(\mathrm{P_2O_5})}{2M(\mathrm{P})}\times w(\mathrm{P})=\frac{141.9}{2\times30.97}\times38.03=87.10(\%)$$

7. 答：$w(\mathrm{Na_2CO_3})=\frac{c(\mathrm{HCl})\cdot V_2\cdot M(\mathrm{Na_2CO_3})}{m_s}\times100\%$

$$=\frac{0.3000\times12.02\times106.0\times10^{-3}}{0.5895}\times100\%=64.84(\%)$$

$$w(\mathrm{NaOH})=\frac{c(\mathrm{NaOH})\cdot(V_1-V_2)\cdot M(\mathrm{NaOH})}{m_s}\times100\%$$

$$=\frac{0.3000(24.08-12.02)\times10^{-3}\times40.00}{0.5895}\times100\%=24.55(\%)$$

8. 解：$V_1=20.10\mathrm{mL}$，$V_2=27.60\mathrm{mL}$

$$w(\mathrm{Na_2CO_3})=\frac{c(\mathrm{HCl})\cdot V_1\cdot M(\mathrm{Na_2CO_3})}{m_s}\times100\%$$

$$=\frac{0.1060\times20.10\times10^{-3}\times106.0}{0.3010}\times100\%=75.03(\%)$$

$$w(\mathrm{NaHCO_3})=\frac{c(\mathrm{HCl})(V_2-V_1)\cdot M(\mathrm{NaHCO_3})}{m_s}\times100\%$$

$$=\frac{0.1060\times(27.60-20.10)\times10^{-3}\times84.01}{0.3010}\times100\%=22.19(\%)$$

9. 解：由题意得，混合液由 H_2PO_4 和 $NaHPO_4$ 组成，设其体积分别为 X mL，Y mL。

由 $2V_1+V_2=48.36\quad V_1+V_2=33.72$

得 $V_1=14.64\ \mathrm{mL}\quad V_2=19.08\ \mathrm{mL}$

故 $C_1=1.000V_1=14.64\mathrm{mmol}\quad C_2=1.000V_2=19.08\mathrm{mmol}$

10. 解：设试样中 HA 的质量分数为 A

(1)当 HA 被中和一半时溶液的 pH = 5.00，有：$\mathrm{pH}=\mathrm{p}K_a^\theta+\lg\frac{c(\mathrm{A^-})}{c(\mathrm{HA})}$

$\because\ c(\mathrm{A^-})=c(\mathrm{HA})\ \therefore\ \mathrm{pH}=\mathrm{p}K_a^\theta$　即 $K_a^\theta=10^{-5.00}$

当 HA 被中和至计量点时，可得：

$$c(\mathrm{HA})=\frac{m\cdot A}{M\cdot V}=\frac{1.600\mathrm{A}}{82.00\times0.0600}=0.3252\mathrm{A}(\mathrm{mol\cdot L^{-1}})$$

$\because\ c(\mathrm{HA})\cdot V(\mathrm{HA})=c(\mathrm{NaOH})\cdot V(\mathrm{NaOH})$

$$\therefore\ V(\mathrm{NaOH})=\frac{c(\mathrm{HA})\cdot V(\mathrm{HA})}{c(\mathrm{NaOH})}=\frac{0.3252\mathrm{A}\times0.0600}{0.2500}=0.07805\mathrm{A}$$

则　$c(\mathrm{A}^-)=\dfrac{c(\mathrm{HA})\cdot V(\mathrm{HA})}{V(\mathrm{HA})+V(\mathrm{NaOH})}=\dfrac{0.3252\mathrm{A}\times 0.0600}{0.0600+0.07805\mathrm{A}}$

$[\mathrm{OH}^-]=\sqrt{c(\mathrm{A}^-)\cdot K_b^\theta}$

$10^{-5.00}=\sqrt{\dfrac{0.3252\mathrm{A}\times 0.0600}{0.0600+0.07805\mathrm{A}}\times 10^{-9.00}}$　$\mathrm{A}=0.51$　$w(\mathrm{A})=0.51\times 100\%=51\%$

第十一章　配位滴定法

第一节　重要概念和知识要点

- 配位滴定的理论基础理论
  - 配位剂
    - 无机
      - 配位剂特点：每个配位体只含有一个可配位原子
      - 形成配合物的特点：逐级配位，配合物不稳定
    - 有机
      - 配位剂及配位剂与金属生成的配合物的特点
      - EDTA
        - EDTA的性质与特点
          - 中性分子为4元酸；强酸介质下相当于6元酸
          - 同时含有氨氮和羧氧基团，配位广泛
          - 每个分子中含有6个可配位原子
          - 配合物具有多个5元环，稳定
        - M + Y特点
          - 普遍性
          - 稳定性
          - 组成一定(1∶1)
          - 多数无色，对有色金属MY颜色更深
        - EDTA的形体与形体分布
          - 7种，H_6Y、H_5Y、H_4Y、H_3Y、H_2Y、HY、Y
          - 强碱性条件下以可与M配位的Y形体存在
          - 可按酸理解 $x_Y = \dfrac{K_{a1}^{\theta} \cdot K_{a2}^{\theta} \cdot K_{a3}^{\theta} \cdot K_{a4}^{\theta} \cdot K_{a5}^{\theta} \cdot K_{a6}^{\theta}}{[H^+]^6 + [H^+]^6 \cdot K_{a1}^{\theta} + \cdots + K_{a1}^{\theta} \cdot \cdots \cdot K_{a6}^{\theta}}$
  - 配位平衡的常数
    - K_f^{θ} 和 K_{fi}^{θ}
      - $M + Y = MY \qquad K_f^{\theta} = \dfrac{[MY]}{[M] \cdot [Y]}$　　K_f^{θ}大，反应完全，MY稳定
      - $ML_{i-1} + L = ML_i \qquad K_i^{\theta} = \dfrac{[ML_i]}{[ML_{i-1}] \cdot [L]}$
    - β 及形体表达
      - $\beta_i = \prod K_i^{\theta} = K_1^{\theta} \cdots K_i^{\theta}$
      - $[ML_i] = \beta_i [M][L]^i$
    - ML_i 的形体分布
      - $x_{ML_i} = \dfrac{[ML_i]}{[M] + [ML] + \cdots + [ML_i] + \cdots + [ML_n]} = \dfrac{\beta_i [L]^i}{1 + \beta_1 [L] + \cdots + \beta_i [L]^i + \cdots + \beta_n [L]^n}$
    - 副反应及副反应系数
      - $\alpha_M = \dfrac{[M']}{[M]} = 1 + \beta_1 [L] + \cdots + \beta_i [L]^i + \cdots + \beta_n [L]^n$
      - $\alpha_{M(L+J)} = \alpha_{M(L)} + \alpha_{M(J)} - 1$
      - $\alpha_{Y(H)} = 1 + \beta_1 [H^+] + \cdots + \beta_6 [H^+]$
      - $\alpha_{Y(N+H)} = \alpha_{Y(N)} + \alpha_{Y(H)} - 1$
      - $\alpha_{MY(H)} = \dfrac{[MY] + [MHY]}{[MY]} = 1 + K_H^{\theta} [H^+]$
      - $\alpha_{MY(OH)} = \dfrac{[MY] + [MOHY]}{[MY]} = 1 + K_{OH}^{\theta} [OH^-]$
    - $K_f^{\theta\prime}$　$K_f^{\theta\prime} = \dfrac{[MY']}{[M'][Y']} = K_f^{\theta} \dfrac{\alpha_{MY}}{\alpha_M \cdot \alpha_Y}$
    - $\lg K^{\theta\prime}{}_f = \lg K_f^{\theta} + \lg \alpha_{MY} - \lg \alpha_M - \lg \alpha_Y$
      $= \lg K_f^{\theta} - \lg \alpha_M - \lg \alpha_Y = \lg K_f^{\theta} - \lg \alpha_{Y(H)}$

配位滴定原理

滴定曲线

化学计量点前：剩余的 Ca^{2+} 抑制 CaY 的离解，体系的[M]为 Ca^{2+} 的剩余量

$$[M]=\frac{n(Ca^{2+})_{(剩余)}}{V_{(总)}}=\frac{n(Ca^{2+})_{(起始)}\cdot 剩余分数}{V_{(起始)}+V_{(起始)}\cdot 完成分数}=\frac{c(Ca^{2+})_{(起始)}\cdot 剩余分数}{1+完成分数};$$

当完成分数为 99.9% 时；

$$[M]=\frac{c(Ca^{2+})_{(起始)}\cdot 0.1\%}{1+99.9\%}\approx\frac{c(Ca^{2+})_{(起始)}}{2}\times 0.1\%$$

计量点：计量点时 Ca^{2+} 与 Y 浓度关系有：$[Ca^{2+}]=[Y]$，由于反应过程都服从 K_f^θ 表达式，故：$K_f^\theta=\frac{[MY]}{[M][Y]}=\frac{[MY]}{[M]^2}\Rightarrow[M]=\sqrt{\frac{[MY]}{K_f^\theta}}$

化学计量点后：$K_f^\theta=\frac{[MY]}{[M][Y]}\Rightarrow[M]=\frac{1}{K_f^\theta}\cdot\frac{[MY]}{[Y]}=\frac{1}{K_f^\theta}\cdot\frac{n_{MY}}{n_Y(过量)}=\frac{1}{K_f^\theta}\cdot\frac{1}{过量}$

完成程度 100.1% 时：$[M]=\frac{1}{K_f^\theta}\cdot\frac{1}{0.1\%}\Rightarrow pM=\lg K_f^\theta-3$

影响突跃范围的因素

由前后 0.1% 公式可知，突跃范围受金属离子浓度和 K_f^θ 或 $K_f^{\theta'}$ 影响

c_M 越大，低端 pM 值越小；$K_f^{\theta'}$ 越大，高端 pM 值越大，突跃范围扩展。

c_M 越小，低端 pM 值越大；$K_f^{\theta'}$ 越小，高端 pM 值越小，突跃范围压缩。

又 $\lg K_f^{\theta'}=\lg K_f^\theta-\lg\alpha_{Y(H)}$，因此，pH 对突跃范围大小有着直接影响。

准确滴定的判据

单一离子：

临界条件：前后 0.1% 重合，不形成突跃。

有 $\frac{c_M}{2}\times 0.1\%=\frac{1}{K_f^\theta}\cdot\frac{1}{0.1\%}\Rightarrow K_f^\theta\frac{c_M}{2}=10^6\Leftrightarrow\lg K_f^\theta\cdot c_M^{sp}=6$

对实际过程，判据为：$\lg cK_f^{\theta'}\geq 6$ 或 $\lg K_f^{\theta'}\geq 8$

混合离子：

$\Delta\lg cK_f^{\theta'}\geq 5$ 或 6　和 $\lg K_f^{\theta'}\geq 8$

$\Delta\lg cK_f^{\theta'}=\lg c_M K^{\theta'}(MY)-\lg c_N K^{\theta'}(NY)$

- 满足条件：调节酸度
- 不满足：配位掩蔽；沉淀掩蔽；氧化还原掩蔽

指示剂

金属指示剂必须具备的条件：
- 颜色判别
- 溶解性能
- 稳定性：太稳：封闭指示剂；太不稳：终点提前

选择原则，酸度影响

金属指示剂的封闭与僵化现象

常用金属指示剂

变色原理、点、范围

原理：M + In = MIn

$K_f^\theta=\frac{[MIn]}{[M][In]}\Rightarrow$
- 变色点：$pM=\lg K_f^\theta$
- 变色范围：$pM=\lg K_f^\theta\pm 1$

实际情况以 $K_f^{\theta'}$ 替代 K_f^θ

- 应用
  - 单一离子滴定
    - 直接准确滴定判据：$\lg K_f^{\theta'} \geq 8$
    - 最高酸度：由 $\lg K^{\theta'} \geq 8$，得 $\lg\alpha_{Y(H)} \leq \lg K_f^{\theta} - 8$，从而⇒pH
    - 最低酸度：不沉淀，需满足 $[M][OH^-]^n = K_{sp}^{\theta} \Rightarrow [OH^-] = \sqrt[n]{\dfrac{K_{sp}^{\theta}}{[M]}}$，得到最高 pH 值
    - 适宜的酸度范围：由最高酸度和最低酸度界定的 pH 范围
  - 混合离子滴定
    - 分别滴定判据：$\Delta\lg cK_f^{\theta'} \geq 6$ 和 $\lg K_f^{\theta'} \geq 8$
    - 分步实现方法
      - $K_f^{\theta}(MY) \gg K_f^{\theta}(NY)$ 调配酸度
      - 否则，掩蔽法
        - 方法
          - 配位掩蔽
          - 沉淀掩蔽
          - 氧化还原掩蔽
        - 常用掩蔽剂、解蔽剂

- 使用方式
  - EDTA 溶液的配制与标定
    - 直接配制。要求 GR 级试剂，前处理复杂
    - 标定
      - 原则：选用含待测组分的基准物
      - 基准物：金属锌、铜、ZnO、$CaCO_3$ 及 $MgSO_4 \cdot 7H_2O$ 等
  - 直接方式滴定 Zn^{2+}、Ca^{2+}、Mg^{2+} 等
  - 返滴定方式（滴定 Al^{3+}）
    - Al 与 Y 反应速度慢；易形成多羟基化合物；封闭指示剂
    - Al^{3+} 溶液中加入过量且定量的 EDTA，令 pH≈3.5，煮沸，调 pH = 5 ~ 6，加 XO 指示剂，用 Zn^{2+} 标液返滴过量的 EDTA
  - 置换滴定方式（滴定 Ag^+）
    - $K_f^{\theta} = 7.8$，配合物不稳定
    - $2Ag^+ + Ni(CN)_4^{2-} \rightarrow 2Ag(CN)_2^- + Ni^{2+}$
    - 用氨性缓冲溶液调 pH = 10，紫脲酸胺作指示剂，用 EDTA 滴定 Ni^{2+} 含量
  - 间接滴定方式（测 K^+、阴离子）
    - 极不稳定或不直接反应
    - K^+ 可沉淀为 $K_2NaCo(NO_2)_6 \cdot 6H_2O$，沉淀过滤溶解后，用 EDTA 滴定其中的 Co^{2+}。此法可测定血清、红血球可尿中的 K^+
  - 水的硬度测定
    - Ca、Mg 总量测定：用氨性缓冲溶液调节体系 pH 在 10 左右，以 EBT 为指示剂，用 EDTA 滴定 Ca、Mg 总量。
    - Ca、Mg 总量减去 Ca 量得到 Mg 量
    - Ca 量测定：用 NaOH 调节 pH 为 12 左右，沉淀 Mg 后，加 NN 指示剂，用 EDTA 滴定 Ca 量

第二节　习题

一、选择题

1. 用 EDTA 滴定 Ca^{2+}、Mg^{2+} 时，可用下列掩蔽剂掩蔽 Fe^{3+} 是(　　)。

A. KCN 或抗坏血酸　　B. 盐酸羟胺或三乙醇胺

C. 三乙醇胺或 KCN　　D. 盐酸羟胺或抗坏血酸

2. 用 EDTA 滴定 Bi^{3+} 时，可用于掩蔽 Fe^{2+} 的掩蔽剂是(　　)。

A. 三乙醇胺　　B. KCN　　C. 草酸　　D. 抗坏血酸

3. 以 EDTA 滴定金属离子 M，影响滴定曲线化学计量点后突跃范围大小，说法正确的是(　　)。

A. 金属离子 M 的配位效应　　B. 金属离子 M 的浓度

C. EDTA 的酸效应　　D. 金属离子 M 的浓度及其配位效应

4. 以 $2.0\times10^{-2}mol\cdot L^{-1}$ EDTA 滴定同浓度的 Zn^{2+}，若 $\Delta pM=0.2$，终点误差为 0.1%，要求 $\lg K_f^{\theta'}(ZnY)$ 的最小值是(　　)。

A. 5　　B. 6　　C. 7　　D. 8

5. EDTA 的 $pK_{a1}^{\theta}\sim pK_{a6}^{\theta}$，分别为：0.9，1.6，2.0，2.67，6.16，10.26。今在 pH = 13 时，以 EDTA 滴定同浓度的 Ca^{2+}，以下叙述正确的是(　　)。

A. 滴定至 50% 时，pCa = pY；　　B. 滴定至化学计量点时，pCa = pY；

C. 滴定至 150% 时，pCa = pY；　　D. 以上说法都不正确。

6. 以 EDTA 为滴定剂，下列叙述中错误的是(　　)。

A. 在酸度较高的溶液中，可形成 MHY 配合物；

B. 在碱度较高的溶液中，可形成 MOHY 配合物；

C. 不论形成 MHY 或 MOHY，均有利于滴定反应；

D. 不论溶液 pH 值的大小，只形成 MY 一种形式配合物。

7. 以 EDTA 滴定同浓度的金属离子 M，已知检测终点时，$\Delta pM=0.2$，$K_f^{\theta}(MY)=10^{9.0}$，若要求终点误差为 0.1%，则被测离子 M 的最低原始浓度是(　　)。

A. $0.010mol\cdot L^{-1}$　　B. $0.020mol\cdot L^{-1}$　　C. $0.0010mol\cdot L^{-1}$　　D. $0.0020mol\cdot L^{-1}$

8. 当 M 和 N 离子共存时，欲以 EDTA 滴定其中的 M 离子。当 $c(M)=\frac{1}{10}c(N)$ 时，要准确滴定 M，则要求 $\Delta\lg K_f^{\theta}[\lg K_f^{\theta}(MY)-\lg K_f^{\theta}(NY)]$ 值为(　　)。

A. 6　　B. 5　　C. 7　　D. 4

9. 为了测定 Ca^{2+}、Mg^{2+} 的含量，以下消除少量 Fe^{3+}、Al^{3+} 干扰的方法中，正确的是(　　)。

A. 于 pH = 10 的氨性溶液中直接加入三乙醇胺；

B. 于酸性溶液中加入 KCN，然后调至 pH = 10；

C. 于酸性溶液中加入三乙醇胺，然后调至 pH = 10 的氨性溶液；

D. 加入三乙醇胺时，不需要考虑溶液的酸碱性。

10. 采用返滴定法测定 Al^{3+} 的含量时，欲在 pH = 5.5 条件下以某一金属离子的标准溶液返滴定过量的 EDTA，此金属离子标准溶液最好选用(　　)。

A. Ca^{2+}　　B. Pb^{2+}　　C. Fe^{3+}　　D. Th^{4+}

11. 当 M 和 N 离子共存时，欲以 EDTA 滴定其中的 M 离子。当 $c(M)=10c(N)$ 时，$\Delta pM=0.2$，若要求终点误差为 0.1%，则要求 $\lg K_f^{\theta}$ 的大小是(　　)。

A. 5　　B. 6　　C. 4　　D. 7

12. 在 pH = 10 的氨性溶液中，用 EDTA 滴定同浓度的 Zn^{2+} 之化学计量点时，下列关系式正确的是(　　)。

A. [Zn] = [Y]　　B. [Zn] = [HY]

C. $[Zn]^2 = \dfrac{[ZnY]}{K_f^{\theta'}(ZnY)}$　　D. $[Zn]^2 = \dfrac{[ZnY]}{K_f^{\theta}(ZnY)}$

13. 要用 EDTA 测定某水样中的 Ca^{2+} 的含量，则用于标定 EDTA 的基准物质应为(　　)。

A. $Pb(NO_3)_2$　　B. Na_2CO_3　　C. Zn　　D. $CaCO_3$

14. 在金属离子 M 和 N 等浓度的混合液中，以 HIn 为指示剂，用 EDTA 标准溶液直接滴定测定其中的 M，若 TE≤0.1%，ΔpM = ±0.2，则要求(　　)。

A. $\lg K_f^{\theta}(MY) - \lg K_f^{\theta}(NY) \geqslant 6$　　B. $K_f^{\theta'}(MY) < K_f^{\theta'}(NY)$

C. $pH = pK_f^{\theta}(MY)$　　D. NIn 与 HIn 的颜色应有明显差别

15. 用含少量 Cu^{2+} 离子的蒸馏水配制 EDTA 溶液，于 pH = 5.0，用锌标准溶液标定 EDTA 溶液的浓度。然后用上述 EDTA 溶液，于 pH = 10.0，滴定试样中 Ca^{2+} 的含量，问对测定结果是否有影响？(　　)

A. 基本上无影响　　B. 偏高　　C. 偏低　　D. 不能确定

16. 某溶液主要含有 Ca^{2+}、Mg^{2+} 和极少量 Fe^{3+}、Al^{3+}。在酸性介质中，加入三乙醇胺后，调至 pH = 10，以 EDTA 滴定，用铬黑 T 为指示剂，则测出的是什么物质的量？(　　)

A. Mg^{2+}　　B. Ca^{2+}　　C. Ca^{2+}、Mg^{2+}　　D. Fe^{3+}、Al^{3+}

17. Zn^{2+} 与 EDTA 形成的配合物比 Zn^{2+} 与三乙撑四胺(TEA)形成的配合物稳定，这是因为(　　)。

A. EDTA 含有两种不同的配位原子；　　B. EDTA 分子量比 TEA 分子量大；

C. Zn^{2+} 与 EDTA 形成的配合物环数多；　　D. TEA 的碱性比 EDTA 大

18. 在 pH = 10.0 时，用 0.010mol · L^{-1} EDTA 标准溶液滴定 20.00mL 0.010mol · L^{-1} Ca^{2+} 溶液，其突跃范围为(　　)。(已知：$\lg K_f^{\theta}(CaY) = 10.96$，pH = 10.0 时，$\lg \alpha_{Y(H)} = 0.45$)

A. 5.30 ~ 7.50　　B. 5.30 ~ 7.96　　C. 5.30 ~ 10.51　　D. 6.40 ~ 10.51

19. 用 EDTA 滴定法测定 Ag^+，采用的滴定方式是(　　)。

A. 直接滴定　　B. 返滴定　　C. 置换滴定　　D. 间接滴定

20. 现测定 Bi^{3+}、Pb^{2+} 混合样中的 Bi^{3+}，为消除 Pb^{2+} 的干扰，你认为下列哪个方法最好(　　)。

A. 控制酸度　　B. 配位掩蔽　　C. 沉淀掩蔽　　D. 氧化还原掩蔽

21. 用 EDTA 滴定法测定 K^+，采用的滴定方式是(　　)。

A. 直接滴定　　B. 返滴定　　C. 置换滴定　　D. 间接滴定

二、填空题

1. EDTA 是一种氨羧配位剂，名称 ________，用符号 ________ 表示，其结构式为 ________。配制标准溶液时一般采用 EDTA 二钠盐，分子式为 ________，其水溶液 pH 值为 ________，可通过公式 进行计算，标准溶液常用浓度为 ________。

2. 一般情况下水溶液中的 EDTA 总是以 ________ 等 ________ 型体存在，其中以 ________ 与金属离子形成的配合物最稳定，但仅在 ________ 时 EDTA 才主要以此种型体存在。除个别金属离子外。EDTA 与金属离子形成配合物时，配合比都是 ________。

3. $K_f^{\theta'}(MY)$ 称 ________，它表示 ________ 配位反应进行的程度，其计算式为

________。

4. 配位滴定曲线滴定突跃的大小取决于 ________。在金属离子浓度一定的条件下，________ 越大，突跃 ________；在条件常数 $K_f^{\theta'}$（MY）一定时，________ 越大，突跃 ________。

5. $K_f^{\theta'}$（MY）值是判断配位滴定误差大小的重要依据。在 pM′一定时，$K_f^{\theta'}$（MY）越大，配位滴定的准确度 ________。影响 $K_f^{\theta'}$（MY）的因素有 ________，其中酸度愈高 ________ 愈大，lg $K_f^{\theta'}$（MY）________；________ 的配位作用常能增大 ________，减小 ________。在 $K_f^{\theta'}$（MY）一定时，终点误差的大小由 ________ 决定，而误差的正负由 ________ 决定。

6. 在［H^+］一定时，EDTA 酸效应系数的计算公式为 ________。

7. 某试液含 Fe^{3+} 和 Ca^{2+}，浓度均为以 2.0×10^{-2} mol · L^{-1}，今欲用同浓度的 EDTA 分别滴定。滴定 Fe^{3+} 的合适的酸度范围为 ________。

8. 某溶液含有 M 和 N 离子，且 K_f^{θ}(MY)⩾K_f^{θ}(NY)。lg $K_f^{\theta'}$（NY）先随溶液 pH 增大而增大，这时由于 ________。然后当 pH 增大时，lg $K_f^{\theta'}$（NY）保持在某一定值。

9. 在 pH＝1.0 的 Bi^{3+}、Pb^{2+} 均为 0.020 mol · L^{-1} 的 HNO_3 溶液中，以二甲酚橙为指示剂，用 0.020 mol · L^{-1}EDTA 滴定其中的 Bi^{3+}。此时 lg $\alpha_{Y(H)}$ = ________；Pb^{2+} 对 Bi^{3+} 的滴定是否产生干扰 ________。

10. EDTA 的酸效应曲线是指 ________，当溶液的 pH 值越大，则 ________ 越小。

11. 采用 EDTA 为滴定剂测定水的硬度时，因水中含有少量的 Fe^{3+}、Al^{3+}，应加入 ________________ 作掩蔽剂，滴定时控制溶液的 pH＝ ________。

12. 在用 EDTA 滴定 Zn^{2+} 时，有时会使用 $NH_3-NH_4^+$ 溶液，其作用是 ________。

13. 在 EDTA 配位滴定中，为了使滴定突跃增大，一般来说，pH 应较大。但也不能太大，还需要同时考虑到待测金属离子的 ________ 和 ________ 的使用范围。所以，在配位滴定中要有一个合适的 pH 范围。

14. 草酸与 Al^{3+} 的逐级稳定常数 lg K_{f1}^{θ}＝7.26，lg K_{f2}^{θ}＝5.74，lg K_{f3}^{θ}＝3.30。则累计稳定常数 lg β_2 为 ________。总稳定常数 lg $\beta_{总}$ 为 ________。

15. 用 EDTA 滴定同浓度的 Ca^{2+} 时，当浓度增大 10 倍时，滴定突跃范围增大 ________ 个 p^{Ca} 单位。

16. EDTA 配合物的条件稳定常数 $K_f^{\theta'}$（MY）随溶液的酸度而改变，酸度愈 ________，$K_f^{\theta'}$（MY）________；配合物愈 ________，滴定的突跃愈 ________。

17. 在 pH＝5.0 缓冲溶液中以 2.000×10^{-2} mol · L^{-1}EDTA 滴定同浓度的 Zn^{2+}，在化学计量点时，［Zn^{2+}］＝ ________，［Y^{4-}］＝ ________。（已知 lg K_f^{θ}(ZnY)＝16.5，lg $\alpha_{Y(H)}$＝6.6）

18. 用 EDTA 滴定某金属离子 M 时，滴定突跃范围是 5.30～7.50，若被滴定金属离子浓度增大 10 倍，则突跃范围是 ________。

19. 用 EDTA 直接测定钙、镁中的钙时，通常采用 ________ 来消除镁的干扰。

20. 假定某溶液中含 Bi^{3+}、Zn^{2+}、Mg^{2+} 3 种离子，为了提高配位滴定的选择性，宜采用 ________________ 方法最简单。

三、问答和计算题

1. Cu^{2+}、Zn^{2+}、Cd^{2+}、Ni^{2+}等离子均能与NH_3形成配合物，为什么不能以氨水为滴定剂用配位滴定法来测定这些离子？

2. 铬蓝黑T(EBT)指示剂的H_2In^-是红色，HIn^{2-}是蓝色，In^{3-}是橙色。它的$pK_{a2}^{\theta}=7.3$，$pK_{a3}^{\theta}=13.5$。它与金属离子形成的配合物MIn是红色。试问指示剂在不同的pH范围各呈什么颜色？变色点的pH是多少？它在什么pH范围内能用作金属离子指示剂？

3. 用NaOH标准溶液滴定$FeCl_3$溶液中游离的HCl时，Fe^{3+}将如何干扰？加入下列哪一种化合物可以消除干扰？EDTA，Ca－EDTA，柠檬酸三钠，三乙醇胺。

4. 用EDTA滴定Ca^{2+}、Mg^{2+}时，可以用三乙醇胺、KCN掩蔽Fe^{3+}，但不使用盐酸羟胺和抗坏血酸；在$pH=1$滴定Bi^{3+}，可采用盐酸羟胺或抗坏血酸掩蔽Fe^{3+}，而三乙醇胺和KCN都不能使用，这是为什么？已知KCN严禁在$pH<6$的溶液中使用，为什么？

5. 用EDTA连续滴定Fe^{3+}、Al^{3+}时，可以在下述哪个条件下进行？

① $pH=2$滴定Al^{3+}，$pH=4$滴定Fe^{3+}；

② $pH=1$滴定Fe^{3+}，$pH=4$滴定Al^{3+}；

③ $pH=2$滴定Fe^{3+}，$pH=4$返滴定Al^{3+}；

④ $pH=2$滴定Fe^{3+}，$pH=4$间接法测Al^{3+}。

6. 若配制EDTA溶液的水中含Ca^{2+}，判断下列情况对测定结果的影响：

(1)以$CaCO_3$为基准物质标定EDTA，并用EDTA滴定试液中的Zn^{2+}，二甲酚橙为指示剂；

(2)以金属锌为基准物质，二甲酚橙为指示剂标定EDTA，用EDTA测定试液中的Ca^{2+}、Mg^{2+}合量；

(3)以$CaCO_3$为基准物质，铬黑T为指示剂标定EDTA，用以测定试液中Ca^{2+}、Mg^{2+}合量。

并以此例说明配位滴定中为什么标定和测定的条件要尽可能一致。

7. 若配制试样溶液的蒸馏水中含有少量Ca^{2+}，在$pH=5.5$或在$pH=10$(氨性缓冲溶液)滴定Zn^{2+}，所消耗EDTA的体积是否相同？哪种情况产生的误差大？

8. 用$CaCO_3$基准物质标定EDTA溶液的浓度，称取0.1005g $CaCO_3$基准物质溶解后定容为100.0mL。移取25.00mL钙溶液，在$pH=12$时用钙指示剂指示终点，以待标定EDTA滴定之，用去24.90mL。(1)计算EDTA的浓度；(2)计算EDTA对ZnO和Fe_2O_3的滴定度。

9. 称取0.5000g煤试样，熔融并使其中硫完全氧化成SO_4^{2-}。溶解并除去重金属离子后。加入0.05000 $mol \cdot L^{-1}$ $BaCl_2$ 20.00mL，使生成$BaSO_4$沉淀。过量的Ba^{2+}用0.02500 $mol \cdot L^{-1}$ EDTA滴定，用去20.00mL。计算试样中硫的质量分数。

10. 称取0.5000g铜锌镁合金，溶解后配成100.0mL试液。移取25.00mL试液调至$pH=6.0$，用PAN作指示剂，用37.30mL 0.05000 $mol \cdot L^{-1}$ EDTA滴定Cu^{2+}和Zn^{2+}。另取25.00mL试液调至$pH=10.0$，加KCN掩蔽Cu^{2+}和Zn^{2+}后，用4.10mL等浓度的EDTA溶液滴定Mg^{2+}。然后再滴加甲醛解蔽Zn^{2+}，又用上述EDTA 13.40mL滴定至终点。计算试样中铜、锌、镁的质量分数。

11. 称取含 Fe_2O_3 和 Al_2O_3 的试样 0.2000g，将其溶解，在 pH = 2.0 的热溶液中(50℃左右)，以磺基水杨酸为指示剂，用 0.020 00 $mol \cdot L^{-1}$ EDTA 标准溶液滴定试样中的 Fe^{3+}，用去 18.16mL 然后将试样调至 pH = 3.5，加入上述 EDTA 标准溶液 25.00mL，并加热煮沸。再调试液 pH = 4.5，以 PAN 为指示剂，趁热用 $CuSO_4$ 标准溶液(每毫升含 $CuSO_4 \cdot 5H_2O$ 0.005000g)返滴定，用去 8.12mL。计算 试样中 Fe_2O_3 和 Al_2O_3 的质量分数。

第三节　习题参考答案与解析

一、选择题

1. C　2. D　3. C　4. D　5. B　6. D　7. D　8. C　9. C　10. B　11. A
12. C　13. D　14. A　15. A　16. C　17. C　18. A　19. C　20. A　21. D

二、填空题

1. 乙二胺四乙酸，H_4Y，

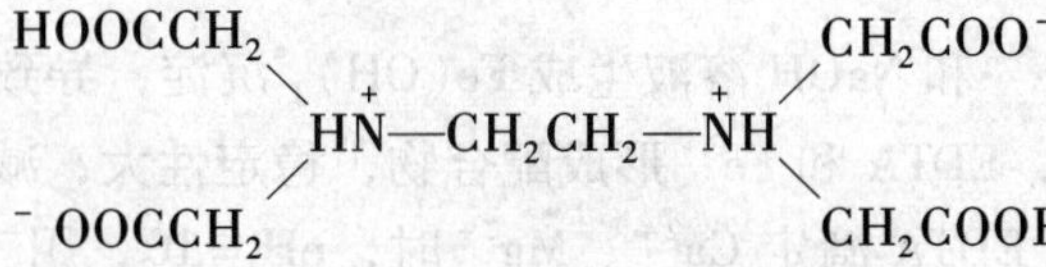

；

$Na_2H_2Y \cdot 2H_2O$，4.4，$[H^+] = \sqrt{K_{a_4}^{\theta} \cdot K_{a_5}^{\theta}}$；0.01 $mol \cdot L^{-1}$。

2. H_6Y^{2+}、H_5Y^+、H_4Y、H_3Y^-、H_2Y^{2-}、HY^{3-} 和 Y^{4-}；七种；Y^{4-}；pH > 10；1∶1。

3. 条件形成常数，一定条件下 $\lg K_f^{\theta'}(MY) = \lg K_f^{\theta}(MY) - \lg \alpha_M - \lg \alpha_Y$。

4. 金属离子的分析浓度 $c(M)$ 和配合物的条件形成常数 $K_f^{\theta'}(MY)$。$K_f^{\theta'}(MY)$；也越大；$c(M)$；也越大

5. 越高，酸度的影响、干扰离子的影响、配位剂的影响、OH^- 的影响，H^+ 浓度，值越小；螯合，K_f^{θ}，K_d^{θ}。$\triangle pM'$、$c(M)$、$K_f^{\theta'}(MY)$，$\triangle pM'$。

6. $\alpha_{Y(H)} = \dfrac{[Y']}{[Y]} = \dfrac{[Y] + [HY] + [H_2Y] + \cdots\cdots + [H_6Y]}{[Y]} = \dfrac{1}{x_Y}$

7. 1 < pH < 2.7

8. $\alpha_{Y(H)}$ 减小(酸效应系数减小)，$\alpha_{Y(N)} > \alpha_{Y(H)}$，$\lg K_f^{\theta'}(MY)$ 的大小由 $\alpha_{Y(H)}$ 决定，$\alpha_{Y(N)}$ 与 pH 值无关

9. 16.0，不干扰

10. $\lg \alpha_{Y(H)} \sim pH$ 曲线，$\alpha_{Y(H)}$

11. 三乙醇胺，10

12. 控制 pH 值，防止 Zn^{2+} 水解

13. 水解，指示剂

14. 13.00，16.30

15. 1 个

16. 小，大，稳定，大

17. 1.12×10^{-6} $mol \cdot L^{-1}$，2.82×10^{-13} $mol \cdot L^{-1}$

18. 4.3 ~7.50

19. 沉淀掩蔽

20. 控制酸度

三、问答和计算题

1. 答；由于多数金属离子的配位数为四和六。Cu^{2+}、Zn^{2+}、Cd^{2+}、Ni^{2+}等离子均能与NH_3形成配合物，配位反应的速度慢，且配位比复杂，以氨水为滴定剂滴定反应进行的完全程度不高。不能按照确定的化学计量关系定量完成，无法判断滴定终点。

2. 解：由题 $H_2In \xrightleftharpoons{pK_{a2}^{\theta}=7.2} HIn^{2-} \xrightleftharpoons{pK_{a3}^{\theta}=13.5} In^{3-}$

（红色） （蓝色） （橙色）

$pK_{a2}^{\theta}=7.4$，$K_{a2}^{\theta}=4.0\times10^{-8}$；$pK_{a3}^{\theta}=13.5$，$K_{a3}^{\theta}=3.2\times10^{-14}$

①pH <6 时呈紫红色，pH =8 ~11 时呈蓝色，pH >12 时呈橙色；②变色点的 pH =10：③铬蓝黑 R 与 Ca^{2+}、Mg^{2+}、Zn^{2+}和 Cd^{2+}等金属离子形成红色的配合物，适宜的酸度范围在 pH =8 ~11 之间。

3. 解：由于 Fe^{3+}和 NaOH 溶液生成 $Fe(OH)_3$ 沉淀，导致游离的 HCl 的浓度偏小，可以用 EDTA 消除干扰，EDTA 和 Fe^{3+}形成配合物，稳定性大，减少了溶液中的有利的 Fe^{3+}。

4. 解：由于用 EDTA 滴定 Ca^{2+}、Mg^{2+}时，pH =10，用三乙醇胺和 KCN 来消除，若使用盐酸羟胺和抗坏血酸，则会降低 pH 值，影响 Ca^{2+}、Mg^{2+}滴定；三乙醇胺是在溶液呈微酸性时来掩蔽 Fe^{3+}，如果 pH 越低，则达不到掩蔽的目的；pH <6 的溶液中，KCN 会形成 HCN 是弱酸，难以电离出 CN^-来掩蔽 Fe^{3+}。所以在 pH <6 溶液中严禁使用。

5. 解：可以在③的条件下进行。调节 pH =2 ~2.5，用先滴定 Fe^{3+}，此时 Al^{3+}不干扰。然后，调节溶液的 pH =4.0 ~4.2,，再继续滴定 Al^{3+}。由于 Al^{3+}与 EDTA 的配位反应速度缓慢，加入过量 EDTA，然后用标准溶液 Zn^{2+}回滴过量的 Al^{3+}。

6. 答：(1)由于 EDTA 水溶液中含有 Ca^{2+}，Ca^{2+}与 EDTA 形成配合物，标定出来的 EDTA 浓度偏低，用 EDTA 滴定试液中的 Zn^{2+}，则 Zn^{2+}浓度偏低。

(2)由于水溶液中含有 Ca^{2+}，部分 Ca^{2+}与 EDTA 形成配合物，标定出来的 EDTA 浓度偏低，用 EDTA 滴定试液中的 Ca^{2+}、Mg^{2+}，则合量偏低。

(3)用 $CaCO_3$ 为基准物质标定 EDTA，则 $CaCO_3$ 中的 Ca^{2+}被 EDTA 夺取，还有水中的 Ca^{2+}都与 EDTA 形成配合物，标定出来的 EDTA 浓度偏低，标定试液中 Ca^{2+}、Mg^{2+}合量偏低。

7. 答：在 pH =5.5 时，$\lg K_f^{\theta'}(ZnY)=\lg K_f^{\theta}(ZnY)-\lg\alpha_{Zn}-\lg\alpha_{Y(H)}=16.50-5.1-1.04=10.36$

在 pH =10(氨性缓冲溶液)滴定 Zn^{2+}，由于溶液中部分游离的 NH_3 与 Zn^{2+}配位，致使滴定 Zn^{2+}不准确，消耗 EDTA 的量少，偏差大。

8. 解：(1) 根据配位反应关系应为 1∶1，则 $n(CaCO_3)=n(EDTA)$

$\because \dfrac{0.1005}{100.09\times100}\times1000\times25=24.9\times c(EDTA)$ $\therefore c(EDTA)=0.01008\ mol\cdot L^{-1}$.

(2) 根据滴定度定义，得：

$$T_{EDTA/ZnO}=\frac{c(EDTA)\cdot M(ZnO)}{1000}=\frac{0.01008\times 81.38}{1000}=8.203\times 10^{-4}(g\cdot mL^{-1})$$

$$T_{EDTA/Fe_2O_3}=\frac{c(EDTA)\cdot M(Fe_2O_3)}{2\times 1000}=\frac{0.01008\times 159.69}{2\times 1000}=8.048\times 10^{-4}(g\cdot mL^{-1})$$

9. 解：所加物质的量 $0.05000mol\cdot L^{-1}\times 20.00mL\times\frac{1}{1000}$

消耗去物质的量 $0.02500mol\cdot L^{-1}\times 20.00mL\times\frac{1}{1000}$ 用来沉 SO_4^{2-} 淀所消耗去 $BaCl_2$ 物质的量 $0.05000mol\cdot L^{-1}\times 20.00mL\times\frac{1}{1000}-0.02500mol\cdot L^{-1}\times 20.00mL\times\frac{1}{1000}$

此量也即为 SO_4^{2-} 物质的量 故 煤样中硫的质量分数为：

$$w(S)=\frac{(0.05000\times 20.00\times\frac{1}{1000}-0.02500\times 20.00\times\frac{1}{1000})M(S)}{0.5000}\times 100\%$$

$$=\frac{(0.05000\times 20.00\times\frac{1}{1000}-0.02500\times 20.00\times\frac{1}{1000})\times 32.07}{0.5000}\times 100\%=3.21\%$$

10. 解：已知 滴定 Cu^{2+}、Zn^{2+} 和 Mg^{2+} 时，所消耗去 EDTA 溶液的体积分别为：(37.30 − 13.40)mL、13.40mL 和 4.10mL

$M(Mg)=24.30g\cdot moL^{-1}$、$M(Zn)=65.39\ g\cdot moL^{-1}$ 和 $M(Cu)=63.55g\cdot moL^{-1}$

试样的质量：$m=0.5000g\times\frac{25}{100}$

$$w(Mg)=\frac{4.10\times 0.05000\times\frac{1}{1000}\times M(Mg)}{0.5000\times\frac{25}{100}}\times 100\%$$

$$=\frac{4.10\times 0.05000\times\frac{1}{1000}\times 24.31}{0.5000\times\frac{25}{100}}\times 100\%=3.99\%$$

$$w(Zn)=\frac{13.40\times 0.05000\times\frac{1}{1000}\times M(Zn)}{0.5000\times\frac{25}{100}}\times 100\%$$

$$=\frac{13.40\times 0.05000\times\frac{1}{1000}\times 65.39}{0.5000\times\frac{25}{100}}\times 100\%=35.05\%$$

$$w(Cu)=\frac{(37.30-13.40)\times 0.05000\times\frac{1}{1000}\times M(Cu)}{0.5000\times\frac{25}{100}}\times 100\%$$

$$=\frac{(37.30-13.40)\times 0.05000\times\frac{1}{1000}\times 63.55}{0.5000\times\frac{25}{100}}\times 100\%=60.75\%$$

11. 解：设试样中含 Fe_2O_3 为 x g。根据 $n(Fe_2O_3)=\frac{1}{2}n(EDTA)$

$$\frac{x}{M(Fe)}=\frac{1}{2}\times c(EDTA)\cdot V(EDTA)$$

$$\frac{x}{159.96}=\frac{1}{2}\times 0.02\times 18.16\times 10^{-3}\therefore x=2.905\times 10^{-2}$$

得 $w(Fe_2O_3)=\frac{2.905\times 10^{-2}}{0.2000}\times 100\%=14.50\%$

又因为 Y^{4-} 与 Cu^{2+} 和 Al^{3+} 同时配合存在，故 根据关系式

$n(AlY^-)\sim n(Y^{4-})\sim n(Cu^{2+})\sim 2n(Al_2O_3)$ $\quad n(CuSO_4)+2n(Al_2O_3)=n(Y^{4-})$

得 $\frac{8.12\times 0.005\times 10^{-3}}{249.68}+2n(Al_2O_3)=25\times 0.02\times 10^{-2}$

则 $n(Al_2O_3)=1.687\times 10^{-4}mol$ $\quad m(Al_2O_3)=1.687\times 10^{-4}\times 101.96=0.0172g$

$$w(Al_2O_3)=\frac{0.0172}{0.2000}\times 100\%=8.60\%$$

第十二章　氧化还原滴定法

第一节　重要概念和知识要点

- 氧化还原的方向及程度
  - 条件电极电势
    - $\varphi^{\theta'}$
      - 定义：当氧化型、还原型浓度均为 $1\text{mol}\cdot L^{-1}$ 时的电极电势
      - 意义：用条件电极电势来判定反应进行的方向更为合理
      - 推导：$\varphi = \varphi^{\theta} + \dfrac{0.059}{n}\lg\dfrac{[\text{ox}]}{[\text{red}]} = \varphi^{\theta} + \dfrac{0.059}{n}\lg\dfrac{\gamma_{Ox}\cdot\alpha_{Red}\cdot c_{Ox}}{\gamma_{Red}\cdot\alpha_{Ox}\cdot c_{Red}} \Rightarrow$

        $\varphi = \varphi^{\theta} + \dfrac{0.059}{n}\lg\dfrac{\gamma_{Ox}\cdot\alpha_{Red}}{\gamma_{Red}\cdot\alpha_{Ox}} + \dfrac{0.059}{n}\lg\dfrac{c_{Ox}}{c_{Red}} \Rightarrow \varphi^{\theta'} = \varphi^{\theta} + \dfrac{0.059}{n}\lg\dfrac{\gamma_{Ox}\cdot\alpha_{Red}}{\gamma_{Red}\cdot\alpha_{Ox}}$
    - 影响条件电极电势的因素
      - 离子强度：表达式中的 γ。影响通常可忽略
      - 表达式中的 a，副反应系数
        - 沉淀：金属离子的有效浓度表达为

          $[\text{M}] = \dfrac{K^{\theta}_{sp}}{[\text{沉淀剂}]^{n}}$。如 $\text{CuI}\downarrow$ 中 $[Cu^{+}] = \dfrac{K^{\theta}_{sp}(\text{CuI})}{[I^{-}]}$
        - 配位：金属离子的有效浓度表达为

          $[\text{M}] = \dfrac{c_M}{\alpha_M}$ 其中 $\alpha_M = 1 + \beta_1[\text{L}] + \cdots + \beta_n[\text{L}]^n$
      - 酸度调节
        - 有 H^{+} 参与反应，改变反应物浓度
        - 氧化型或还原型为有机弱酸弱碱，pH 决定 x
  - 方向判断：由电对的电极电势值进行判断。电极电势高的电对的氧化型氧化电对电势低的电对的还原型。
  - 程度
    - 反应平衡常数 K^{θ}：氧化还原反应式中产物乘积除以反应物乘积
    - K^{θ} 与 φ 的关系推导：$\varphi_{Ox} = \varphi^{\theta'}_{Ox} + \dfrac{0.059}{n_1}\lg\dfrac{c_{Ox}}{c_{Red}}$，$\varphi_{Red} = \varphi^{\theta'}_{Red} + \dfrac{0.059}{n_2}\lg\dfrac{c_{Ox}}{c_{Red}}$，

      对氧化还原反应的任意时刻，因处于反应平衡，故 $\varphi_{Ox} = \varphi_{Red}$。两电对表达差减

      $0 = \varphi^{\theta'}_{Ox} + \dfrac{0.059}{n_1}\lg\dfrac{c_{Ox}}{c_{Red}} - \left(\varphi^{\theta'}_{Red} + \dfrac{0.059}{n_2}\lg\dfrac{c_{Ox}}{c_{Red}}\right)$，

      $\Rightarrow n_1 n_2\Delta\varphi^{\theta'} + 0.059\lg\dfrac{c^{n2}_{Ox}}{c^{n2}_{Red}}\dfrac{c^{n1}_{Ox}}{c^{n1}_{Red}} = n_1 n_2\Delta\varphi^{\theta'} + 0.059lg\dfrac{1}{K^{\theta}} = 0$

      $\Rightarrow lgK^{\theta} = \dfrac{p\Delta\varphi^{\theta'}}{0.059}$
    - 反应程度推导：先由氧化还原电对的条件电极电势求 K^{θ}，然后根据 K^{θ} 与产物、反应物之间的比例关系求完成程度，准确定量要求完成程度 >99.9%
    - 可由 K^{θ} 值或 $\Delta\varphi$ 判断能否进行直接准确滴定。

- 氧化还原反应速率
  - 特征：反应速度较慢，机理比较复杂
  - 影响因素
    - 浓度影响：基于质量作用定律，增大反应物浓度，降低产物浓度有利于反应正向进行；反之，不利于反应正向进行
    - 温度影响：温度每升高10℃，反应速度加快2～4倍
    - 催化剂的使用：改变反应路径，改变反应所需活化能，催化剂在反应前后不变。加快反应——正催化剂；减慢反应——负催化剂
    - 诱导反应：$KMnO_4$ 氧化 Cl^- 的反应，因 Fe^{2+} 的加入，而使得前一氧化还原反应的速度加快。称 Fe^{2+} 为诱导体；$KMnO_4$ 为作用体；Cl^- 为受诱体。加速反应的因素 Fe^{2+} 在反应前后发生改变
    - 区分：催化剂的使用与诱导反应二者都是通过加入新的物质而使反应速度加快，但区别在于，催化剂在反应前后不发生组成的改变（本质是改变了反应路径及活化能），而诱导反应所加入的物质参与到反应中并发生了变化。

- 指示剂分类
  - 自身指示剂：标准溶液或被滴定物质本身有颜色，而滴定产物无色或颜色很浅，则溶液本身的颜色变化起着指示剂的作用，叫做自身指示剂。
  - 特殊指示剂（专属指示剂）：有些物质本身并不具有氧化还原性，但它能与滴定剂或被测物质产生特殊的颜色而指示滴定终点。
  - 氧化还原指示剂
    - 变色原理：$In_{Ox} + n\bar{e} \rightarrow In_{Red}$
      A色　B色
    - 变色点及变色范围：由能斯特方程推导 $\varphi = \varphi^{\theta'} + \frac{0.059}{n}\lg\frac{[In_{Ox}]}{[In_{Red}]}$
      - 当两种形体浓度相等时，为变色点：$\varphi_{ep} = \varphi^{\theta'}_{In_{Ox}/In_{Red}}$
      - 当两形体浓度在10倍以内时为变色范围：$\varphi = \varphi^{\theta'}_{In_{Ox}/In_{Red}} \pm \frac{0.059}{n}$
    - 选择原则：指示剂的条件电极电势在滴定突跃范围内，指示剂的变色点的电极电势尽可能与化学计量点的电极电势接近。
    - 常用指示剂
      - 二苯胺磺酸钠
      - 邻二氮菲－亚铁
  - 指示剂误差消除
    - 两次移取法：在待测液中加指示剂，滴定至终点后记录体积 V_1；再次加入同样量的待测溶液，滴定至终点，记录体积 V_2。$V_1 - V_2$ 即为指示剂消耗量。
    - 标准溶液法：通过理论计算得到标准溶液的理论消耗 V_0；在同样物质的量的标准溶液中加入指示剂，滴定到终点后记录体积 V，$V - V_0$ 即为指示的消耗量。
    - 与仪器对比法：采用指示剂及电势计指示终点，当电势计读数发生突变时记录滴定体积 V_1，指示剂变色时记录体积 V_2。$V_1 - V_2$ 即为指示剂的消耗量。

氧化还原滴定原理

25℃ 0.1mol · L Ce^{4+} 滴定 20 ml 0.1mol · L^{-1} Fe^{2+}。

任意滴定点反应平衡都有 $\varphi=\varphi_{Ox}=\varphi_{Red}$。故通过求电对的电极电势可得体系的电势。在电极电势的能斯特表达中包含浓度项，因此，在计量点前应按被滴定电对的电极电势进行计算；计量点后则按滴定电对的电极电势计算。计量点时物料关系具有特殊性，由电极电势表达式求计量点电势。

滴定曲线

化学计量点前 0.1%（反应完成程度 99.9%）：有 99.9% 的 Fe^{2+} 反应生成 Fe^{3+}。

$n(Fe^{3+})=n(Fe^{2+})_s\cdot 99.9\%$；而 $n(Fe^{2+})=n(Fe^{2+})_s\cdot 0.1\%$。由 $\varphi=\varphi^{\theta'}+\frac{0.059}{n}\lg\frac{c_{Ox}}{c_{Red}}$

$$\Rightarrow\varphi_{Red}=\varphi_{Red}^{\theta'}+0.059\cdot\lg\frac{c(Fe^{3+})}{c(Fe^{2+})}=\varphi_{Red}^{\theta'}+0.059\times 3$$

计量点：计量点时 Ce^{4+} 与 Fe^{2+} 按反应式等比例投料并等比例反应生成 Ce^{3+} 和 Fe^{3+}，故有，$[Ce^{4+}]=[Fe^{2+}]$ 及 $[Ce^{3+}]=[Fe^{3+}]$

$$\left.\begin{aligned}\varphi_{sp}&=\varphi_{Ox}=\varphi_{Ox}^{\theta'}+0.059\lg\frac{c(Ce^{4+})}{c(Ce^{3+})}\\ \varphi_{sp}&=\varphi_{Red}=\varphi_{Red}^{\theta'}+0.059\lg\frac{c(Fe^{3+})}{c(Fe^{2+})}\end{aligned}\right\}\quad\begin{aligned}2\varphi_{sp}&=\varphi_{Red}^{\theta'}+\varphi_{Ox}^{\theta'}+0.059\lg\frac{c(Fe^{4+})}{c(Fe^{3+})}\cdot\frac{c(Ce^{2+})}{c(Ce^{3+})}\\ &=\varphi_{Red}^{\theta'}+\varphi_{Ox}^{\theta'}\Rightarrow\varphi_{sp}=\frac{\varphi_{Red}^{\theta'}+\varphi_{Ox}^{\theta'}}{2}\end{aligned}$$

化学计量点后 0.1%：Ce^{3+} 的生成量可视为 Fe^{2+} 量，过量的 Ce^{4+} 可计算

$$n(Ce^{4+})=n(Fe^{2+})_s\cdot 0.1\%\Rightarrow\varphi=\varphi_{Ox}=\varphi_{Ox}{}^{\theta'}+0.059\lg\frac{c(Ce^{4+})}{c(Ce^{3+})}=\varphi_{Ox}{}^{\theta'}-0.059\times 3$$

推广：当转移电子数分别为 n_1 和 n_2 时，计量点 $\varphi_{sp}=\frac{n_1\varphi_1^{\theta'}+n_2\varphi_2^{\theta'}}{n_1+n_2}$

突跃范围为 $\varphi_{Red}^{\theta'}+\frac{0.059\times 3}{n_{Red}}\sim\varphi_{Ox}^{\theta'}-\frac{0.059\times 3}{n_2}$；

影响突跃范围的因素：由前后 0.1% 公式可知，突跃范围受电极电势差 $\Delta\varphi$ 的影响，又平衡常数 K^θ 与 $\Delta\varphi$ 互推，因此有 $\Delta\varphi$ 越大，K^θ 越大，突跃范围越大。

准确滴定的判据：使前后 0.1% 重合，即滴定时无法形成突跃。

$$\varphi_{Red}^{\theta'}+\frac{0.059\times 3}{n_1}=\varphi_{Ox}^{\theta'}-\frac{0.059\times 3}{n_2}\Rightarrow\Delta\varphi^{\theta'}=0.18\left(\frac{1}{n_1}+\frac{1}{n_2}\right)$$

$n_1=n_2=1$ 时：$\Delta\varphi^{\theta'}=0.36V$；　$\lg K^\theta=\frac{0.36\times 1}{0.059}=6$

$n_1=1$，$n_2=2$ 时：$\Delta\varphi^{\theta'}=0.27V$；　$\lg K^\theta=\frac{0.27\times 2}{0.059}=9$

$n_1=n_2=2$ 时：$\Delta\varphi^{\theta'}=0.18V$；　$\lg K^\theta=\frac{0.18\times 2}{0.059}=6$

$n_1=2$，$n_2=3$ 时：$\Delta\varphi^{\theta'}=0.15V$；　$\lg K^\theta=\frac{0.15\times 6}{0.059}=15$

$\Delta\varphi^{\theta'}\geqslant 0.4$，判据严谨

$\lg K^\theta\geqslant 6$，判决不严谨

氧化还原滴定三大应用

	$KMnO_4$	$K_2Cr_2O_7$	碘量法
方法优缺点	氧化能力强，可多种方式 应用广泛，可有机、无机 自身指示剂 含杂质，不稳定 氧化性太强，选择性差 氧化能力及产物受 pH 影响	易提纯 溶液稳定 氧化能力比 $KMnO_4$ 弱，选择性好 反应快速 需要指示剂 有毒	反应可逆性好，φ 受影响小 指示剂灵敏，10^{-5} 用广泛，强氧化剂及强还原剂 I_2 挥发，I^- 氧化误差
溶液的配制与标定	粗称微过量 $KMnO_4$，溶解 溶液煮沸 1hr，冷却 过滤 草酸钠标定	准确称取，溶解 定容 计算浓度	直接碘量法标准 I_2 间接碘量法 $Na_2S_2O_3$ 粗称 $Na_2S_2O_3$，加 Na_2CO_3，加去离子水 溶解后置于棕色瓶中，放置一周后标定
应用	直接法测 H_2O_2：酸性溶液 $5H_2O_2 + 2MnO_4^- + 6H^+ \rightarrow 5O_2 + 2Mn^{2+} + 8H_2O$ 返滴定法测 MnO_2：H_2SO_4 介质中加热 MnO_2 与过量 $Na_2C_2O_4$ 反应后，用 $KMnO_4$ 返滴 $MnO_2 + C_2O_4^{2-} + 4H^+ \rightarrow Mn^{2+} + 2CO_2\uparrow + 2H_2O$ 间接测 Ca^{2+} 有机物测定： 化学需氧量 COD 的测定	全铁的测定 COD 的测定	铜含量的测定： $2Cu^{2+} + 4I^- \rightarrow 2CuI\downarrow + I_2$ $I_2 + 2S_2O_3^{2-} \rightarrow 2I^- + S_4O_6^{2-}$ 标定：$BrO_3^- + 6I^- + H^+ \rightarrow Br^- + 3I_2 + H_2O$ 氯含量的测定 有机物的测定 S^{2-} 和 H_2S 的测定
其他	高锰酸钾法的酸度调节使用 H_2SO_4 不同酸度条件下的反应	废液处理	碘量法产生误差的原因 碘量法酸度控制 碘量法重要反应 配制 Na_2SO_3 条件控制原因

第二节　习题

一、选择题

1. 在含有 Fe^{3+} 和 Fe^{2+} 的溶液中，加入下述( )溶液，Fe^{3+}/Fe^{2+} 电对的电势将降低(不考虑离子强度影响)。

A. 邻二氮菲　　B. HCl　　C. NH_4F　　D. H_2SO_4

2. 已知在 1 mol · L^{-1} HCl 介质中，$\varphi^{\theta}_{Cr_2O_7^{2-}/Cr^{3+}}=1.00V$；$\varphi^{\theta}_{Fe^{3+}/Fe^{2+}}=0.68V$；以 $K_2Cr_2O_7$ 滴定 Fe^{2+} 时，选择下列指示剂中的( )最合适。

A. 二苯胺($\varphi^{\theta'}_{In}=0.76V$)　　B. 二甲基邻二氮菲 - Fe^{3+} ($\varphi^{\theta'}_{In}=0.97V$)

C. 次甲基蓝($\varphi^{\theta'}_{In}=0.53V$)　　D. 中性红($\varphi^{\theta'}_{In}=0.24V$)

3. 在 1 mol · L^{-1} H_2SO_4 溶液中，$\varphi^{\theta}_{Ce^{4+}/Ce^{3+}}=1.44V$；$\varphi^{\theta}_{Fe^{3+}/Fe^{2+}}=0.68V$；以 Ce^{4+} 滴定 Fe^{2+} 时，最适宜的指示剂为( )。

A. 二苯胺磺酸钠($\varphi^{\theta'}_{In}=0.84V$)　　B. 邻苯胺基苯甲酸($\varphi^{\theta'}_{In}=0.89V$)

C. 邻二氮菲 - 亚铁($\varphi^{\theta'}_{In}=1.06V$)　　D. 硝基邻二氮菲 - 亚铁($\varphi^{\theta'}_{In}=1.25V$)

4. 已知 $\varphi^{\theta}_{MnO_4^-/Mn^{2+}}=1.51V$，则当 pH = 2.0 及 4.0 时 MnO_4^-/Mn^{2+} 电对的条件电势分别为( )。

A. 1.32V，1.13V　　B. 1.51V，1.51V　　C. 1.13V，1.32V　　D. 1.13V，1.01V

5. 在含有 Fe^{3+} 和 Fe^{2+} 的溶液中，加入下述( )溶液，Fe^{3+}/Fe^{2+} 电对的电势将升高(不考虑离子强度影响)。

A. 邻二氮菲　　B. HCl　　C. NH_4F　　D. H_2SO_4

6. 若两电对在反应中电子转移数分别为 1 和 2，为使反应完全程度达到 99.9%，两电对的条件电势差至少应大于( )。

A. 0.09V　　B. 0.27V　　C. 0.36V　　D. 0.18V

7. 根据下列电极电势数据，指出叙述正确的是( )。($\varphi^{\theta}_{F_2/F^-}=2.87V$；$\varphi^{\theta}_{Cl_2/Cl^-}=1.36V$；$\varphi^{\theta}_{Br_2/Br^-}=1.09V$；$\varphi^{\theta}_{I_2/I^-}=0.54V$；$\varphi^{\theta}_{Fe^{3+}/Fe^{2+}}=0.77V$)

A. 在卤素离子中，除 F^- 外，均能被 Fe^{3+} 氧化；

B. 全部卤素离子均能被 Fe^{3+} 氧化；

C. 在卤素离子中只有 Br^-，I^- 能被 Fe^{3+} 氧化；

D. 在卤素离子中，只有 I^- 能将 Fe^{3+} 还原至 Fe^{2+}。

8. 利用下列反应进行氧化还原滴定时，其滴定曲线在化学计量点前后为对称的是( )。

A. $2Fe^{3+}+Sn^{2+}\rightleftharpoons Sn^{4+}+2Fe^{2+}$

B. $I_2+2S_2O_3^{2-}\rightleftharpoons 2I^-+S_4O_6^{2-}$

C. $Ce^{4+}+Fe^{2+}\rightleftharpoons Ce^{3+}+Fe^{3+}$

D. $Cr_2O_7^{2-}+6Fe^{2+}+14H^+\rightleftharpoons 2Cr^{3+}+6Fe^{3+}+7H_2O$

9. 用 0.02 mol · L^{-1} $KMnO_4$ 溶液滴定 0.1 mol · L^{-1} Fe^{2+} 溶液和 0.002 mol · L^{-1} $KMnO_4$

溶液滴定 0.01 mol·$L^{-1}$$Fe^{2+}$溶液两种情况下滴定突跃的大小将(　　)。

A. 相同　　B. 浓度大突跃就大

C. 浓度小的滴定突跃大　　D. 无法判断

10. $\varphi^{\theta}_{BrO_3^-/Br_2}=1.52V$；$\varphi^{\theta}_{Br_2/Br^-}=1.09V$，则以 $KBrO_3$ 滴定 Br^-。这一滴定反应的平衡常数为(　　)。

A. 7.6×10^{72}　　B. 2.8×10^{36}　　C. 3.7×10^{14}　　D. 1.7×10^{18}

11. 已知在酸性介质中 $\varphi^{\theta}_{Cr_2O_7^{2-}/Cr^{3+}}=1.00V$；$\varphi^{\theta}_{Fe^{3+}/Fe^{2+}}=0.68V$；以 0.03333mol·$L^{-1}$ $K_2Cr_2O_7$ 标准溶液滴定 0.2000mol·L^{-1} Fe^{2+}溶液，化学计量点电势为(　　)。

A. 0.95V　　B. 0.92V　　C. 1.1V　　D. 0.96V

12. 用氧化还原法测定钡的含量，先将 Ba^{2+}沉淀为 $Ba(IO_3)_2$，过滤，洗涤后溶解于酸，加入过量 KI，析出的 I_2 用 $Na_2S_2O_3$ 标准溶液滴定，则 $BaCl_2$ 与 $Na_2S_2O_3$ 的物质的量之比为(　　)。

A. 1:2　　B. 1:12　　C. 1:3　　D. 1:6

13. 对于不可逆电对而言，实测电势与理论计算值存在一定差异的原因是(　　)。

A. 不可逆电对一般为含氧酸，实际电势较难测准；

B. 不可逆电对一般不对称，因此存在差异；

C. 不可逆电对反应速率较慢，无法达到平衡状态；

D. 不可逆电对的氧化态和还原态无法达成动态相互转化。

14. 已知 $\varphi^{\theta}_{Cu^{2+}/Cu^+}=0.153V$，$\varphi^{\theta}_{I_3^-/I^-}=0.536V$，$Cu^{2+}$能氧化 I^-离子的原因是(　　)。

A. 生成沉淀升高了 Cu^{2+}/Cu^+电势；　　B. I_3^-氧化能力强于 Cu^{2+}；

C. I_3^-浓度较低使氧化反应进行；　　D. 过量 I^-离子降低 I_3^-/I^-电势。

15. 已知 Fe^{3+}和 Fe^{2+}与 CN^-配位反应的 lg K_f^{θ}分别为 42 和 35，在铁盐溶液中加入氰化钠溶液，将使 Fe^{3+}/Fe^{2+}电对电势(　　)。

A. 升高；　　B. 电极电势变化取决于 CN^-浓度；

C. 降低；　　D. 电极电势变化取决于溶液酸度。

16. 在使用基准物质 $Na_2C_2O_4$ 标定 $KMnO_4$ 溶液浓度时，加热反应溶液的目的是(　　)。

A. 赶掉溶液中的溶解氧；　　B. 赶掉反应中生成的 CO_2；

C. 使 $Na_2C_2O_4$ 较容易分解；　　D. 加快 $Na_2C_2O_4$ 与 $KMnO_4$ 反应的速率。

17. $KMnO_4$ 与 Fe^{2+}的反应可以使 Cl^-还原 $KMnO_4$ 的反应加速，Fe^{2+}称之为(　　)。

A. 催化剂　　B. 诱导体　　C. 受诱体　　D. 加速剂

18. 在氧化还原滴定中，配制 Fe^{2+}标准溶液时，为防止 Fe^{2+}被氧化，应加入(　　)。

A. HCl　　B. H_3PO_4　　C. HF　　D. 金属铁

19. 标定 $Na_2S_2O_3$ 溶液浓度时，不直接用 $K_2Cr_2O_7$ 滴定 $Na_2S_2O_3$ 溶液的原因是(　　)。

A. 反应没有确定的计量关系；　　B. 没有合适的指示剂；

C. 反应速率过慢；　　D. $K_2Cr_2O_7$ 氧化能力不足。

20. 标定 0.2mol·L^{-1} $KMnO_4$ 溶液的浓度宜选择的基准物质是(　　)。

A. $Na_2S_2O_3$　　B. Na_2SO_3　　C. $FeSO_4\cdot7H_2O$　　D. $Na_2C_2O_4$

二、填空题

1. 向 20.00mL 0.1000mol · L^{-1}的 Ce^{4+} 溶液分别加入 15.00mL 及 25.00mL 0.1000mol · L^{-1}的 Fe^{2+} 溶液，平衡时体系的电势分别为 ______ 及 ______ 。（ $\varphi^{\theta}_{Ce^{4+}/Ce^{3+}}$ = 1.44V；$\varphi^{\theta}_{Fe^{3+}/Fe^{2+}}$ = 0.68V 。）

2. 若两电对的电子转移数均为 1，为使反应完全程度达到 99.9%，则两电对的条件电极电势差至少应大于 ______ V。若两电对的电子转移数均为 2，为使反应完全程度达到 99.9%，则两电对的条件电极电势差至少应大于 ______ V。

3. 称取 $K_2Cr_2O_7$ 基准物质时，有少量 $K_2Cr_2O_7$ 撒在天平盘上而未发现，则配得的标准溶液真实浓度将偏 ______ ；用此溶液测定试样中的 Fe 的含量时，将引起 ______ 误差（填正或负），用它标定 $Na_2S_2O_3$ 溶液，则所得浓度将会偏 ______ ；以此 $Na_2S_2O_3$ 溶液测定试样中的 Cu 含量时，将引起 ______ 误差（填正或负）。

4. 氧化还原法测定 KBr 纯度时，先将 Br^- 氧化为 BrO_3^-，除去过量氧化剂后，加入过量 KI，以 $Na_2S_2O_3$ 标准溶液滴定析出的 I_2，则 Br^- 与 $S_2O_3^-$ 的物质的量之比 $n(Br^-)$∶$n(S_2O_3^-)$ 为 ______。

5. 以 $KMnO_4$ 溶液滴定 Fe^{2+} 的理论滴定曲线与实验滴定曲线有较大的差别，这是因为 ______；化学计量点 φ_{sp} 不在滴定突跃的中点，是由于 ______。

6. 间接碘量法的主要误差来源 ______ 和 ______。

7. $KHC_2O_4 \cdot H_2C_2O_4 \cdot 2H_2O$ 用于标定 NaOH 溶液，其基本单元应选 ______；用于标定 $KMnO_4$ 溶液，其基本单元应选 ______ ；若将其灼烧后转化为碳酸盐，再用于标定酸，用甲基橙为指示剂，则其基本单元应选 ______。

8. 配制 $Na_2S_2O_3$ 溶液时，需采用新鲜煮沸冷却的蒸馏水。煮沸蒸馏水的目的是 ______。

9. 写出用 $K_2Cr_2O_7$ 标准溶液标定 $Na_2S_2O_3$ 的反应方程式：① ______________ ；② ______________。

10. 97.31mL 0.05480mol · L^{-1} I_2 溶液和 97.27mL 0.1098mol · L^{-1} $Na_2S_2O_3$ 溶液混合，加几滴淀粉溶液，混合溶液是 ______ 色，因为 ______________。

10. 依据如下反应测定 Ni：

$$[C_4H_6(NO)_2]_2Ni + 3H_2SO_4 + 4H_2O \rightarrow NiSO_4 + 2C_4H_6O_2 + 2(NH_2OH)_2 \cdot H_2SO_4$$

$$2C_4H_6O_2 + 2(NH_2OH)_2 \cdot H_2SO_4 + 4Fe^{3+} \rightarrow 4Fe^{2+} + N_2O + H_2SO_4 + 4H^+ + H_2O$$

用 $K_2Cr_2O_7$ 标准溶液滴定生成的 Fe^{2+}。则 n（Ni）：n（$K_2Cr_2O_7$）= ______________。

11. 已知 $\varphi^{\theta}_{Ag^+/Ag}$ = 0.80V，$K^{\theta}_{sp}(Ag_2S) = 2 \times 10^{-49}$，则 $\varphi^{\theta}_{Ag_2S/Ag}$ = ______________ V。

12. 写出氧化还原滴定中指示剂的类型，并各举出一个例子：① ______________；② ______________；③ ______________。

13. 下列现象各属什么反应：

①用 $KMnO_4$ 滴定 Fe^{2+} 时 Cl^- 的氧化还原反应速率被加速 ______________。②用 $KMnO_4$ 滴定 $C_2O_4^{2-}$ 时，红色的消失由慢到快 ______________。③Ag^+ 存在时，Mn^{2+}

被 $S_2O_8^{2-}$ 氧化为 MnO_4^- ________。

14. 间接碘量法测定 Cu^{2+} 时，加入 KI，它起 ________、________ 和 ________ 的作用。

15. 氧化还原滴定化学计量点附近的电势突跃的长短和氧化剂与还原剂两电对的 ________ 有关，它们相差愈 ________，电势突跃愈大。

16. 氧化还原反应中，反应的完全程度用平衡常数来衡量，其计算公式是 ________。

17. 碘量法测定 Cu^{2+}，除了加入过量 KI 外，还加入了 KSCN。若 KSCN 与 KI 同时加入，会使测定结果 ________。

三、问答和计算题

1. 是否平衡常数大的氧化还原反应就能应用于氧化还原中？为什么？

2. 影响氧化还原反应速率的主要因素有哪些？

3. 常用氧化还原滴定法有哪几类？这些方法的基本反应是什么？

4. 应用于氧化还原滴定法的反应具备什么条件？

5. 化学计量点在滴定曲线上的位置与氧化剂和还原剂的电子转移数有什么关系？

6. 试比较酸碱滴定、配位滴定和氧化还原滴定的滴定曲线，说明它们共性和特性。

7. 氧化还原滴定中的指示剂分为几类？各自如何指示滴定终点？

8. 氧化还原指示剂的变色原理和选择与酸碱指示剂有何异同？

9. 在进行氧化还原滴定之前，为什么要进行预氧化或预还原的处理？预处理时对所用的预氧化剂或还原剂有哪些要求？

10. 碘量法的主要误差来源有哪些？为什么碘量法不适宜在高酸度或高碱度介质中进行？

11. 在 Cl^-、Br^- 和 I^- 三种离子的混合物溶液中，欲将 I^- 氧化为 I_2，而又不使 Br^- 和 Cl^- 氧化在常用的氧化剂 $Fe_2(SO_4)_3$ 和 $KMnO_4$ 中应选择哪一种？

12. 在 0.10mol·L^{-1} HCl 介质中，用 0.2000mol·L^{-1} Fe^{3+} 滴定 0.10mol·L^{-1} Sn^{2+}，试计算在化学计量点时的电极电势及其突跃范围。在此条件中选用什么指示剂，滴定终点与化学计量点是否一致？已知在此条件下，$\varphi^{\theta'}_{Fe^{3+}/Fe^{2+}}=0.73V$，$\varphi^{\theta'}_{Sn^{4+}/Sn^{2+}}=0.07V$。

13. 用 30.00mL 某 $KMnO_4$ 标准溶液恰能氧化一定的 $KHC_2O_4 \cdot H_2O$，同样质量的又恰能与 25.20mL 浓度为 0.2012 mol·L^{-1}的 KOH 溶液反应。计算此 $KMnO_4$ 溶液的浓度。

14. 某 $KMnO_4$ 标准溶液的浓度为 0.02484 mol·L^{-1}，求滴定度：(1) $T_{KMnO_4/Fe}$；(2) T_{KMnO_4/Fe_2O_3}；(3) $T_{KMnO_4/FeSO_4 \cdot 7H_2O}$。

15. 准确称取铁矿石试样 0.5000g，用酸溶解后加入 $SnCl_2$，使 Fe^{3+} 还原为 Fe^{2+}，然后用 24.50mL $KMnO_4$ 标准溶液滴定。已知 1mL $KMnO_4$ 相当于 0.01260g $H_2C_2O_4 \cdot 2H_2O$。试问：(1) 矿样中 Fe 及 Fe_2O_3 的质量分数各为多少？(2) 取双氧水 3.00mL 稀释定容至 250.0mL，从中取出 20.00mL 试液，需用上述溶液 $KMnO_4$ 21.18mL 滴定至终点。计算每 100.0mL 双氧水所含 H_2O_2 的质量。

16. 准确称取含有 PbO 和 PbO_2 混合物的试样 1.234g，在其酸性溶液中加入 20.00mL

0.2500 mol · L^{-1} $H_2C_2O_4$ 溶液，使 PbO_2 还原为 Pb^{2+}。所得溶液用氨水中和，使溶液中所有的 Pb^{2+} 均沉淀为 PbC_2O_4。过滤，滤液酸化后用 0.04000 mol · L^{-1} $KMnO_4$ 标准溶液滴定，用去 10.00mL。然后将所得 PbC_2O_4 沉淀溶于酸后，用 0.04000 mol · L^{-1} $KMnO_4$ 标准溶液滴定，用去 30.00mL。计算试样中 PbO 和 PbO_2 的质量分数。

17. 仅含有惰性杂质的铅丹(Pb_3O_4)试样重 3.500 克，加一移液管 Fe^{2+} 标准溶液和足量的稀 H_2SO_4 于此试样中。溶解作用停止以后，过量的 Fe^{2+} 需 3.05mL 0.04000mol · L^{-1} $KMnO_4$溶液滴定。同样一移液管的上述 Fe^{2+} 标准溶液，在酸性介质中用 0.04000 mol · L^{-1} $KMnO_4$标准溶液滴定时，需用去 48.05mL。计算铅丹中 Pb_3O_4 的质量分数。

18. 准确称取软锰矿试样 0.5261g，在酸性介质中加入 0.7049g 纯 $Na_2C_2O_4$。待反应完全后，过量的 $Na_2C_2O_4$ 用 0.02160 mol · L^{-1} $KMnO_4$ 标准溶液滴定，用去 30.47mL。计算软锰矿中 MnO_2 的质量分数？

19. 用 $K_2Cr_2O_7$ 标准溶液测定 1.000g 试样中的铁。试问 1.000L $K_2Cr_2O_7$ 标准溶液中应含有多少克 $K_2Cr_2O_7$ 时，才能使滴定管读到的体积(单位 mL)恰好等于试样铁的质量分数(%)？

20. 0.4987g 铬铁矿试样经 Na_2O_2 熔融后，使其中的 Cr^{3+} 氧化为 $Cr_2O_7^{2-}$，然后加入 10mL 3 mol · L^{-1} H_2SO_4 及 50mL 0.1202 mol · L^{-1} 硫酸亚铁溶液处理。过量的 Fe^{2+} 需用 15.05mL $K_2Cr_2O_7$ 标准溶液滴定，而 1mL 标准溶液相当于 0.006023gFe。试求试样中的铬的质量分数。若以 Cr_2O_3 表示时又是多少？

21. 将 0.1963g 分析纯 $K_2Cr_2O_7$ 试剂溶于水，酸化后加入过量 KI，析出的 I_2 需用 33.61mL $Na_2S_2O_3$ 溶液滴定。计算 $Na_2S_2O_3$ 溶液的浓度？

22. 今有不纯的 KI 试样 0.3504g，在 H_2SO_4 溶液中加入纯 K_2CrO_4 0.1940g 与之反应，煮沸后逐出生成的 I_2。放冷后又加入过量 KI，使之与剩余的 K_2CrO_4 作用，析出的 I_2 用 0.1020 mol · $L^{-1}$$Na_2S_2O_3$ 标准溶液滴定，用去 10.23mL。问试样中 KI 的质量分数使多少？

第三节　习题参考答案与解析

一、选择题

1. C　2. B　3. C　4. A　5. A　6. B　7. D　8. C　9. A　10. B　11. D　12. B
13. D　14. A　15. C　16. D　17. B　18. A　19. A　20. D

二、填空题

1. 1.41V，0.72V
2. 0.36V，0.18V
3. 低，正，高，正
4. 1:6
5. MnO_4^-/Mn^{2+}电对为不可逆电对；两电对的电子转移数不相等
6. I^-的氧化及 I_2 的挥发

7. $\frac{1}{3}$ $KHC_2O_4 \cdot H_2C_2O_4 \cdot 2H_2O$；$\frac{1}{4}$ $KHC_2O_4 \cdot H_2C_2O_4 \cdot 2H_2O$；$KHC_2O_4 \cdot H_2C_2O_4 \cdot 2H_2O$

8. 赶去蒸馏水中的溶解 O_2 和 CO_2，杀死细菌

9. ①$Cr_2O_7^{2-} + 6I^- + 14H^+ = 2Cr_2^{\ +} + 3I_2 + 7H_2O$ ②$I_2 + S_2O_3^{2-} = 2I^- + S_4O_6^{2-}$

10. 3∶4

11. $-0.64V$

12. ①自身指示剂，$KMnO_4$ 法中的 $KMnO_4$；②特殊指示剂：碘量法中的淀粉；③氧化还原指示剂，如：二苯胺磺酸钠。

13. ①诱导反应；②自动催化反应；③催化反应

14. 还原剂，沉淀剂，配位剂

15. 条件电极电势(或标准电极电势)；大

16. $\lg K^{\theta'} = \frac{n(\varphi_1^{\theta'} - \varphi_2^{\theta'})}{0.0592}$（$n$ 为 n_1、n_2 的最小公倍数）

17. 偏低

三、问答和计算题

1. 答：一般讲，两电对的标准电极电势大于 0.4V($K^{\theta} > 10^6$)，这样的氧化还原反应，可以用于滴定分析。实际上，当外界条件(例如介质浓度变化、酸度等)改变时，电对的标准电极电势是要改变的，因此，只要能创造一个适当的外界条件，使两电对的电极电势超过 0.4V，那么这样的氧化还原反应也能应用于滴定分析。但是并不是平衡常数大的氧化还原反应都能应用于氧化还原滴定中。因为有的反应 K^{θ} 虽然很大，但反应速度太慢，亦不符合滴定分析的要求。

2. 答：影响氧化还原反应速度的主要因素有以下几个方面：①反应物的浓度；②温度；③催化反应；④诱导反应。

3. 答：①高锰酸钾法　$2MnO_4^- + 5H_2O_2 + 6H^+ = 2Mn^{2+} + 5O_2\uparrow + 8H_2O$

$MnO_2 + H_{2C2}O_4 + 2H^+ = Mn^{2+} + 2CO_2 + 2H_2O$

②重铬酸甲法　$Cr_2O_7^{2-} + 14H^+ + Fe^{2+} = 2Cr^{3+} + Fe^{3+} + 7H_2O$

$CH_3OH^+ Cr_2O_7^{2-} + 8H^+ = CO_2\uparrow + 2Cr^{3+} + 6H_2O$

③碘量法　$3I_2 + SO_2 + 2H_2O = 2I^- + SO_4^{2-} + 4H^+$,

$2S_2O_3^{2-} + I_2 = 2I^- + S_4O_6^{2-}$

$Cr_2O_7^{2-} + 6I^- + 14H^+ = 3I_2 + 3Cr^{3+} + 7H_2O$

4. 答：应用于氧化还原滴定法的反应，必须具备以下几个主要条件：

(1)反应平衡常数必须大于 10^6，即 $\Delta\varphi > 0.4V$。

(2)反应迅速，且没有副反应发生，反应要完全，且有一定的计量关系。

(3)参加反应的物质必须具有氧化性和还原性或能与还原剂或氧化剂生成沉淀的物质。

(4)应有适当的指示剂确定终点。

5. 答：氧化还原滴定曲线中突跃范围的长短和氧化剂与还原剂两电对的标准电极电势相差的大小有关。电势差 $\Delta\varphi$ 较大，突跃较长，一般讲，两个电对的条件电势或标准电极电势之差大于 0.20V 时，突跃范围才明显，才有可能进行滴定，$\Delta\varphi$ 值大于 0.40V 时，可选

用氧化还原指示剂（当然也可以用电势法）指示滴定终点。

在氧化剂和还原剂两个半电池反应中，转移的电子数相等，即 $n_1 = n_2$ 时，则化学计量点的位置恰好在滴定突跃的中（间）点。如果 $n_1 \neq n_2$，则化学计量点的位置偏向电子转移数较多（即 n 值较大）的电对一方；n_1 和 n_2 相差越大，化学计量点偏向越多。

6. 答：酸碱滴定、配位滴定和氧化还原滴定的滴定曲线共性是：

在滴定剂（滴定百分比）不足 0.1% 和过量 0.1% 时，三种滴定曲线均能形成突跃；

均是利用滴定曲线的突跃，提供选择指示剂的依据。其特性是：酸碱滴定曲线是以溶液的 pH 值为纵坐标，配位滴定的滴定曲线以 pM 为纵坐标，而氧化还原滴定曲线是以 φ 值为纵坐标，其横坐标均是加入的标准溶液（或滴定百分比）。

7. 答：氧化还原滴定中指示剂分为三类：

（1）氧化还原指示剂。是一类本身具有氧化还原性质的有机试剂，其氧化型与还原型指示剂具有不同的颜色。进行氧化还原滴定时，在化学计量点附近，指示剂或者由氧化型转变为还原型，或者由还原型转变为氧化型，从而引起溶液颜色突变，指示终点。

（2）自身指示剂。利用滴定剂或被滴定液本身的颜色变化来指示终点。

（3）特殊指示剂。其本身并无氧化还原性质，但它能与滴定体系中的氧化剂或还原剂结合而显示出与其本身不同的颜色。

8. 答：氧化还原滴定所用的指示剂分为两个类型：氧化还原指示剂和其他指示剂。后者的变色原理和选择与酸碱指示剂无有任何异同点。而前者——氧化还原指示剂的变色原理和选择与酸碱指示剂的异同点如下：

①酸碱指示剂的变色主要与溶液的酸度（pH 值）有关；而氧化还原指示剂的变色主要是决定于其氧化型和还原型（两型的颜色不同）的颜色。

②酸碱指示剂变色和氧化还原指示剂变色均有变色点；两者均有变色范围。

③酸碱指示剂和氧化还原指示剂的选择均与滴定曲线的突跃范围有关。酸碱指示剂是 pH 范围，而氧化还原指示剂则是电极电势范围。其颜色强度的变化均是从 10 变到 0.1 的关系。

④酸碱指示剂的变色，除与溶液的 pH 有关外，而指示剂本身也有结构变化；氧化还原指示剂则只与电极电势有关。

9. 答：在进行氧化还原滴定之前，为了能成功的完成氧化还原滴定，时常需要将被测定的组分处理成能与滴定剂迅速、完全并按照一定计量关系起反应的状态，或者处理成高价后用还原剂进行滴定，或者处理成低价后用氧化剂滴定。滴定前使被测组分转变为一定价态的步骤称为滴定前的预处理。预处理时对所用的氧化剂或还原剂有以下几点要求：①反应进行完全而且速度要快；②反应应该具有一定的选择性；③过量的氧化剂或还原剂应易于除去；

10. 答；碘量法的主要误差来源有以下几个方面：

①标准溶液的遇酸分解；②碘标准溶液的挥发和被滴定碘的挥发；③空气对 KI 的氧化作用；④滴定条件的不适当。

由于碘量法使用的标准溶液和它们间的反应必须在中性或弱酸性溶液中进行。因为在碱性溶液中，将会发生副反应：$S_2O_3^{2-} + 4I_2 + 10OH^- = 2SO_4^{2-} + 8I^- + 5H_2O$

而且在碱性溶液中还会发生歧化反应：$3I_2 + 6OH^- = IO_3^- + 5I^- + 3H_2O$

如果在强碱性溶液中，溶液会发生分解：$S_2O_3^{2-}+2H^+=SO_2\uparrow+S\downarrow+H_2O$

同时，在酸性溶液中也容易被空气中的氧所氧化：$4I^-+4H^++O_2=2I_2+2H_2O$

基于以上原因，所以碘量法不适宜在高酸度或高碱度介质进行。

11. 答：选用 $Fe_2(SO_4)_3$ 氧化剂即能满足上述要求，因为：

$\varphi^\theta_{MnO_4^-/Mn^{2+}}=1.51V$ $\varphi^\theta_{Fe^{3+}/Fe^{2+}}=0.771V$ $\varphi^\theta_{Cl_2/Cl^-}=1.395V$

$\varphi^\theta_{Br_2/Br^-}=1.087V$ $\varphi^\theta_{I_2/I^-}=0.621V$

由标准电极电势可知：$\varphi^\theta_{Fe^{3+}/Fe^{2+}}$的电势低于 $\varphi^\theta_{Cl_2/Cl^-}$而 $\varphi^\theta_{Br_2/Br^-}$高于 $\varphi^\theta_{I_2/I^-}$故只能将 I^-氧化为 I_2，而不能将 Cl^-和 Br^-氧化。如果选用 $KMnO_4$ 时则能将其氧化。

12. 解：用 Fe^{3+}标准溶液滴定 Sn^{2+}的反应如下；

$2Fe^{3+}+Sn^{2+}=2Fe^{2+}+Sn^{4+}$

查表可知，在 $1mol\cdot L^{-1}$ HCl 介质中 $\varphi^{\theta'}_{Sn^{4+}/Sn^{2+}}=0.14V$ $\varphi^{\theta'}_{Fe^{3+}/Fe^{2+}}=0.70V$

化学计量点前：Sn^{2+}剩余 0.1% 时：

$$\varphi=\varphi^{\theta'}_{Sn^{4+}/Sn^{2+}}+\frac{0.059}{2}\lg\frac{c(Sn^{4+})}{c(Sn^{2+})}=0.14+\frac{0.059}{2}\times\lg\frac{99.9}{0.1}=0.23V$$

化学计量点后：Fe^{3+}过量 0.1% 时，

$$\varphi=\varphi^{\theta'}_{Fe^{3+}/Fe^{2+}}+0.059\lg\frac{c(Fe^{3+})}{c(Fe^{2+})}=0.70+0.059\times\lg\frac{0.1}{100.1}=0.52V$$

故其电极电势的突跃范围为 0.23 ~ 0.52V

化学计量点时的电极电势 $\varphi_{sp}=\dfrac{n_1\varphi_1^{\theta'}+n_2\varphi_2^{\theta'}}{n_1+n_2}=\dfrac{0.\ 70+2\times0.\ 14}{3}=0.\ 33V$

此滴定中应选用次甲基蓝作指示剂，$\varphi^{\theta'}_{In}=0.36V$，由于 $\varphi_{sp}\neq\varphi^{\theta'}_{In}$故滴定终点和化学计量点不一致。

13. 解：

$n(KHC_2O_4\cdot H_2O)=0.2012\times25.20\times10^{-3}$

$5\times c(KMnO_4)\cdot V(KMnO_4)=2\times n(KHC_2O_4\cdot H_2O)$

$$\therefore\ c(KMnO_4)=\frac{0.2012\times25.20\times10^{-3}\times2}{30.00\times10^{-3}\times5}=0.06760(mol\cdot L^{-1})$$

14. 解：

$MnO_4^-+5Fe^{2+}+8H^+=Mn^{2+}+5Fe^{3+}+4H_2O$

(1) $T_{KMnO_4/Fe}=\dfrac{b}{a}\times c\times M\times10^{-3}=5\times0.02484\times55.85\times10^{-3}=0.006937(g\cdot mol^{-1})$

(2) $T_{KMnO_4/Fe_2O_3}=2.5\times0.02484\times159.69\times10^{-3}=0.009917(g\cdot mol^{-1})$

(2) $T_{KMnO_4/Fe_2SO_4\cdot7H_2O}=2.5\times0.02484\times278.03\times10^{-3}=0.03453(g\cdot mol^{-1})$

15. 解： $Fe_2O_3\sim2Fe^{3+}\sim2Fe^{2+}$

$MnO_4^-+5Fe^{2+}+8H^+=Mn^{2-}+5Fe^{3+}+4H_2O$

$2MnO_4^-+5C_2O_4^{2-}+6H^+=2Mn^{2-}+10CO_2\uparrow+8H_2O$

$2MnO_4^-+5H_2O^2+6H^+=2Mn^{2-}+5O_2\uparrow+8H_2O$

$5Fe_2O_3\sim10\ Fe^{2+}\sim2MnO_4^-$

(1)求 $KMnO_4$ 的浓度 c $1\times5\times\frac{1}{1000}\times c=\frac{0.01260}{126.07}\times2$　　$c=0.04000mol\cdot L^{-1}$

$w(Fe_2O_3)=\left[\left(2.5\times24.50\times0.04000\times\frac{1}{1000}\times159.69\right)/0.5000\right]\times100\%=78.25\%$

$w(Fe)=\left[\left(5\times24.50\times0.04\times\frac{1}{1000}\times55.85\right)/0.5000\right]\times100\%=53.73\%$

(2) 先求浓度 $c(H_2O_2)$

$2c(H_2O_2)\times V(H_2O_2)=5c(KMnO_4)\times V(KMnO_4)$

$2c(H_2O_2)\times20.00=5\times0.04000\times21.18$

$c(H_2O_2)=0.1059mol\cdot L^{-1}$

100.0 mL 双氧水所含 H_2O_2 的质量

$=\frac{0.10595\times250\times10^{-3}\times34.02}{3}\times100=30.00g/100mL$

16. 解：$n_{总}=0.2500\times20\times10^{-3}=5\times10^{-3}mol$　　$n_{过}=0.04\times10\times10^{-3}\times\frac{5}{2}=1\times10^{-3}mol$

$n_{沉}=0.04\times30\times10^{-3}\times\frac{5}{2}=3\times10^{-3}mol$

$n_{还}=n_{总}-n_{过}-n_{沉}=5\times10^{-3}-1\times10^{-3}-3\times10^{-3}=1\times10^{-3}mol$

$n(PbO_2)=n_{还}=1\times10^{-3}mol$　　　$w(PbO_2)=\frac{10^{-3}\times239.2}{1.234}\times100\%=19.38\%$

$n(PbO)=n_{沉}-n_{还}=2\times10^{-3}mol$　　　$w(PbO)=\frac{2\times10^{-3}\times223.2}{1.234}\times100\%=36.18\%$

17. 解：

$Pb_3O_4+2Fe^{2+}+8H^+=3Pb^{2+}+2Fe^{3+}+4H_2O$

$MnO_4^-+5Fe^{2+}+8H^+=Mn^{2+}+5Fe^{3+}+4H_2O$

$\Rightarrow5Pb_3O_4\sim10Fe^{2+}\sim2MnO_4^-$

$$w(Pb_3O_4)=\frac{\frac{5}{2}\times(V_1-V_2)\times c\times10^{-3}\times M}{m_s}\times100\%$$

$$=\frac{\frac{5}{2}\times(48.05-3.05)\times0.04000\times10^{-3}\times685.6}{3.500}\times100\%=88.15\%$$

18. 解：$n_{过}=\frac{5}{2}\times0.02160\times30.47\times10^{-3}$　　$n_{总}=\frac{0.7049}{134}$

$(n_{总}-n_{过})\times2=2n\Rightarrow n=3.615\times10^{-3}$

$w(MnO_2)=\frac{3.615\times10^{-3}\times86.94}{0.5261}\times100\%=59.74\%$

19. 解：$Cr_2O_7^{2-}+6Fe^{2+}+14H^+=2Cr^{3+}+6Fe^{3+}+14H_2O$

$\frac{m}{294.18}=c$　　$cV\times\frac{1}{1000}\times6=n(Fe)$

$$w(Fe)=\frac{cV\times\frac{1}{1000}\times6\times55.85}{1}\times100\%\qquad w(Fe)=V$$

$c=\frac{10}{6\times 55.85}(\text{mol}\cdot\text{L}^{-1})=0.02984(\text{mol}\cdot\text{L}^{-1})$　　$m=0.02984\times 294.18=8.778\text{g}$

20. 解：$n_{过}=\frac{15.05\times 0.006023}{55.85}=1.623\times 10^{-3}\text{mol}$

$n_{总}=50\times 10^{-3}\times 0.1202=6.01\times 10^{-3}\text{mol}$　　$n_{沉}=4.387\text{mol}$

$n=\frac{4.387}{6}=0.7312\text{mol}$　　$w(\text{Cr})=\frac{0.7312\times 2\times 51.99}{0.4897}\times 100\%=15.53\%$

$w(\text{Cr}_2\text{O}_3)=\frac{0.7312\times 151.99}{0.4897}\times 100\%=22.69\%$

21. 解：$Cr_2O_7^{2-}+6I^-+14H^+=2Cr^{3+}+3I_2+7H_2O$

$2S_2O_3^{2-}+I_2=2I^-+S_4O_6^{2-}$　　$Cr_2O_7^{2-}\sim 3I_2\sim 6S_2O_3^{2-}$

$\frac{0.1963}{294.18}\times 6=33.61\times c\times 10^{-3}$　　$c=0.1191(\text{mol}\cdot\text{L}^{-1})$

22. 解：$2CrO_4{}^{2-}+2H^+=Cr_2O_7{}^{2-}+H_2O$　　$Cr_2O_7{}^{2-}+6I^-+14H^+=2Cr^{3+}+3I_2+7H_2O$

$2S_2O_3{}^{2-}+I_2=2I^-+S_4O_6{}^{2-}$

$2CrO_4{}^{2-}\sim Cr_2O_7{}^{2-}\sim 6I^-\sim 3I_2\sim 6\ S_2O_3{}^{2-}$

$CrO_4{}^{2-}\sim 3I^-$　　$CrO_4{}^{2-}\sim 3\ S_2O_3{}^{2-}$

剩余 K_2CrO_4 的物质的量 $n(K_2CrO_4)=0.1020\times 10.23\times\frac{1}{3}\times 10^{-3}=3.478\times 10^{-4}$

K_2CrO_4 的总物质的量 $n=\frac{0.194}{194.19}=10^{-3}\text{mol}$

与试样作用的 K_2CrO_4 的物质的量 $n=6.522\times 10^{-4}$

$w(\text{KI})=\frac{0.6522\times 10^{-3}\times 3\times 166.00}{0.3504}\times 100\%=92.70\%$

第十三章　沉淀滴定法

第一节　重要概念和知识要点

- 概述
  - 依据：以沉淀反应为基础的滴定分析方法
  - 特点：具有局限性，可用于滴定分析的反应很少
- 沉淀滴定原理
  - 滴定曲线 $Ag^+ \rightarrow x$
    - 化学计量点前：计算溶液中剩余的[X]的量，然后由$[X][Ag^+]=K_{sp}^{\theta}$计算 pAg

      $$[X]=\frac{n(X_{剩余})}{V_{总}}=\frac{n(X_{理论})\times 剩余分数}{V_{X(始)}+V_{Ag(加)}}=\frac{c(X_{始})\times 剩余分数}{1+反应分数}$$

    - 化学计量点前0.1%，完成99.9%：

      $$[X]=\frac{c(X_{始})\times 0.1\%}{1+99.9\%}\approx\frac{c(X_{始})\times 0.1\%}{2}\qquad [Ag^+]=\frac{K_{sp}^{\theta}}{[X^-]}=\frac{2\times K_{sp}^{\theta}\times 1000}{c(X_{始})}$$

    - 化学计量点：$[X][Ag^+]=K_{sp}^{\theta}$　有$[Ag^+]=\sqrt{K_{sp}^{\theta}}\Rightarrow pAg=\frac{pK_{sp}^{\theta}}{2}$
    - 化学计量点后：按过量的Ag^+计算 pAg

      $$[Ag^+]=\frac{n(Ag过量)}{V_{总}}=\frac{n(Ag理论)\times 过量分数}{V_{X(始)}+V_{Ag(加)}}=\frac{c(X始)\times 过量分数}{1+反应分数}$$

    - 化学计量点后0.1%，完成100.1%

      $$[Ag^+]=\frac{c(Ag过量)\times 0.1\%}{1+100.1\%}\approx\frac{c(Ag始)\times 0.1\%}{2}$$

  - 影响滴定突跃范围的因素
    - 由前、后0.1%表达式，得影响因素。
    - 化学计量点前0.1%，$[Ag^+]=\frac{K_{sp}^{\theta}}{[X]}=\frac{2\times K_{sp}^{\theta}\times 100}{c(X始)}$；
    - 化学计量点前0.1%，$[Ag^+]=\frac{c(X始)\times 0.1\%}{2}$
    - K_{sp}^{θ}固定，$c(Ag)$越大，后0.1%的 p Ag越低，又通常$c(Ag)=c(X)$。前0.1% $c(X)$越大，$[Ag^+]$越小，pAg越大；
    - c固定，K_{sp}^{θ}越小，$[Ag^+]$越小，后0.1%　pAg越大
    - c大，K_{sp}^{θ}小，突跃范围变宽；反之，变窄。
- 沉淀滴定终点的确定方法
  - 莫尔法：铬酸钾作指示剂
  - 原理：AgCl的溶解度比Ag_2CrO_4小，先沉淀。Cl^-沉淀完毕后过量的Ag^+与CrO_4^-形成砖红色沉淀。
  - 指示剂消耗Ag^+造成误差，用通过空白实验校正
  - 强碱性溶液中Ag^+与OH^-反应生成Ag_2O黑色沉淀，溶液应选中性或弱碱性
  - 限制：AgCl吸附Cl^-，故需剧烈摇动；溶液中不能有干扰离子及NH_3
  - 佛尔哈德法：用铁铵矾为指示剂
    - 直接法：用NH_4SCN标准溶液为滴定剂，当Ag^+完全生成AgSCN后，过量SCN^-与Fe^{3+}生成红色$Fe(SCN)_3$红色配合物
    - 返滴定：先加过量$AgNO_3$标液，再用SCN^-滴定剩余$AgNO_3$。容易产生误差(加热使AgCl凝聚减少吸附；加入氯仿等使AgCl进入有机层，不与水相接触)
  - 法扬司：吸附指示剂(荧光黄、二氯荧光黄、曙红－四溴荧光黄)
  - 电位滴定法：以银电极为指示电极，指示$[Ag^+]$的变化。计量点附近浓度有突变。

第二节　习题

一、选择题

1. pH = 4 时用莫尔法滴定 Cl^- 含量，将使结果(　　)。

A. 偏高　　B. 偏低　　C. 忽高忽低　　D. 无影响

2. 某吸附指示剂 $pK_a^\theta = 5.0$，以银量法测卤素离子时，pH 应控制在(　　)。

A. pH < 5.0　　B. pH > 5.0　　C. 5.0 < pH < 10.0　　D. pH > 10.0

3. 用佛尔哈德法测定 Cl^- 时，未加硝基苯保护沉淀，分析结果会(　　)。

A. 偏高　　B. 偏低　　C. 无影响　　D. 忽高忽低

4. 指出下列条件适于佛尔哈德法的是(　　)。

A. pH = 6.5　　B. 以 $K_2Cr_2O_7$ 为指示剂

C. 滴定酸度为 0.1 ~ 1mol·L^{-1}　　D. 以荧光黄为指示剂

5. 在佛尔哈德法中，指示剂能够指示滴定终点是因为(　　)。

A. 生成 Ag_2CrO_4 沉淀　　B. 指示剂吸附在沉淀上

C. Fe^{3+} 被还原　　D. 生成有色配合物

6. 沉淀滴定中的莫尔法不适于测定 I^-，是因为(　　)。

A. 生成的沉淀强烈吸附被测物　　B. 没有适当的指示剂指示终点

C. 生成的沉淀溶解度太小　　D. 滴定酸度无法控制

7. 用沉淀滴定法测定银，下列方式中适宜的是(　　)。

A. 莫尔法直接滴定　　B. 法扬司法间接滴定

C. 佛尔哈德法直接滴定　　D. 佛尔哈德法间接滴定

8. 在沉淀滴定的莫尔法中，溶液的 pH 值需要控制在一定范围内，是基于下列何种理由(　　)。

A. AgCl 在酸性溶液中易溶解且在碱性溶液易形成配合物

B. Ag^+ 离子容易水解且 AgCl 在酸性溶液中易溶解

C. Ag_2CrO_4 容易水解且 Ag_2CrO_4 在酸中易溶解

D. Ag^+ 离子容易水解且 Ag_2CrO_4 在酸中易溶解

9. 用沉淀滴定中佛尔哈德法测定 Ag^+，使用的滴定剂是(　　)。

A. NaCl　　B. NaBr　　C. NH_4SCN　　D. Na_2S

10. 佛尔哈德法测定碘化物中的碘，指示剂 $NH_4Fe(SO_4)_2$ 必须在过量沉淀剂 $AgNO_3$ 与碘反应完全后再加入，其原因是(　　)。

A. 防止 AgI 沉淀转化　　B. 阻止 AgI 对待测离子的吸附

C. 防止指示剂与待测离子反应　　D. 防止指示剂与沉淀剂反应

11. 下面哪种情况下不希望沉淀有较大的表面积(　　)。

A. 法扬司法测定 Br^-　　B. $Fe(OH)_3$ 共沉淀富集溶液中的 As

C. 重量分析法测定土壤中的 SiO_2　　D. 动物胶共沉淀富集溶液中的痕量 Nb

12. 在莫尔法中用标准溶液 Cl^- 测定 Ag^+ 时不适合用直接滴定法，是由于(　)。

A. AgCl 的溶解度太大　　B. AgCl 强烈吸附 Ag^+ 离子

C. Ag_2CrO_4 转化为 AgCl 的速度太慢　　D. Ag^+ 离子容易水解

13. 在铵盐存在下，用莫尔法测定氯离子时溶液 pH 值不能太高，主要是由于(　)。

A. 防止生成 Ag_2CrO_4 沉淀　　B. 防止生成 Ag_2O

C. 防止干扰终点颜色变化　　D. 防止生成 $Ag(NH_3)_2{}^+$ 配合物

二、填空题

1. 沉淀滴定法中，莫尔法的指示剂 ________。

2. 沉淀滴定法中，佛尔哈德法的指示剂是 ________。

3. 沉淀滴定法中，法扬司法指示剂的名称是 ________。

4. 沉淀滴定法中，莫尔法滴定时，其酸度 pH 是 ________。

5. 沉淀滴定法中，佛尔哈德法的滴定剂是 ________。

6. 沉淀滴定法中，佛尔哈德法测定 Cl^- 时，为保护 AgCl 沉淀不被溶解，须加入的试剂是 ________。

7. 沉淀滴定法中铵盐存在时用莫尔法滴定，其酸度 pH 是 ________。

8. 沉淀滴定法中，莫尔法测定 Cl^- 的终点颜色变化 ________。

9. 沉淀滴定法中，已知荧光黄指示剂的 $pK_a^\theta=7.0$，则法扬司法滴定时，其酸度 pH 为 ________。

10. 佛尔哈德法既可直接用于测定 ______ 离子，又可间接用于测定各种 ______ 离子。

11. 佛尔哈德法的滴定终点，理论上应在化学计量点 ______ 到达，但因为 AgSCN 沉淀吸附 Ag^+，在实际操作中常常在化学计量点 ______ 到达。

12. $K_{sp}^\theta(AgCl)=1.8\times10^{-10}$，$K_{sp}^\theta(Ag_2CrO_4)=2.0\times10^{-12}$，它们在纯水中溶解度的关系是 $S(AgCl)$ ______ $S(Ag_2CrO_4)$。(填大于、小于或等于)

13. 已知某温度下测得 Ag_3AsO_4 在水中的溶解度是 $7.6\times10^{-6}mol\cdot L^{-1}$，其溶度积常数为 ______。

14. 在法扬司法测定 I^- 时，所需要的卤化银沉淀量可以比测定 Cl^- 时的沉淀量少，其原因是______。

15. 在法扬司法测定 Cl^- 时，需要在溶液中加入适量糊精，其目的是 ______、______ 和 ______。

三、问答和计算题

1. 什么叫沉淀滴定法？沉淀滴定法所用的沉淀反应必须具备哪些条件？

2. 写出莫尔法、佛尔哈德法和法扬斯法测定 Cl^- 的主要反应，并指出各种方法选用的指示剂和酸度条件。

3. 用银量法测定下列试样：(1) $BaCl_2$，(2) KCl，(3) NH_4Cl，(4) KSCN，(5) $NaCO_3$ + NaCl，(6) NaBr，各应选用何种方法确定终点？为什么？

4. 在下列情况下，测定结果是偏高、偏低，还是无影响？并说明其原因。

(1) 在 pH = 4 的条件下，用莫尔法测定 Cl^-；

(2)用佛尔哈德法测定 Cl^- 既没有将 AgCl 沉淀滤去或加热促其凝聚，又没有加有机溶剂；

(3)同(2)的条件下测定 Br^-；

(4)用法扬斯法测定 Cl^-，曙红作指示剂；

(5)用法扬斯法测定 I^-，曙红作指示剂。

5. 称取 NaCl 基准试剂 0.1173 是 g，溶解后加入 30.00 mL $AgNO_3$ 标准溶液，过量的 Ag^+ 需要 3.20 mL NH_4SCN 标准溶液滴定至终点。已知 20.00 mL $AgNO_3$ 标准溶液与 21.00 mL NH_4SCN 标准溶液能完全作用，计算 $AgNO_3$ 和 NH_4SCN 溶液的浓度各为多少？

6. 量取 NaCl 试液 20.00 mL，加入 K_2CrO_4 指示剂，用 0.1023 mol·L^{-1} $AgNO_3$ 标准溶液滴定，用去 27.00 mL，求每升溶液中含 NaCl 若干克？

7. 称取银合金试样 0.3000 g，溶解后加入铁铵矾指示剂，用 0.1000 mol·L^{-1} NH_4SCN 标准溶液滴定，用去 23.80mL，计算银的质量分数。

8. 称取可溶性氯化物试样 0.2266 g 用水溶解后，加入 0.1121 mol·L^{-1} $AgNO_3$ 标准溶液 30.00 mL。过量的 Ag^+ 用 0.1185 mol·L^{-1} NH_4SCN 标准溶液滴定，用去 6.50mL，计算试样中氯的质量分数。

9. 用移液管从食盐槽中吸取试液 25.00 mL，采用莫尔法进行测定，滴定用去 0.1013 mol·L^{-1} $AgNO_3$ 标准溶液 25.36 mL。往液槽中加入食盐(含 NaCl 96.61%)4.5000 kg，溶解后混合均匀，再吸取 25.00 mL 试液，滴定用去 $AgNO_3$ 标准溶液 28.42 mL。如吸取试液对液槽中溶液体积的影响可以忽略不计，计算液槽中食盐溶液的体积为若干升？

10. 称取纯 KIO_x 试样 0.5000 g，将碘还原成碘化物后，用 0.1000 mol·L^{-1} $AgNO_3$ 标准溶液滴定，用去 23.36 mL。计算分子式中的 x。

第三节 习题参考答案与解析

一、选择题

1. A 2. C 3. B 4. C 5. D 6. A 7. C 8. D 9. C 10. C 11. C 12. C 13. D

二、填空题

1. K_2CrO_4
2. 铁铵矾
3. 吸附指示剂
4. 6.5 ~ 10
5. NH_4SCN
6. 硝基苯
7. 6.5 ~ 7.2
8. 由白色到砖红色
9. 7 ~ 10

10. Ag^+，卤素
11. 之后，之前
12. 小于
13. 9.0×10^{-20}
14. 测定 I^- 灵敏度较高，因为 AgI 比 AgCl 吸附能力强
15. 防止胶体凝聚；保持胶体具备较大的表面积和吸附能力；使终点变色敏锐

三、问答和计算题

1. 答：沉淀滴定法是以沉淀反应为基础的一种滴定分析方法。

沉淀滴定法所应用的沉淀反应，必须具备下列条件：

(1) 反应的完全程度高，达到平衡的速率快，不易形成过饱和溶液，即反应能定量进行。

(2) 沉淀的组成恒定，沉淀的溶解度必须很小，在沉淀的过程中不易发生共沉淀现象。

(3) 有确定终点的简便方法。

2. 答：(1) 莫尔法 主要反应：$Cl^- + Ag^+ = AgCl\downarrow$

指示剂：铬酸钾；酸度条件：pH = 6.0 ~ 10.5

(2) 佛尔哈德法 主要反应：$Cl^- + Ag^+_{(过量)} = AgCl\downarrow$　　$Ag^+_{(剩余)} + SCN^- = AgSCN\downarrow$

指示剂：铁铵矾。　　酸度条件：0.1 ~ 1 mol/L

(3) 法扬斯法　　主要反应：$Cl^- + Ag^+ = AgCl\downarrow$

指示剂：荧光黄　　酸度条件：pH = 7 ~ 10.5

3. 答：(1) $BaCl_2$ 用佛尔哈德法或法扬斯法。因为莫尔法能生成 $BaCrO_4$ 沉淀。

(2) Cl^- 用莫尔法。此法最简便。

(3) NH_4Cl 用佛尔哈德法或法扬斯法。因为当 $[NH_4^+]$ 大了，不能用莫尔法测定，即使 $[NH_4^+]$ 不大，酸度也难以控制。

(4) SCN^- 用佛尔哈德法最简便。

(5) $NaCO_3 + NaCl$ 用佛尔哈德法。如用莫尔法、法扬斯法时生成 Ag_2CO_3 沉淀造成误差。

(6) NaBr 用佛尔哈德法最好。用莫尔法在终点时必须剧烈摇动，以减少 AgBr 吸附 Br^- 而使终点过早出现。用法扬斯法必须采用曙红作指示剂。

4. 答：(1) 偏高。因部分 CrO_4^{2-} 转变成 $Cr_2O_7^{2-}$，指示剂剂浓度降低，则终点推迟出现。

(2) 偏低。因有部分 AgCl 转化成 AgSCN 沉淀，返滴定时，多消耗硫氰酸盐标准溶液。

(3) 无影响。因 AgBr 的溶解度小于 AgSCN，则不会发生沉淀的转化作用。

(4) 偏低。因 AgCl 强烈吸附曙红指示剂，使终点过早出现。

(5) 无影响。因 AgI 吸附 I^- 的能力较曙红阴离子强，只有当 $[I^-]$ 降低到终点时才吸附曙红阴离子而改变颜色。

5. 解：设 $AgNO_3$ 和 NH_4SCN 溶液的浓度分别为 $c(AgNO_3)$ 和 $c(NH_4SCN)$

由题意可知：$\dfrac{c(AgNO_3)}{c(NH_4SCN)} = \dfrac{21}{20}$

则过量的Ag^+溶液体积为：$(3.20\times20)/21=3.048\ mL$

则与 NaCl 反应的 $AgNO_3$ 的体积为 $30-3.0476=26.95\ mL$

因为 $n(Cl^-)=n(Ag^+)=\dfrac{0.1173}{58.44}=0.002000\ mol$

故 $c(AgNO_3)=\dfrac{n(Cl^-)}{V(AgNO_3)}=\dfrac{0.002000}{26.95\times10^{-3}}=0.07421(mol\cdot L^{-1})$

$c(NH_4SCN)=\dfrac{20}{21}\times c(AgNO_3)=0.07067\ mol\cdot L^{-1}$

6. 解：题意可知 $Cl^-+Ag^+=AgCl$

$c(NaCl)=\dfrac{c(AgNO_3)\cdot V(AgNO_3)}{V(NaCl)}=\dfrac{0.1023\times27.00\times10^{-3}}{20.00\times10^{-3}}=0.1363(mol\cdot L^{-1})$

$M(NaCl)=c(NaCl)\times M(NaCl)=0.1363\times58.5=7.974\ g\cdot L^{-1}$

7. 解：由题意可知 $n(Ag)=n(NH_4SCN)=0.1000\times0.0238=0.00238\ mol$

$w(AgNO_3)=[n(Ag)\times M(Ag)]\times100\%/ms$

$=(0.00238\times107.8682)\times100\%/0.3000=85.58\%$

8. 解：据题意：与可溶性氯化物试样作用的 $AgNO_3$ 的物质的量为：

$n(Cl^-)=n(AgNO_3)-n(NH_4SCN)$

$=0.1121\times30.00\times10^{-3}-0.1185\times6.50\times10^{-3}=0.002593mol$

$w(Cl^-)=\dfrac{n(Cl^-)\cdot M(Cl^-)}{m_s}\times100\%=\dfrac{0.002593\times35.45}{0.2266}\times100\%=40.56\%$

9. 解：分析题意，加入食盐后用去溶液的体积与原用去溶液的体积之差，即为滴定加入 4.50 g 食盐溶液的体积。

设液槽中食盐溶液的体积 V，据题意：

$\dfrac{96.61\%\times4.500\times1000}{58.44}=\dfrac{0.1013\times(28.42-25.36)}{25}V$

解之得 $V=6000\ L$

10. 解：依题意：$n(KIO_x)=n(I^-)=n(AgNO_3)=0.1000\times0.02336=0.002336\ mol$

即：$\dfrac{0.5}{39+127+16x}=0.002336$

解之得 $x=3$

第十四章　紫外－可见分光光度法

第一节　重要概念和知识要点

- 概述
  - 定义：基于物质对光的选择性吸收而建立的分析方法
    - 定性
    - 定量
      - 目视比色法
      - 光电比色法
      - 分光光度法
  - 特点
    - 灵敏度高：$10^{-4} \sim 10^{-5}\%$；$10^{-5} \sim 10^{-6}$ mol · L 微量
    - 准确度满足微量分析要求：$-2\% \sim 5\%$，的精密仪器 $1\% \sim 2\%$
    - 仪器相对简单：构造简单，价格便宜，对环境条件要求低
    - 应用广泛
      - 无机、有机分析
      - 定性、定量分析
      - 微量、痕量分析
      - 单一组分、混合组分分析
      - 其它
        - 配合物组成
        - 有机酸碱及配合物的离解常数或是成常数

- 光谱介绍
  - 分类

电磁波		λ	跃迁类型
γ		$<10^{-2}$ nm	原子核内中子
X		$10^{-2} \sim 10$mm	原子内层电子
紫外	远	$10 \sim 200$nm	
	近	$200 \sim 400$nm	分子中原子的外层电子
红外	近	780nm ~ 2.5μm	分子中涉及氢原子的振动
	中	2.5 ~ 50μm	分子中原子振动及分子转动
	远	50 ~ 300μm	分子转动
微波		0.3mm ~ 1m	分子转动
无线电波		1m ~ 1000m	核磁共振

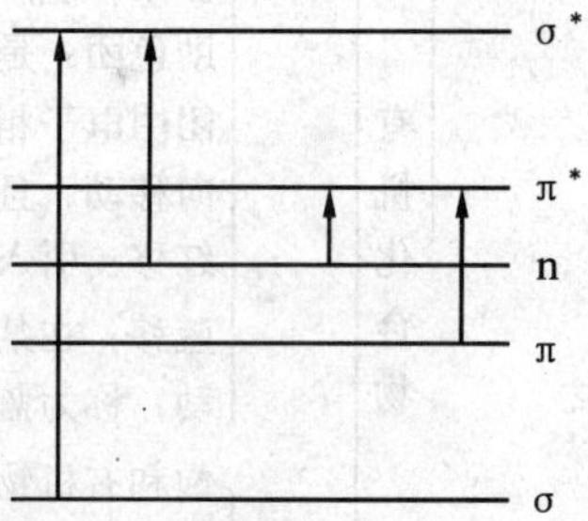

  - 光谱
    - 基本概念
      - 单色光：由同一波长的光组成
      - 复合光：不同波长的光组成
      - 互补光：两种颜色的光按一定比例混合，可以得到白光，则该两种颜色的光为互补光
      - 吸收曲线：以光的波长为横坐标，以吸光度 A 为纵坐标，绘制得到的谱图
      - 最大吸收波长：在吸收曲线上，最大吸光度值对应的波长称为最大吸收波长，在该波长处进行吸光度测定时的灵敏度最高，故常选为测量波长。
    - 互补光示意图：圆中直线相连的光为互补光
    - 颜色：物质选择性吸收一定波长的光后，自身呈现出与所吸收颜色的光互补的颜色，即物质对其互补光吸收最强；例如：测硫酸铜，用黄色滤光片让与蓝色互补的黄光透过，由于吸收最好，因此，测定的灵敏度最高。
    - 操作：测定时利用互补光入射，灵敏度最高，即透过率或吸光度改变最大

互补色光示意图

- 定性
  - 依据：物质结构不同，对不同波长的光产生选择性吸收，具有特征波谱
  - 实现方案：测定不同 λ 下物质对光的吸光度 A，绘制吸收曲线
  - 有机化合物
    - 基本概述
      - 吸收谱带分类
        - R 带：杂原子的不饱和基团 $n\rightarrow\pi^*$ 跃迁形成，是生色团的特征。λ_{max} ~300nm，$\varepsilon_{max}=10\sim100\ L\cdot mol^{-1}\cdot cm^{-1}$。
        - K 带：共轭体系 $\pi\rightarrow\pi^*$ 跃迁形成 K 带。随着共轭体系的延长，K 带将明显红移，ε_{max} 增强（$5\times10^3\sim10^5$）
        - E 带：芳香族化合物特有的吸收带，包括 E1 和 E2 两个吸收带，E1 带为单一乙烯键 $\pi\rightarrow\pi^*$ 跃迁形成，λ_{max} 通常位于远紫外区；E2 为共轭的 2 个乙烯键 $\pi\rightarrow\pi^*$ 跃迁形成，λ_{max} 在 204nm 左右，$\varepsilon_{max}=6900\ L\cdot mol^{-1}\cdot cm^{-1}$
        - B 带：芳香烃的特征吸收带，为苯环的大 π 共轭，$\pi\rightarrow\pi^*$ 跃迁形成具有精细结构（五指峰）
        - 电荷转移吸收谱带：分子中同时有电子给予体部分和电子接受体部分，强烈吸收紫外光或可见光后，使电子从给予体外层轨道向接受体跃迁。吸收特点是摩尔吸光系数大，测量灵敏度高。
        - 配位场吸收谱带：指第四、第五周期含有 3d 和 4d 轨道的过渡元素，含有 4f 和 5f 轨道的镧系和锕系元素与配位体所形成的配合物在外来辐射作用下，低能态 d 电子或 f 电子可以跃迁到高能态的 d 或 f 轨道上去，分别称为的 d－d 跃迁和 f－f 跃迁。
      - 生色团：分子中能吸收紫外或可见光的基团。生色团中含有非键轨道和 π 轨道的电子体系，能产生 $n\rightarrow\pi^*$ 和 $\pi\rightarrow\pi^*$ 跃迁
      - 助色团：是指含有非键电子对的基团。它们本身并不吸收大于 200nm 的光，但与生色团中电子相互作用，形成 n－π 共轭，降低了 $\pi\rightarrow\pi^*$ 跃迁的能量，引起吸收峰向长波方向移动，且吸收强度增加。
      - 红移：引入含有未共享电子对的基团后，λ_{max} 向长波方向移动，称为红移
      - 蓝移：在某些生色团的碳原子一端引入一些取代基之后，吸收峰波长会向短波长方向移动，称为蓝移
    - 不同类型有机物
      - 饱和有机物：
        - $\sigma\rightarrow\sigma^*$：在近紫外光区一般不产生吸收，在紫外－可见吸光光谱中常作溶剂；
        - $n\rightarrow\sigma^*$：化合物中含 S、O、N 等杂原子，λ_{max} 在 200 nm 附近
      - 不饱和脂肪烃：
        - $\pi\rightarrow\pi^*$：C＝C、C≡C、C≡N 的 λ_{max} 在 200 nm 以内，共轭体系的吸收为 K 带，λ_{max} 及 ε 随共轭。双键数目的增加而增加
        - $n\rightarrow\pi^*$：含杂原子不饱和基团，R 带，λ_{max} 约 300 nm，$\varepsilon=10\sim100\ L\cdot mol^{-1}\cdot cm^{-1}$
      - α，β 不饱和酮、醛、羧酸和酯：
        - $\pi\rightarrow\pi^*$：$\lambda_{max}=260\sim300$ nm，ε 约 $10000\ L\cdot mol^{-1}\cdot cm^{-1}$；
        - $n\rightarrow\sigma^*$：$\lambda_{max}=310\sim350$ nm，$\varepsilon<100\ L\cdot mol^{-1}\cdot cm^{-1}$
      - 芳香族化合物：有 3 个吸收带 E_1、E_2 和 B 带，吸收情况分布为：λ_{max}(E1)＝184 nm，ε_{max}(E1)＝$60000\ L\cdot mol^{-1}\cdot cm^{-1}$；$\lambda_{max}$(E2)＝204 nm，$\varepsilon_{max}$(E2)＝$6900\ L\cdot mol^{-1}\cdot cm^{-1}$ λ_{max}(B)＝255 nm，ε_{max}(B)＝$230\ L\cdot mol^{-1}\cdot cm^{-1}$，芳香族化合物的特征吸收带随环数增多，E1、E2、B 带三个吸收带均向长波方向移动

定性

影响紫外－可见吸收光谱的因素

位阻效应：生色团之间由于立体阻碍妨碍它们的共平面性，因而影响共轭效应，导致跃迁能量加大，最大吸收峰蓝移

溶剂的影响：

芳香烃：在极性溶剂中，溶质分子溶剂化，限制了溶质分子的自由转动，从而使转动光谱消失；溶剂的极性增大，也使溶质分子的振动受到限制，由振动引起的精细结构也消失。即极性溶液导致精细结构消失。

$\pi \rightarrow \pi^*$跃迁：激发态极性大于基态，在极性大的溶剂中，激发态 π^* 比基态 π 的能量下降更多，因而激发态与基态之间的能量差减小，导致 λ_{max} 红移；

$n \rightarrow \pi^*$跃迁：基态 n 电子与极性溶剂形成氢键，降低了基态能量，使激发态与基态之间的能量差变大，导致 λ_{max} 蓝移。

氢键效应：

分子内氢键；分子间氢键。

体系 pH 的影响：

体系的 pH 对紫外吸收光谱的影响比较普遍。如酚类化合物，体系的 pH 不同，其解离情况不同，因而产生不同的吸收光谱。

无机物定性：应用很少，对选定显色反应产物，λ_{max} 和 ε_{max} 以及吸收曲线为定性研究的辅助信息，该方法也可用于研究配合物的结构及无机配合物键合理论

定量分析依据朗伯－比耳定律

朗伯－比耳定律概述：

假设：单色光垂直照射到均一的非散射性介质上

$A = kbc$　A－吸光度；b－液层厚度；c－溶液浓度

将液层分为厚度为 db 的薄层，截面积为 S，吸光质子的量 dn，入射光强 I_b，减弱 dI

$$-dI = kI_b dn = kI_b c dV = kI_b cS db = k'I_b c db \Rightarrow \int_{I_0}^{I} \frac{-dI}{I_b} = k'c\int_0^b db \Rightarrow \lg\frac{I_0}{I} = Kbc$$

朗伯－比耳定律表达：

$A = \varepsilon bc$　ε－摩尔吸光系数；$c - mol \cdot L^{-1}$

$$\varepsilon = a$$

$A = abc$　a－摩尔吸光系数；$c - g \cdot L^{-1}$

$$A = -\lg T = \lg\frac{1}{T} \qquad \%T = \frac{I_t}{I_0} \times 100$$

$$A = A_1 + A_2 + \cdots\cdots$$

偏离朗伯－比耳定律的因素：

物理因素：

单色光不纯：以 λ_{max} 为测量波长可以一定程度上克服非单色光因素引起的误差

$$A_1 = \lg I_{01}/I_1 = \varepsilon_1 bc \Rightarrow I_1 = I_{01}10^{-\varepsilon_1 bc};\ A_2 = \lg I_{02}/I_2 = \varepsilon_2 bc$$

$$\Rightarrow I_2 = I_{02}10^{-\varepsilon_2 bc} \Rightarrow A = \lg\frac{I_{01}+I_{02}}{I_1+I_2} = \lg\frac{I_{01}+I_{02}}{I_{01}10^{-\varepsilon_1 bc}+I_{02}10^{-\varepsilon_2 bc}}$$

介质不均匀：存在反射、散射，导致偏离

化学因素：

离解：有机酸碱的酸型、碱型对光的吸收性质不同，溶液 pH 不同，酸型、碱型比例改变，A 发生改变。

配位：逐级配位形成配位比不同的配合物形式对光的吸收性质不同。Fe(Ⅲ)与 SCN^- 的配合物中 $FeSCN^{2+}$ 的颜色最浅，$Fe(SCN)_3$ 的颜色最深，所以 SCN^- 浓度对 A 产生影响。

缔合：酸性条件下，CrO_4^{2-} 缔合成 $Cr_2O_7^{2-}$，两种形式对光吸收的差异造成偏离。

其他因素：浓度、温度、比色皿不配套或不洁净及参比溶液选择不当等

- 测量条件选择
  - 显色反应及显色条件
    - 显色剂
      - 特征：具有生色团和助色团，可产生 $n\to\pi^*$，$\pi\to\pi^*$ 跃迁
      - 要求
        - 显色反应灵敏度高：$\varepsilon > 10^4\ L\cdot mol^{-1}\cdot cm^{-1}$
        - 显色反应选择性好
        - 对照性大：显色剂 R 与所生成的 MR 吸收差别明显，$\Delta\lambda > 60nm$
        - MR 组成、颜色恒定
    - 显色条件：
      - 显色剂用量
        - $M + nR \to MR_n$

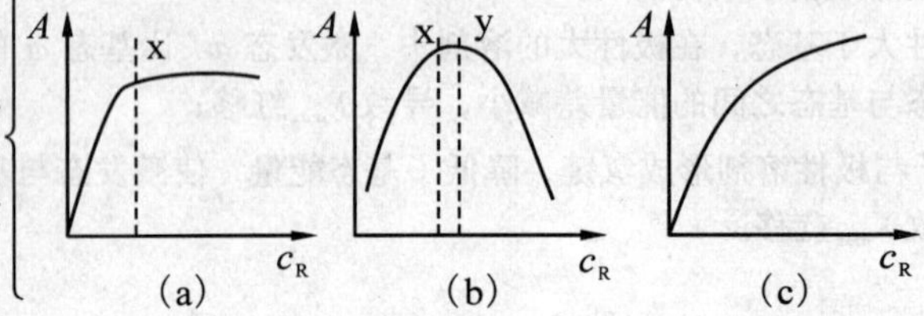

        - 用量选择：
          - (a)：用量高于 x 即可
          - (b)：用量严格控制在 x ~ y 之间
          - (c)：无法用于分析
      - 介质酸度
        - 影响 R 的有效浓度而影响反应
        - M 水解，形成羟基配合物或沉淀
        - MR_i 受影响例如：Fe^{3+} 与磺基水杨酸配位
        - pH 控制：选择方法同显色剂选择，通过实验找出 pH 对 A 没有影响的区域
      - 温度选择：对显色慢的反应需要适当加热以促进反应；有的有色物质当温度偏高时容易分解。需通过实验选定温度范围
      - 反应时间及产物稳定性：由于反应速度不同，完成显色反应的时间也各异。完成反应后有色化合物稳定存在的时间也存在差异。必须根据条件实验确定显色时间及测量吸光度的合理时间。
    - 干扰的消除
      - 控制酸度：根据配合物的稳定性不同，利用控制酸度的方法提高反应的选择性
      - 选择适当的掩蔽剂：条件是掩蔽剂不与待测离子作用，掩蔽剂以及它与干扰物生成的配合物颜色应不干扰待测离子的测定
      - 利用生成惰性络合物
      - 其他：选择测定波长和参比溶液对消除干扰离子的影响也非常重要。
  - 吸光光度测量条件的选择
    - 参比
      - 目的：以通过参比的光作为入射光，测得吸光度能比较真实地反映待测物对光的吸收，反映待测物浓度
      - 原则
        - 仅 MR 有吸收　纯溶剂
        - R 及其它试剂略有吸收 不加试样溶液的空白
        - 试样中其它组分有吸收，但不与 R 反应
          - R 有吸收，掩蔽待测 M 后，再加显色剂
          - R 无吸收 试样溶液
    - 测定波长
      - 通常选 λ_{max}
        - 灵敏度高
        - 非单色光因素影响小
      - 非 λ_{max} 处
        - 最大吸收波长不在可测范围
        - 最大吸收波长处有干扰
    - A 范围的选择
      - 推导主旨：使误差 $\Delta c/c$ 最小
      - $\dfrac{\Delta c}{c}=\dfrac{\Delta A}{A}\approx\dfrac{dA}{A}=\dfrac{d(-\lg T)}{-\lg T}=\dfrac{-0.434d\lg T}{\lg T}=\dfrac{0.434dT}{T\lg T}$，欲使 $\dfrac{\Delta c}{c}$ 最小，$T\lg T$ 取最大值，
      - 因此 $(T\lg T)'=0$
      - $\Rightarrow dT\lg T + Td\lg T = dT\lg T + T\dfrac{0.434dT}{T}\Rightarrow A=-\lg T=0.434\Leftrightarrow T=36.8\%$ 。
      - 通常情况下取 $A=0.2\sim0.8$

紫外－可见光度方法与仪器

方法

方法	仪器	测量方案	备注
目视比色法	比色管	自然光下比较待测溶液与标准色阶的颜色	颜色相同则浓度相同；颜色介于两标液之间，取平均值
光电比色法	光源－滤光片－样品池－光电管/检测器	选择条件，利用标准曲线法等求算待测溶液浓度	缺点：透光率太低
分光光度法	光源－单色器－样品池－检测器		单色器使用光栅或棱镜，辅以聚光、反光

方法的灵敏度和准确度

灵敏度表示

摩尔吸光系数（ε）：ε 越大，方法灵敏度越高。

若 $\varepsilon < 10^4\ \mathrm{L \cdot mol^{-1} \cdot cm^{-1}}$，低灵敏度；$\varepsilon = 10^4 \sim 5 \times 10^4\ \mathrm{L \cdot mol^{-1} \cdot cm^{-1}}$，中等灵敏度；

$\varepsilon = 5 \times 10^4 \sim 10^5\ \mathrm{L \cdot mol^{-1} \cdot cm^{-1}}$，高灵敏度；

$\varepsilon > 10^5\ \mathrm{L \cdot mol^{-1} \cdot cm^{-1}}$，超高灵敏度；

$$S = \frac{M}{\varepsilon}$$

Sandell（桑德尔）灵敏度：S 越小，方法灵敏度越高

截面积为 $1\mathrm{cm^2}$ 的液层，在一定波长或波段处测得的吸光度 A 为 0.001 时，所含待测物质之量，用符号 S 表示，其单位是 $\mathrm{\mu g \cdot cm^{-2}}$。$S$ 越小显色反应越灵敏。比较灵敏的显色反应，S 大多在 $0.01 \sim 0.001\ \mathrm{\mu g \cdot cm^{-2}}$ 范围。

影响准确度的因素

仪器测量误差

$A = 0.434$ 或 $T = 36.8\%$ 时，吸光度的测量误差最小；$A = 0.2 \sim 0.8$ 范围，可控制测量误差在 5% 以内。

A 太小，可增大 b 或 c；A 太大，则进一步稀释溶液或采用示差光度法。

对朗伯－比耳定律的偏离：

吸光度 A 与浓度 c 之间的正比关系有时可能会失效，即会偏离朗伯－比耳定律，因而影响测定的准确度

仪器

单光束分光光度计：

经单色器分光后的一束平行光，轮流通过参比溶液和样品溶液，测定 A。

双光束分光光度计：

将单色器分光后的单色光分成两束，一束通过参比溶液，一束通过样品溶液，经过一次测量即可得到样品溶液的吸光度。双光束光度计又可分为空间分隔方式和时间分隔方式两种

双波长分光光度计：

由同一光源发出的光被分成两束，分别经过两个单色器，得到两束不同波长的单色光。利用斩波器使两束光以一定的频率交替照射到吸收池，然后经过光电倍增管和电子控制系统，最后由指示器显示出两个波长处的吸光度之差 $\Delta A = A_{\lambda_2} - A_{\lambda_1}$。对于多组分混合物、混浊试样（如生物组织液）分析，以及存在背景感染或共存组分感染的情况下，利用双波长分光光度法往往能提高方法的灵敏度和选择性。

- 应用
  - 有机物定性分析
    - 参照标准谱图(《Sadtler Standard spectra》等)进行定性
    - 与经验计算结果进行对照：
      用经验规则计算化合物的最大吸收波长，然后与实验值进行比较，再与其他的物理或化学方法配合，以确定物质的结构。
    - Woodward - Fieser 规则：计算共轭二烯、多烯烃及共轭酮类化合物 $\pi \rightarrow \pi^*$ 跃迁最大吸收波长的经验规则。
    - Scott 规则：计算芳香族羰基的衍生物在乙醇中的 λ_{max}
  - 结构分析
    - 判断顺反异构体：
      反式异构体空间位阻小，共轭程度较高，其 λ_{max} 和 ε_{max} 大于顺式异构体。
    - 判断互变异构体：
      一般共轭体系的 λ_{max}，ε_{max} 大于非共轭体系。当形成的互变异构有共轭型与非共轭型时，可由此判断。如可判别乙酰丙酮的酮式和共轭烯醇式形体
  - 定量分析
    - 单组分测定
      - 吸收系数法：当 ε、b 已知时，根据朗伯 - 比耳定律，由待测物的 A_x 求的 c_x
      - 标准曲线法：由 $A = \varepsilon bc$，当物质固定，测定波长固定，则 ε 不变。b 选定后，朗伯 - 比耳定律可改写为 $A = Kc$。配制一系列已知浓度的溶液 c_s，测得其吸光度值 A_s，绘制曲线；测得待测溶液的 A_x 后，从曲线上对应得到 c_x 值
      - 对照法：在同样条件下配制浓度比较接近的标准溶液和样品溶液，在选定波长处，分别测量吸光度，根据 $c_x = \frac{A_x}{A_s} \cdot c_s$，求得待测溶液浓度
    - 示差光度法
      - 方法优点：减小 $A > 0.8$ 造成的读数误差，提高测定的准确度
      - 示差法：以浓度与待测液相近的标液为参比，测定具有较高浓度的样品
      - 定量计算：

        $$A_{相对} = \Delta A = A_x - A_s = \varepsilon b(c_x - c_s) = \varepsilon b \Delta c = \varepsilon bc_{相对}$$

        $$c_x = c_s + \Delta c$$
      - 原理：以水为参比溶液，由普通光度法测得浓度为 c_s 的标准溶液的透射比 T_s 为 10%，浓度为 c_x 的试样溶液的透射比 T_x 为 5%，当采用示差光度法，以浓度为 c_s 的标准溶液做参比，调节仪器的透射比率 T 为 100%，则相当于将仪器的读数标尺放大了 10 倍，因此，测试液的透射比 T 变为 50%
      - 启发：
        定量测定过程的朗伯 - 比耳定线表达式可改写为 $A_{读数} = A_{待测液} - A_{参比}$
    - 多组分测定：如二组分，绘制吸收曲线分别得到二组分的 λ_{max} 为测定波长，由标准系列分别得到 2 个波长下二组分的 ε(共计 4 个)值，并测定混合二组分在 2 个波长下的 A_x，联立方程求两个浓度结果
  - 其他
    - 配合物组成的测定
    - 酸碱离解常数的测定

第二节　习题

一、选择题

1. 下列说法中错误的是(　　)。

A. 朗伯－比耳定律只适于单色光；

B. 在邻二氮菲测铁试验中溶液为红色，应选用红色滤光片

C. 可见光应选择的光源是氢灯

D. 桑德尔系数 S 越小，说明反应越灵敏

2. 波长 300 nm 单色光属(　　)。

A. 红外光　B. 可见光　C. X 光　D. 紫外光

3. 以下说法错误的是(　　)。

A. 吸光度 A 与浓度呈直线关系　B. 透光率随浓度的增大而减小

C. 当透光率为 0 时吸光度为∞　D. 选用透光率与浓度作工作曲线准确度高

4. 分光光度分析中比较适宜的吸光度范围是(　　)。

A. 0.1～1.2　B. 0.2～0.7　C. 0.05～0.6　D. 0.2～1.5

5. 某同学进行广度分析时，误将参比溶液调至 90% 而不是 100%，在此条件下，测得有色溶液的透光率为 35%，则该有色溶液的正确透光率是(　　)。

A. 36.0%　B. 34.5%　C. 38.9%　D. 32.1%

6. 目视比色法中，常用的标准系列法是比较(　　)。

A. 透过溶液的光强度　B. 溶液吸收光的强度

C. 溶液对白光的吸收程度　D. 一定厚度溶液的颜色深浅

7. 在分光光度法中，测试的样品浓度不能过大。这是因为高浓度的样品(　　)。

A. 不满足朗伯－比耳定律　B. 在光照射下易分解

C. 光照下形成的配合物部分离解　D. 显色速度无法满足要求

8. 某物质的摩尔吸光系数 ε 值很大，则表明(　　)。

A. 该物质的浓度很高　B. 该物质对某波长的光吸收能力很强

C. 测定该物质的灵敏度很高　D. 测定该物质的准确度高

9. 指出下列表述中的错误(　　)。

A. 吸收峰随浓度增加而增大，但最大吸收波长不变

B. 透射光与吸收光互为互补光，黄色和蓝色互为互补色

C. 比色法又称为分光光度法

D. 在公式 $A = \lg \frac{I_0}{I} = \varepsilon \cdot b \cdot c$ 中，ε 称为摩尔吸光系数，其数值愈大，反应愈灵敏

10. 进行光度分析时，误将标准系列的某溶液作为参比溶液调透光率 100%，在此条件下，测得有色溶液的透光率为 35%。已知此标准溶液对空白参比溶液的透光率为 85%，则该有色溶液的正确透光率是(　　)。

A. 50.0%　B. 33.5%　C. 41.2%　D. 29.7%

11. 有色配合物的摩尔吸光系数(ε)与下述各因素有关的是(　　)。

A. 比色皿厚度　　B. 有色配合物的浓度

C. 入射光的波长　　D. 配合物的稳定性

12. 符合朗伯－比耳定律的一有色溶液，通过1cm 比色皿，测得透光率为80%，若通过5cm 的比色皿，其透光率为(　　)。

A. 80.5%　　B. 40.0%　　C. 32.7%　　D. 67.3%

13. 符合朗伯－比耳定律的某有色溶液，当有色物质的浓度增加时，最大吸收波长和吸光度分别是(　　)。

A. 不变、增加　　B. 不变、减少　　C. 增加、不变　　D. 减少、不变

14. 摩尔吸光系数(ε)的单位为(　　)。

A. $mol \cdot L^{-1} \cdot cm^{-1}$　　B. $L \cdot moL^{-1} \cdot cm^{-1}$　　C. $L \cdot g^{-1} \cdot cm^{-1}$　　D. $g \cdot moL^{-1} \cdot cm^{-1}$

15. 下列表述中错误的是(　　)。

A. 比色分析所用的参比溶液又称为空白溶液

B. 滤光片应选用使溶液吸光度最大者较适宜

C. 吸光度具有加和性

D. 一般来说，摩尔吸光系数 ε 达到 $10^5 \sim 10^6 L \cdot moL^{-1} \cdot cm^{-1}$ 范围，可以认为该反应灵敏度是高的

16. 若显色剂无色，而被测溶液中存在其他有色离子，在比色分析中，应采用的参比溶液是(　　)。

A. 蒸馏水　　B. 显色剂

C. 加入显色剂的被测溶液　　D. 不加显色剂的被测溶液

17. 相同质量的 Fe^{3+} 和 Cd^{2+} 各用一种显色剂在同样体积溶液中显色，用分光光度法测定，前者用2cm 比色皿，后者用1cm 比色皿，测得的吸光度相同。则两有色配合物的摩尔吸光系数为(　　)。[$Ar(Fe) = 55.85$，$Ar(Cd) = 112.4$]

A. 基本相同　　B. Fe^{3+} 为 Cd^{2+} 的两倍

C. Cd^{2+} 为 Fe^{3+} 的两倍　　D. Cd^{2+} 为 Fe^{3+} 的四倍

18. 透光率与吸光度的关系是(　　)。

A. $\frac{1}{T} = A$　　B. $\lg \frac{1}{T} = A$　　C. $\lg T = A$　　D. $T = \lg \frac{1}{A}$

19. 在分光光分析中，常出现工作曲线不过原点的情况。下列说法中不会引起这一现象的是(　　)。

A. 测量和参比溶液所用吸收池不对称　　B. 参比溶液选择不当

C. 显色反应的灵敏度太低　　D. 显色反应的检测限太高

20. 在光度测定中，使用参比溶液的作用是(　　)。

A. 调节仪器透光率的零点　　B. 吸收入射光中测定所需要的光波

C. 调节入射光的光强度　　D. 消除溶液和试剂等非测定物质对入射光吸收的影响

二、填空题

1. 某显色剂 R 分别与金属离子 M 和 N 形成有色配合物 MR 和 NR。在某一波长下分别

测得 MR 和 NR 的吸光度为 0.250 和 0.150，则在此波长下 MR 和 NR 的总吸光度为＿＿＿＿。

2．用双硫腙光度分析法测 Cd^{2+}（$Mr=112.4$）时，已知 $\varepsilon_{520}=8.8\times10^4\ L\cdot mol^{-1}\cdot cm^{-1}$，其桑德尔系数 S 为＿＿＿＿＿＿。

3．白光是一种＿＿＿＿光，它是由＿＿＿＿＿＿等各种色光按一定比例混合而成。

4．光电比色比较的是有色溶液对某一种波长＿＿＿＿＿＿的情况即测＿＿＿＿；而目视比色比较的是＿＿＿＿＿＿强度。

5．用 1cm 比色皿测得 0.0010% 某有色配合物水溶液在 520nm 处的吸光度 A 为 0.189，已知配合物的摩尔质量为 274，则此有色配合物的摩尔吸光系数为＿＿＿＿。

6．符合朗伯－比耳定律的有色溶液，浓度为 $c(mol\cdot L^{-1})$，其吸光度 A 的数学表达式应为＿＿＿＿；若浓度为 $\rho(g\cdot L^{-1})$，表达式则应为＿＿＿＿＿＿。

7．用普通吸光光度法测得标准溶液 c_1 的透光率为 16%，待测溶液透光率为 10%。若以示差法测定，以标准溶液 c_1 作参比，则待测溶液透光率为＿＿＿＿，相当于将仪器标尺扩大＿＿＿＿倍。

8．有色溶液的光吸收曲线（吸收光谱曲线）是以＿＿＿＿为横坐标，以＿＿＿＿为纵坐标绘制的。

9．符合朗伯－比耳定律的有色溶液进行光度分析时，所选择的滤光片应是有色溶液的＿＿＿＿色。

10．互补色是指＿＿＿＿＿＿＿＿＿＿。

11．用分光光度法测定时，工作（或标准）曲线是以＿＿＿＿为横坐标，以＿＿＿＿为纵坐标绘制的。

12．在紫外－可见分光光度计中，色散元件一般是＿＿或＿＿；所起的作用是＿＿＿＿。

13．示差分光光度法测试的对象是＿＿＿＿＿＿，参比溶液应采用＿＿＿＿＿＿。

14．在显色反应中，加入的显色剂的量一般＿＿＿＿＿＿金属离子的量（填大于、等于或小于），目的是＿＿＿＿＿＿。

三、问答和计算题

1．与化学分析法相比，吸光光度法的主要特点是什么？

2．何谓复合光、单色光、可见光和互补色光？白光与复合光有何区别？

3．简述朗伯－比耳定律成立的前提条件及物理意义，写出其数学表达式。

4．摩尔吸收系数 ε 在光度分析中有什么意义？如何求出 ε 值？ε 值受什么因素的影响？

5．何谓吸光度和透光率，两者的关系如何？

6．在光度法测定中引起偏离朗伯－比耳定律的主要因素有那些？如何消除这些因素的影响？

7．分光光度计的主要部件有哪些？各部件的作用是什么？

8．吸收光谱曲线和标准曲线的实际意义是什么？如何绘制这种曲线？

9．吸光光度法测定对显色反应有何要求？从哪些方面来考虑显色反应的条件？

10. 溶液的酸性对显色反应的影响表现在哪些方面？如何选择和确定最适宜的酸度？

11. 为了提高测量结果的准确程度，应该从哪些方面选择或控制吸光度测量的条件？

12. 为什么示差光度法可以提高测定高含量组分的准确度？

13. 有 50.00 mL 含 Cd^{2+} 5.0 ug 的溶液，用 10.0 mL 二苯硫腙 - 氯仿溶液萃取（萃取率≈100%）后，在波长为 518 nm 处，用 1 cm 比色皿测量得 $T=44.5\%$。求吸收系数 a、摩尔吸收系数 ε 和桑德尔灵敏度 S 各为多少？

14. 钴和镍与某显色剂的配合物有如下数据：

λ/nm	510	656
ε_{Co}/L × $mol L^{-1}$ × cm^{-1}	3.64×10^4	1.24×10^3
ε_{Ni}/L × $mol L^{-1}$ × cm^{-1}	5.52 × 103	1.75 × 104

将 0.376g 土壤试样溶解后配成 50.00 mL 溶液，取 25.00 mL 溶液进行处理，以除去干扰物质，然后加入显色剂，将体积调至 50.00 mL，此溶液在 510 nm 处吸光度为 0.467，在 656 nm 处吸光度为 0.374，吸收池厚度为 1 cm。计算钴镍在土壤中的含量（以 $\mu g\cdot g^{-1}$ 表示）。

15. 某钢样含镍为 0.12%，用丁二酮肟显色，ε = 1.3 × 10 4 L · $molL^{-1}$ · cm^{-1}。若钢样溶解显色以后，其溶液体积为 100 mL，在 λ = 470nm 处用 1cm 的吸收池测量，希望测量误差最小，应称取试样多少克？

16. 用硅钼蓝分光广度法测定硅的含量。用下列数据绘制标准曲线：

硅标准溶液的浓度/mg · mL^{-1}	0.050	0.100	0.150	0.200	0.250
吸光度（A）	0.210	0.421	0.630	0.839	1.01

测定试样时称取钢样 0.500 g，溶解后转入 50 mL 容量瓶中，与标准曲线相同的条件下测得吸光度 A = 0.522。求试样中硅的质量分数。

17. 钢样 0.500 g 溶解后在容量瓶中配成 100 mL 溶液。分取 20.00 mL 该溶液于 50 mL 容量瓶中，其中的 Mn^{2+} 氧化成 MnO_4^- 后，稀释定容。然后在 λ = 525 nm 处，用 $b=2$ cm 的比色皿测得 $A=0.60$。已知 $\varepsilon_{525}=2.3\times10$ 3 L · $molL^{-1}$ · cm^{-1}，计算钢样中 Mn 的质量分数（%）。

18. 某有色溶液在 1 cm 比色皿中的 $A=0.400$。将此溶液稀释到原浓度的一半后，转移至 3 cm 的比色皿中。计算在相同波长下的 A 和 T 值。

19. 服从朗伯—比耳定律的某有色溶液，当其浓度为 c 时，透射比为 T。问当其浓度变化为 0.5c、1.5、和 3.0c，且液层的厚度不变时，透射比分别是多少？哪个最大？

20. 已知 $KMnO_4$ 的 $\varepsilon_{525}=2.3\times103$ L · $molL^{-1}$ · cm^{-1}，采用 $b=2$cm 的比色皿，欲将透光率 T 的读数范围 15% ~70%，问溶液的浓度应控制在什么范围（以 $\mu g\cdot mL^{-1}$ 表示）？若 T 值超出了上述范围时应采取何种措施？

21. 有一浓度为 2.0×10^{-4} mol · L^{-1} 的某显色溶液，当 $b_1=3$cm 时测得 $A_1=0.120$。将其稀释一倍后改用 $b_2=5$cm 的比色皿测定，得 $A_2=0.200$（λ 相同）。问此时是否服从朗伯 - 比耳定律？

22. 某吸光物质 X 的标准溶液浓度为 1.0×10^{-3} mol · L^{-1}，其吸光度 $A=0.699$。一含 X 的试液在同一条件下测量的吸光度为 $A=1.000$。如果以上述溶液作参比，试计算：（1）试液的吸光度为多少？(2)用两种方法测得的T值各为多少？

23. 有下列一组数据，求未知液中A与B的浓度。

吸光物质	浓度/$mol \cdot L^{-1}$	波长/nm	吸收池厚度/cm	吸光度
A	5.00×10^{-4}	440		0.683
		590		0.139
B	8.00×10^{-5}	440	1	0.106
		590		0.470
A + B	未知	440		1.025
		590		0.414

第三节　习题参考答案与解析

一、选择题

1. C　2. D　3. D　4. B　5. C　6. D　7. A　8. C　9. C　10. C　11. C
12. A　13. A　14. B　15. A　16. D　17. D　18. B　19. C　20. D

二、填空题

1. 0.400
2. $1.28 \times 10^{-3} \mu g \cdot cm^{-2}$
3. 混合光，红、橙、黄、绿、青、蓝、紫
4. 选择性吸收；A；透过光
5. 5.2×10^{3}
6. $A = \varepsilon \cdot c \cdot b$；$A = a \cdot \rho \cdot b$
7. 62.5%；6.25
8. 波长 λ(nm)；吸光度 A
9. 互补
10. 两种特定颜色的光按照一定比例混合，可以得到白光，这两种特定颜色的光称为互补光
11. 浓度，吸光度 A
12. 棱镜；光栅；分解光源的光得到单色光
13. 高浓度体系；比待测溶液略小的标准溶液
14. 大于；是金属离子反应完全(显色反应完全)

三、问答和计算题

1. 答：①灵敏度高 ②仪器设备简单，操作简便，快速。③ 准确度较高 ④ 应用广泛 。
2. 答：①复合光指由不同单色光组成的光；单色光指其处于某一波长的光；可见光指

人的眼睛所能感觉到的波长范围为400～750 nm 的电磁波；将两种适当颜色的光按照一定的强度比例混合就可形成白光，称为互补色光；②白光是一种特殊的复合光，它是将各种波长的光按一定的强度比例混合而成。

3. 答：确定前提为：①入射光为平行单色光且垂直照射；② 吸光物质为均匀非散射体系；③吸光质点之间无相互作用；④辐射与物质之间的作用仅限于光吸收过程，无荧光和化学现象发生。

其物理意义如下：当一束单色光垂直通过某一均匀非散射的吸光物质时，其吸光度 A 与物质的浓度 c 及吸收层厚度 b 成正比。其数学表达式为：$A=\lg\frac{I_o}{I_t}=\lg\frac{1}{T}=Kbc$

4. 答：(1)摩尔吸光系数 ε 在光度分析中的意义：当吸光物质的浓度为 $1\ \mathrm{mol\cdot L^{-1}}$ 和吸收层厚度为1 cm 时，吸光物质对某波长光的吸光度。

(2)在适宜的低浓度时，测其吸光度 A，然后根据 $\varepsilon=\frac{A}{bc}$ 计算而求得。

(3) ε 值受入射光的波长、吸光物质的性质、溶剂、温度、溶液的组成、仪器灵敏度等因素的影响。

5. 答：吸光度 A 是指入射光强度与透射光强度的比值的对数值。

透光率 T 是指透射光强度 I_t 与入射光强度 I_0 的比值。两者的关系如下：$A=\lg\frac{I_0}{I_t}=\lg\frac{1}{T}$

6. 答：(1)物理因素：①非单色光引起的偏离 ②非平行入射光引起的偏离 ③ 介质不均匀引起的偏离。

(2)化学因素：①溶液浓度过高引起的偏离 ② 化学反应引起的偏离。

消除这些影响的方法：采用性能较好的单色器，采用平行光束进行入射，吸光物质为均匀非散射体系，溶液较稀，控制解离度不变，加入过量的显色剂并保持溶液中游离显色剂的浓度恒定。

7. 答：分光光度计的主要部件有：光源、单色器、吸收池、检测系统、信号显示系统。

光源能提供具有足够发射强度、稳定且波长连续变化的复合光。

单色器的作用是从光源发出的复合光中分出所需要的单色光。

吸收池是用于盛装参比溶液、试样溶液的器皿。

检测系统是利用光电效应把通过吸收池后的透射光变成与照射光强度成正比的光电流，再进行测量。

信号显示系统的作用是检测光电流强度的大小，并以一定的方式显示或记录下来。

8. 答：吸收光谱曲线是吸光光度法选择测量波长的依据，它表示物质对不同波长光吸收能力的分布情况。由于每种物质组成的特性，只吸收一定波长范围的光，所以每种物质的吸收光谱曲线都有一个最大吸收峰，最大吸收峰对应的波长称为最大吸收波长。在光度分析中，一般以最大吸收波长的光进行测量。

吸收光谱曲线的绘法：在选定的测定条件下，配制适当浓度的有色溶液和参比溶液，分别注入吸收池中，让不同波长的单色光依次照射此吸光物质，并测量该物质在每一波长处对吸收程度的大小(吸光度)，以波长为横坐标，吸光度为纵坐标作图，即可得。

工作曲线法是微量分析常用的一种定量分析方法。在一定的测定条件和浓度范围内，吸光度与溶液之间有线性关系，以浓度为横坐标，吸光度为纵坐标，一般可得一条通过坐标原点的直线，即工作曲线。利用工作曲线进行样品分析时，非常方便。

标准曲线的绘法：首先在一定条件下配制一系列具有不同浓度吸光物质的标准溶液(称标准系列)，然后在确定的波长和光程等条件下，分别测量系列溶液的吸光度，绘制吸光度 $A-c$ 相应的点，即绘制工作曲线。

9. 答：要求：选择性要好、灵敏度要高、对比度要大、有色化合物要稳定、组成要恒定，显色反应的条件要易于控制。

考虑显色反应的条件为：显色剂的用量；溶液的酸度；显色时间和温度；有机溶剂和表面活性剂；共存离子的干扰及消除。

10. 答：溶液的酸性对显色反应的影响表现在以下几个方面：对被测物质存在状态的影响；对显色剂浓度和颜色的影响；对配合物组成和颜色的影响。

选择和确定最适宜酸度的方法是：固定被测组分、显色剂和其他试剂的浓度，配成一系列酸度不同的显色溶液，测量其吸光度，绘制吸光度-酸度曲线，曲线中吸光度最大且恒定的酸度区间即为显色反应适宜的酸度范围。

11. 答：(1)选择合适的入射波长。一般为最大吸收波长，如果有干扰时，可选择用灵敏度较低，但能避开干扰的入射波长。(2)控制准确的读数范围。一般控制在0.2~0.7，为此，可通过控制试样的称量、稀释或浓缩试样、改变吸收池的厚度、选择适当的参比溶液等措施，达到这一目的。(3)对读数标尺、仪器波长进行校正。

12. 答：应用差示光度法测定高含量组分时，由于利用稍低于试样溶液的标准溶液作参比，所测试样溶液的吸光度则是标准参比溶液和试样溶液浓度之差的吸光度，即两溶液吸光度之差与两溶液浓度之差成正比：

$\Delta A=\varepsilon\Delta c=\varepsilon(c_x-c_s)$ 由于 c 比 Δc 大得多，故测定 c 的误差就比 Δc 的误差小得多。

示差光度可以提高测定高含量组分的准确度的原因，是因为用稍低于试样溶液浓度的标准溶液作参比，调节 $T\%$ 为 100% 时，相当于把光度计读数标尺进行了扩展。

13. 解：依题意可知 Cd^{2+}：的浓度为：$\dfrac{5.0\times10^{-6}}{10\times10^{-3}}=5.0\times10^{-4}(\text{g}\cdot\text{L}^{-1})$

$A=-\lg T=-\lg 0.445=0.35 \qquad a=\dfrac{A}{bc}=\dfrac{0.35}{1\times5.0\times10^{-4}}=7.0\times10^{-2}(\text{L}\cdot\text{g}^{-1}\cdot\text{cm}^{-1})$

$$\varepsilon=\frac{0.35}{1\times\dfrac{5.0\times10^{-4}}{112.41}}=7.869\times10^{4}\approx8.0\times10^{4}(\text{L}\cdot\text{mol}^{-1}\cdot\text{cm}^{-1})$$

$$S=\frac{M(\text{Cd})}{\varepsilon}=\frac{112.41}{8.0\times10^{4}}=1.4\times10^{-3}(\mu\text{g}\cdot\text{cm}^{-2})$$

14. 解：根据题意列出方程组 $A_1=\varepsilon_{1x}bc_x+\varepsilon_{1Y}bc_y \quad A_2=\varepsilon_{2X}bc_x+\varepsilon_{2Y}bc_y$

已知：$A_1=0.476 \quad A_2=0.374 \quad \varepsilon_{1x}=3.64\times10^{4}(\text{L}\cdot\text{mol}^{-1}\cdot\text{cm}^{-1}) \ \varepsilon_{2X}=1.24\times10^{3}(\text{L}\cdot\text{mol}^{-1}\cdot\text{cm}^{-1}) \quad \varepsilon_{1Y}=5.52\times10^{3}(\text{L}\cdot\text{mol}^{-1}\cdot\text{cm}^{-1}) \quad \varepsilon_{2Y}=1.75\times10^{4}(\text{L}\cdot\text{mol}^{-1}\cdot\text{cm}^{-1})$

解得 $c_x=0.96\times10^{-5}\text{mo/L}^{-1} \qquad c_y=2.07\times10^{-5}\text{mol/L}$

$M_x=[c_x\times0.05\times2\times58.9332]/0.376=152\ \mu\text{g}\cdot\text{g}^{-1}$

$M_y=[c_y\times0.05\times2\times58.6934]/0.376=323\mu\text{g}\cdot\text{g}^{-1}$

15. 解 要使测量误差最小，则 $T = 36.8\%$ $A = 0.434$

$c = \dfrac{0.434}{\varepsilon b} = 3.34 \times 10^{-5}(\text{mol} \cdot \text{L}^{-1})$ 应采取的质量

$m = \dfrac{3.34 \times 10^{-5} \times 0.1 \times 58.6934}{0.0012} = 0.16\ \text{g}$

答：应采取的质量试样为 0.16 g

16. 解：根据题意得

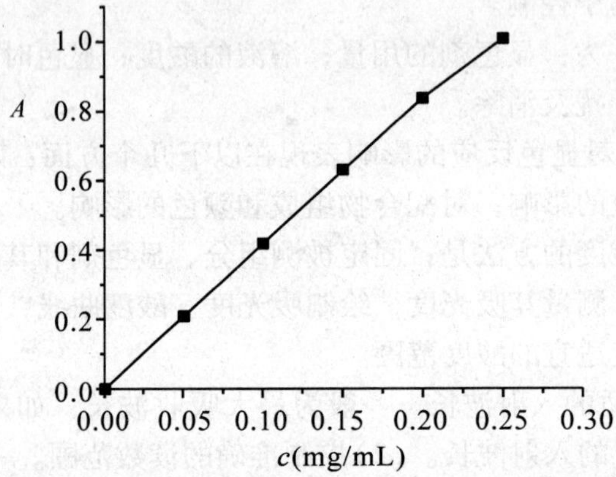

由图得 $k = 4.200\ \text{mL/mg}$ 硅的质量百分数 $w(\text{Si}) = \dfrac{cV}{M} \times 100\% = \dfrac{\frac{0.522}{4.2} \times 50}{0.500 \times 10^3} \times 100\% \approx 1.24\%$

答：试样中硅的质量百分数为 1.24%。

17. 解：$A = \varepsilon bc$ $c = \dfrac{A}{\varepsilon b} = \dfrac{0.60}{2.3 \times 10^3 \times 2} = 1.3 \times 10^{-4}\ \text{mol} \cdot \text{L}^{-1}$

试样中锰的质量 $m = 1.3 \times 10^{-4} \times 0.05 \times 5 \times 54.938049 = 17.85 \times 10^{-4}\text{g}$

$w(\text{Mn}) = \dfrac{m}{0.500} = \dfrac{17.85 \times 10^{-4}}{0.500} \times 100\% = 0.36\%$

18. 解：设 $b_1 = 1\text{cm}$ $b_2 = 3\text{cm}$ $A_1 = 0.400$ $c_2 = 0.5c_1$ $A_2 = ?$

$A_1 = Kb_1c_1$ $A_2 = Kb_2c_2$ 得 $A_2 = 0.60$ $T = 10^{-A_2} = 10^{-0.6} = 25\%$

19. 解：由 $A = -\lg T = \text{Kbc}$ $T_1 = 10^{-\text{Kbc}}$ (1)当 $c_2 = 0.5c$ $T_2 = \sqrt{T}$

(2)当 $c_3 = 1.5c$ 时 $T_3 = \sqrt{T^3}$ (3)当 $c_4 = 3.0c$ 时 $T_4 = T_3$ $T < 0$ T_2 最大

20. 解：根据公式 $c = \dfrac{-0.434}{kb}\ln T$ $A = -\lg T = \varepsilon cb$

$T = 15\%$ 时，$c = \dfrac{-\lg T}{\varepsilon b} = \dfrac{-\lg 0.15}{2.3 \times 10^3 \times 2} = 1.79 \times 10^{-4}\ \text{mol} \cdot \text{L}^{-1}$

$= 1.79 \times 10^{-4}\ \text{mol} \cdot \text{L}^{-1} \times 158.03 = 28.2\ \mu\text{g} \cdot \text{mL}^{-1}$

$T = 70\%$ 时，$c = \dfrac{-\lg T}{\varepsilon b} = \dfrac{-\lg 0.70}{2.3 \times 10^3 \times 2} = 3.4 \times 10^{-5}\ \text{mol} \cdot \text{L}^{-1}$

$= 3.4 \times 10^{-5}\ \text{mol} \cdot \text{L}^{-1} \times 158.03 = 5.37\ \mu\text{g} \cdot \text{mL}^{-1}$

浓度因控制在 28.2 ~ 5.37μg · mL^{-1}，若超过范围应适当稀释。

21. 解：假设此时符合朗伯—比耳定律，$A = Kbc$，则摩尔吸光系数

$\varepsilon_1=\frac{A_1}{b_1c_1}=\frac{0.120}{3\times2.0\times10^{-4}}=200(\text{L}\cdot\text{mol}^{-1}\cdot\text{cm}^{-1})$　$\varepsilon_2=\frac{A_2}{b_2c_2}=\frac{0.200}{5\times1.0\times10^{-4}}=400(\text{L}\cdot\text{mol}^{-1}\cdot\text{cm}^{-1})$

$\varepsilon_1\neq\varepsilon_2$，假使条件不成立，即此时不符合朗伯-比耳定律

22. 解：试液的吸光度 $A_f=A_X-A_S=1.000^{-0.699}=0.301$

一般方法下，测得的标准溶液 $T_s=10^{-A}=10^{-0.699}=20\%$　$T_x=10^{-AX}=10^{-1}=10\%$

用示差法测得的 $T_s=100\%$　$T_x=10^{-Af}=10-0.301=50\%$

23. 解：设 A 和 B 在 440nm 时的摩尔吸光系数分别为 ε_{A_1}　ε_{B_1}

$\varepsilon_{A1}=\frac{A_1}{bc_1}=\frac{0.683}{1\times5.00\times10^{-4}}=1.366\times10^3\ \text{L}\cdot\text{mol}^{-1}\cdot\text{cm}^{-1}$

$\varepsilon_{B1}=\frac{A_{B1}}{bc_2}=\frac{0.106}{1\times8.00\times10^{-5}}=1.325\times10^3\ \text{L}\cdot\text{mol}^{-1}\cdot\text{cm}^{-1}$

在 $\lambda=590$ nm 时，AB，摩尔吸光系数分别为 $\varepsilon_{A2}\cdot\varepsilon_{B2}$

$\varepsilon_{A2}=\frac{A_2}{bc_2}=\frac{0.139}{5.00\times10^{-4}\times1}=2.78\times102\ \text{L}\cdot\text{mol}^{-1}\cdot\text{cm}^{-1}$

$\varepsilon_{B2}=\frac{A_{B2}}{bc_{B2}}=\frac{0.470}{1\times8.00\times10^{-5}}=5.875\times10^3\ \text{L}\cdot\text{mol}^{-1}\cdot\text{cm}^{-1}$

两中溶液混合时 $A_1=\varepsilon_{A1}\times b\times c_A+\varepsilon_{B1}\times b\times c_B$　$A_2=\varepsilon_{A2}\times b\times c_A+\varepsilon_B\times 2b\times c_B$

$A_1=1.022$　$A_2=0.414$　$b=1$

$\varepsilon_{A_1}=1.366\times10^3\ \text{L}\cdot\text{mol}^{-1}\cdot\text{cm}^{-1}$　$\varepsilon_{B1}=1.32510^3\ \text{L}\cdot\text{mol}^{-1}\cdot\text{cm}^{-1}$

$\varepsilon_{A2}=2.78\times10^2\ \text{L}\cdot\text{mol}^{-1}\cdot\text{cm}^{-1}$　$\varepsilon_{B2}=5.875\times10^3\ \text{L}\cdot\text{mol}^{-1}\cdot\text{cm}^{-1}$

$c_B=?$　$c_A=?$ 代入以上数据，解得 $c_A=7.10\times10^{-4}$ mol　$\cdot\text{L}^{-1}$　$c_B=3.69\times10^{-5}$ mol　$\cdot\text{L}^{-1}$

第十五章 电势分析法

第一节 重要概念和知识要点

- 电位分析法的基本原理
  - 定义：电位分析法是在零电流条件下测定由被分析溶液组成的化学电池的电动势，以测定被分析成分含量的电化学分析方法
  - 分类
    - 直接电位法：直接测定被测溶液组成的化学电池的电动势（指示电极的电极电势），以测定被测成分含量的电位分析法
    - 电位滴定法：由被滴溶液组成的化学电池的电动势（指示电极的电极电位）的突变，以确定滴定终点的滴定分析方法
  - 电位分析
    - 电极电势与活度的关系——能斯特方程

      $$\varphi_{(M^{n+}/M)}=\varphi^{\theta}_{(M^{n+}/M)}+\frac{RT}{nF}\ln a(M^{n+})$$

      若用浓度替代活度，则有

      $$\varphi_{(M^{n+}/M)}=\varphi^{\theta}_{(M^{n+}/M)}+\frac{RT}{nF}\ln c(M^{n+})$$

    - 电极分类
      - 金属电极
        - 原理：基于电子转移反应的电极
        - 固定
          - 活泼金属电极：$Cu|Cu^{2+}$
          - 金属及其难溶盐电极 $Ag-AgCl|Cl^-$
          - 惰性金属电极
      - 离子选择性电极
        - 原理：以固体或液态膜为传感器，指示溶液中某种离子活度的电极。
        - 电极电势的产生是离子交换和扩散的结果
        - 分类
          - 玻璃电极
          - 氟离子选择性电极
  - 电动势测量
    - 前提：必须在无电流或无显著电流通过的条件下，即无电极反应发生和无电池内阻产生电势降的情况下进行
    - 表达 $\varepsilon=\varphi(正)-\varphi(负)=\varphi(参比)-\varphi(指示)$
    - 参比电极
      - 作用：是测量电池电动势、计算电极电势的基准
      - 要求：φ^{θ} 已知且稳定，不受试液组成变化影响，重现性好，容易制备
      - 分类
        - 标准氢电极：气体电极，使用很不方便，制备较麻烦，并且容易受有害成分影响
        - 甘汞电极：由金属汞、Hg_2Cl_2 以及 KCl 溶液组成的电极
          - 电极符号 $Hg, Hg_2Cl_2(s)\mid KCl(aq)$
          - 电极反应 $Hg_2Cl_2(s)+2e^-=2Hg(l)+2Cl^-(aq)$
          - 电极电势 $\varphi_{Hg_2Cl_2/Hg}=\varphi^{\theta}_{Hg_2Cl_2/Hg}-\frac{2.303RT}{F}\lg a(Cl^-)$
          - 25℃时 $\varphi_{Hg_2Cl_2/Hg}=0.2676-0.0592\lg a(Cl^-)$
        - 固定[Cl^-]，电极电势为定值
        - 银－氯化银电极：银丝上覆盖一层氯化银，并浸在 KCl 溶液中构成
          - 电极符号 $Ag(s), AgCl(s)\mid Cl^-(aq)$
          - 电极反应 $AgCl(s)+e^-\rightleftharpoons Ag(s)+Cl^-(aq)$
          - 电极电势为：$\varphi_{AgCl/Ag}=\varphi^{\theta}_{AgCl/Ag}-\frac{2.303RT}{F}\lg a(Cl^-)$
          - 25℃时 $\varphi_{AgCl/Ag}=\varphi^{\theta}_{AgCl/Ag}-0.0592\lg a(Cl^-)$
        - 固定 $a(Cl^-)$，电极电势为定值
    - 指示电极（续）

指示电极（续）

- 作用：指示被测离子活度
- 要求：电极电势与有关离子的活度之间的关系符合能斯特方程，且电极选择性高，重现性好，电极反应快，响应速度快，使用方便
- 分类
  - 金属电极
    - 惰性金属电极：零类电极，由惰性金属材料（铂、金、石墨）浸入含有均相、可逆的同一元素的不同氧化态的离子溶液中组成例：(Pt) | Fe^{2+}，Fe^{3+}
    - 金属－金属离子电极：第一类电极，将某种金属插入该金属离子的溶液中而组成　例：Zn | Zn^{2+}
    - 金属－金属难溶盐电极：第二类电极，是由金属表面带有金属难溶盐的涂层，浸在与其难溶盐有相同阴离子的溶液中组成　例：Ag－AgCl
    - 汞电极：第三类电极，将金属汞进入含有少量 Hg－EDTA 配合物及被测离子 M^{n+} 的溶液中组成
  - 离子选择性电极
    - 特点：简便、快速、灵敏，适用于某些难以测定离子的测定
    - 玻璃电极：玻璃膜两边与内外溶液的两个相界之间可发生 H^+ 的扩散，破坏界面附近电荷分布的均匀性，从而建立起两个界面双电层，产生两个相间电势。

      表达：$\varphi_{膜} = K + \frac{RT}{F}\ln a(H^+)$

      25℃时　$\varphi_{膜} = K + 0.059\lg a(H^+) = K - 0.059pH$

      $\varphi_{玻璃} - \varphi_{AgCl/Ag} = \Delta\varphi_{膜} = K' - 0.059pH$

复合电极：将作为指示电极的玻璃电极和作为参比电极的银－氯化银电极组装在两个同心玻璃管中，看起来好像是一支电极，称为复合电极。

直接电位法

- pH 玻璃膜电极及其膜电势
  - 基本原理
    - 优点：氢离子选择性电极，其电极电势不受溶液中氧化剂或还原剂的影响，也不受有色溶液或混浊溶液的影响，并且在测定过程中响应快，操作简便，不污染溶液。
    - 测定原理：以玻璃电极为指示电极，甘汞电极为参比电极，与待测溶液组成工作电池。

      (－) Ag，AgCl | HCl | 玻璃膜 | 试液 [$a(H^+)$] ‖ KCl(饱和) | Hg_2Cl_2，Hg(＋)

      电池电动势(25℃)：

      $\varepsilon = \varphi_{(Hg_2Cl_2/Hg)} - \varphi_{(玻璃)} = \varphi_{(Hg_2Cl_2/Hg)} - \varphi_{(玻璃)} = K' + 0.059pH_{试}$
    - 结论：电池电动势与试液的 pH 值成线性关系——理论依据
  - pH 测量
    - 方案：解决 K′以及内、外参比的电极电势，液接电势以及不对称电势等问题，需以已知 pH 值的标准溶液为基准，进行校正以测定待测液 pH
    - 工作电池：

      (－)玻璃电极 | 标准溶液(s)或未知溶液(x) | 参比溶液(＋)

      $$\left.\begin{aligned}\varepsilon_s &= K' + \frac{2.303RT}{F}pH_s\\ \varepsilon_x &= K' + \frac{2.303RT}{F}pH_x\end{aligned}\right\} \Rightarrow pH_x = pH_s + \frac{\varepsilon_x - \varepsilon_s}{\frac{2.303RT}{F}}$$
- 其他离子选择性电极

- 直接电位法
  - 其他离子选择性电极
    - 分类
      - 玻璃膜电极
      - 压片膜电极
      - 晶体膜电极
    - 非均态膜电极
      - 液态离子交换膜电极
      - 中性载体膜电极
      - 气敏电极
      - 酶电极
  - 离子电极的性能
    - 基本原理
      - 原理：将离子选择性电极浸入待测溶液，与参比电极组成工作电极，测量其电动势，以求得待测离子的活度或浓度
      - 电池电动势与离子活度的关系
        $$\varepsilon = K' \pm \frac{2.303RT}{nF}\lg a_i$$
        离子选择性电极为正极，取"+"号；反之，取"-"号
      - 电池电动势与离子浓度的关系
        根据 $\varepsilon = K' \pm \frac{2.303RT}{nF}\lg a_i = K' \pm \frac{2.303RT}{nF}\lg \gamma_i c_i$
        加入离子强度调节剂使 γ 固定，则
        $$\varepsilon = K \pm \frac{2.303RT}{nF}\lg c_i$$
    - 电极电势－活性反应特性
      - 电极电势－活性反应特性与能斯特方程的符合程度
      - 电极的选择性
      - 测定下限和线性范围
      - 溶液的 pH 值范围
      - 响应时间、稳定性和重现性
      - 温度和等电势点
  - 测定离子活（浓）度的方法
    - 标准曲线法：
      用指示电极和参比电极构成的电池测得标准溶液的电动势，然后由电动势 ε_s 对 $\lg a_i$ 或 $\lg c_i$ 绘制标准曲线。在同样条件下测出待测溶液的 ε_x，在曲线上对应得到 c_x
    - 标准加入法
      待测溶液成分比较复杂，离子强度比较大时，很难将它的活度系数与标准溶液一致，采用标准加入法可在一定程度上减免这一误差。
      待测液浓度 c_x，体积 V_x，电动势 ε；加入标液体积 V_s（$V_s \ll V_x$），浓度为 c_x（$c_s \gg c_x$），测得电动势为 ε' 则：
      $$c_x = \Delta c\,(10^{\Delta\varepsilon/s} - 1)^{-1}$$

电位滴定法

依据：由被滴溶液组成的化学电池的电动势(指示电极的电极电位)的突变，以确定滴定终点的滴定分析方法

方法

基本原理：在被测溶液中插入待测离子的指示电极和参比电极组成原电池，溶液用电磁搅拌器进行搅拌。随着标准溶液的加入，由于发生化学反应，待测离子的浓度不断发生变化，在化学计量点附近待测离子的浓度发生突变，指示电极的电极电势也会发生相应的突变。因此，通过测量滴定过程中电池电动势的变化，可以确定滴定终点，进而求得待测试样的含量。

终点确定方法

$E-V$ 曲线法：以加入标准溶液的体积 V 为横坐标，以电池电动势 ε 为纵坐标，绘制滴定曲线，曲线的拐点即为滴定终点。

$\frac{\Delta E}{\Delta V}-V$ 曲线法(一阶微商法)：根据实验数据分别计算出 $\Delta\varepsilon$、ΔV、和 V 的值，由相邻两次加入标准溶液的体积差为 ΔV，相应的电动势差为 $\Delta\varepsilon$，$\Delta\varepsilon/\Delta V$ 相邻两次加入的体积平均值为 V。然后，以为 V 为横坐标，以 $\frac{\Delta\varepsilon}{\Delta V}$ 为纵坐标绘制一次微商曲线。曲线上尖峰状极大值对应的 V 值即为滴定终点。

$\frac{\Delta^2\varepsilon}{\Delta V^2}-V$ 曲线法(二阶微商法)：二阶微商曲线上 $\frac{\Delta^2\varepsilon}{\Delta V^2}=0$ 时，所对应的标准溶液体积 V 值也就是滴定终点。

应用

酸碱滴定：在酸碱滴定过程中，化学计量点附近 pH 值发生大幅度的变化。因此，以玻璃电极作指示电极，饱和甘汞电极作参比电极进行测得，当玻璃电极的电极电势产生“突跃”，即可以确定滴定终点。

配位滴定：在配位滴定过程中，溶液中的金属离子浓度发生变化，在化学计量点附近，pM 发生突跃，因此，可以选择合适的指示电极和参比电极进行电势滴定。如可以用 $Pt\mid Fe^{3+}$，Fe^{2+} 电极作指示电极，以 EDTA 作标准溶液，采用电势滴定法测定试液中 Fe^{3+} 的含量。

氧化还原滴定：氧化还原反应的电势滴定一般以 Pt 电极作指示电极，甘汞电极作参比电极。滴定过程中，在化学计量点附近，指示电极的电极电势突跃，因此可以确定滴定终点。

第二节　习题

一、选择题

1. 在电势法中作为指示电极，其电势与待测离子的浓度(　　)。
   A. 成正比　　B 符合扩散电流公式的关系
   C. 的对数成正比　　D. 符合能斯特公式的关系
2. 关于离子选择性电极，不正确的说法是(　　)。
   A. 不一定有内参比电极和内参比溶液　　B. 不一定有晶体感膜
   C. 不一定有离子穿过膜相　　D. 只能用于正负离子的测量
3. 下列说法哪一种是正确的( )。

A. 氟离子选择性电极的电势随试液中氟离子浓度的增高向正方向变化

B. 氟离子选择性电极的电势随试液中氟离子活度的增高向正方向变化

C. 氟离子选择性电极的电势与试液中氢氧根离子的浓度无关

D. 上述三种说法都不对

4. 离子选择性电极在使用时，每次测量前都将其电势清洗至一定的值，即固定电极的预处理条件，这样做的目的是(　　)。

A. 避免存储效应(迟滞效应或记忆效应)　B. 消除电势不稳定性

C. 清洗电极　D. 提高灵敏度

5. 除玻璃电极外，能用于测定溶液 pH 值的电极尚有(　　)。

A. 饱和甘汞电极　B. 锑－氧化锑电极　C. 氟化镧单晶膜电极　D. 氧电极

6. 用氟离子选择性电极测定水中(含有微量的 Fe^{3+}，Al^{3+}，Ca^{2+}，Cl^-)的氟离子时，应选用的离子强度调节缓冲液为(　　)。

A. $0.1mol \cdot L^{-1}$ HNO_3　B. $0.1mol \cdot L^{-1}$ NaOH

C. $0.05mol \cdot L^{-1}$ 柠檬酸钠(pH 调至 5～6)　D. $0.1mol \cdot L^{-1}$ NaAc(pH 调至 5～6)

7. 用离子选择性电极进行测量时，需用磁力搅拌器搅拌溶液，这是为了(　　)。

A. 减小浓差极化　B. 加快响应速度

C. 是电极表面保持干净　D. 减低电极内阻

8. 用玻璃电极测量溶液的 pH 值时，采用的定量分析方法为(　　)。

A. 校正曲线法　B. 直接比较法　C. 一次加入标准法　D. 增量法

9. 在电势滴定中，以 $\varepsilon - V$ (ε 为电势，V 为滴定剂体积)作图绘制滴定曲线，滴定终点为(　　)。

A. 曲线的最大斜率点　B. 曲线的最小斜率点

C. ε 为最正值的点　D. ε 为最负值的点

10. 在电势滴定中，以 $\Delta\varepsilon/\Delta V - V$ (ε 为电势，V 为滴定剂体积)作图绘制滴定曲线，滴定终点为(　　)。

A. 曲线突跃的转折点　B. 曲线的最大斜率点

C. 曲线的最小斜率点　D. 曲线的斜率为零时的点

11. 在电势滴定中，$\Delta^2\varepsilon/\Delta V^2 - V$ (ε 为电势，V 为滴定剂体积)作图绘制滴定曲线，滴定终点为(　　)。

A. $\Delta^2\varepsilon/\Delta V^2 - V$ 为最正值时的点　B. $\Delta^2\varepsilon/\Delta V^2 - V$ 为最负值时的点

C. $\Delta^2\varepsilon/\Delta V^2 - V$ 为零时的点　D. 曲线的斜率为零时的点

二、填空题

1. 玻璃电极在使用前，需在去离子水中浸泡 24h 以上，目的是 ________；饱和甘汞电极使用温度不得超过 ________ ℃，这是因为当温度较高时 ________。

2. 对于可逆电池反应，当电池反应达到平衡时，电池电动势 ε^θ 与平衡常数 K^θ 的关系为 ________；与自由能关系为 ________。

3. pH 玻璃电极的膜电势的产生是由于 ________；氟化镧单晶膜/氟离子选择电极的膜电势的产生是由于 ________；制造晶体膜氯或溴电极时，是用氯化银或溴化银晶体掺加硫化银后一起压制成敏感膜，加入硫化银是为了 ________。

4. 盐桥的作用是 ________；对氯化银晶体膜氯电极测定氯离子时，如以饱和甘汞电极作为参比电极，应选用的盐桥为 ________。

5. 用离子选择电极以“一次加入标准法”进行定量分析时，应要求加入标准溶液的体积要 ________，浓度要 ________，这样做的目的是 ________。

三、问答和计算题

1. pH 的实用定义的含义是什么？
2. 直接电势法测定离子活度的方法有哪些？哪些因素影响测定的准确度？
3. 测定 F－浓度时，在溶液中加入 TISAB 的作用是什么？
4. 电势滴定法的基本原理是什么？有哪些确定终点的方法？

第三节　习题参考答案与解析

一、选择题

1. D　2. D　3. D　4. A　5. D　6. C　7. B　8. B　9. A　10. D　11. C

二、填空题

1. 使不对称电势处于稳定值，80，$Hg_2Cl_2 = Hg^+ + HgCl_2$

2. $\varepsilon^\theta = \frac{RT}{zF}\ln K^\theta$，$\Delta G^\theta = -zF\varepsilon^\theta$

3. 氢离子在玻璃膜表面进行离子交换和扩散而形成双电层结构；氟离子进入晶体膜表面缺陷而形成双电层结构；降低电极的电阻和光敏性。

4. 消除液接电势；硝酸钾

5. 小；高；保持溶液的离子强度不变

三、问答和计算题

1. 答：pH 的实用定义(比较法来确定待测溶液的 pH)

两种溶液，pH 已知的标准缓冲溶液 s 和 pH 待测的试液 x。测定各自的电动势为：

$$\varepsilon_x = k_x' + \frac{2.303RT}{F}pH_x \qquad \varepsilon_s = k_s' + \frac{2.303RT}{F}pH_s$$

若测定条件完全一致，则 $k_s' = k_x'$，两式相减得：$pH_x = pH_s + \frac{(\varepsilon_x - \varepsilon_s)\cdot F}{2.303RT}$

式中 pH_s 已知，实验测出 ε_x 和 ε_s 后，即可计算出试液的 pH，IUPAC 推荐上式作为 pH 的实用定义。也就是说，以标准缓冲溶液的 pH_s 为基准通过比较 ε_x 和 ε_s 的差值而求出 pH_x。这就是按实际操作方式对水溶液的 pH 值所给出的定义。使用时，尽量使温度保持恒定并选用与待测溶液 pH 接近的标准缓冲溶液。$\varphi_{玻璃} = \varphi_{AgCl/Ag} + \varphi_{膜}$　$\varphi_{膜} = k + \frac{2.303RT}{F}\lg a_1$

$\varepsilon=\varphi_{参比}-\varphi_{玻璃}$

2. 答：离子活度(或浓度)的测定原理与方法①标准曲线法；②标准加入法。

影响电势测定准确性的因素有：①测量温度——温度对测量的影响主要表现在对电极的标准电极电势、直线的斜率和离子活度的影响。②线性范围和电势平衡时间——一般线性范围在 $10^{-1}\sim10^{-6}mol\cdot L^{-1}$，平衡时间越短越好。③溶液特性 - 溶液离子强度、pH 及共存组分。④电势测量误差 - 当电势读数误差为 1mV 时，对于一价离子，由此引起结果的相对误差为 3.9%，对于二价离子，则相对误差为 7.8%。故电势分析多用于测定低价离子。

3. 答：总离子强度调节缓冲溶液 TISAB 的作用：①保持较大且相对稳定的离子强度，是活度系数恒定；②维持溶液在适宜的 pH 范围内，满足离子电极的要求；③掩蔽干扰离子。测 F^- 过程所使用的 TISAB 典型组成：$1mol\cdot L^{-1}$ 的 NaCl，使溶液保持较大且稳定的离子强度；$0.25mol\cdot L^{-1}$ 的 HAc 和 $0.75mol\cdot L^{-1}$ 的 NaAc，使溶液 pH 在 5 左右；: $0.001mol\cdot L^{-1}$ 的柠檬酸钠，掩蔽 Fe^{3+}，Al^{3+} 等干扰离子。

4. 答：每滴加一次滴定剂，平衡后测量电动势

滴定过程的关键：确定滴定反应的化学计量点时，所消耗的滴定剂的体积；

突跃范围内每次滴加体积控制在 0.1mL；滴定剂用量(V)和相应的电动势值(ε)，作图得到滴定曲线。将滴定的突跃曲线上的拐点作为滴定终点，该点与化学计量点非常接近。

通常采用三种方法来确定电势滴定终点：① $\varepsilon-V$ 曲线法：$\varepsilon-V$ 曲线法简单，但准确性稍差；② $\Delta\varepsilon/\Delta V-V$ 曲线法：由电势改变量与滴定剂体积增量之比计算。$\Delta\varepsilon/\Delta V-V$ 曲线上存在着极值点，该点对应着 $\varepsilon-V$ 曲线中的拐点。③ $\Delta^2\varepsilon/\Delta V^2-V$ 曲线法：表示 $\varepsilon-V$ 曲线的二阶微商 $\dfrac{\Delta^2\varepsilon}{\Delta V^2}=\dfrac{(\frac{\Delta\varepsilon}{\Delta V})_2-(\frac{\Delta\varepsilon}{\Delta V})_1}{\Delta V}$。

模拟测试题及答案

分析化学模拟试卷一

一、是非题：在题号括号内，正确的打"√"，错误的打"×"（本大题分10小题，每小题1分，共10分）

1. 配制 NaOH 标准溶液可采用直接配制法(　　)

2. 蒸馏水中带有少量影响测定结果的杂质，可通过多次测定求均值校正。(　　)

3. Na_2HPO_4 与 $(NH_4)_2HPO_4$ 水溶液的质子条件式相同。(　)

4. 比色皿在盛放待测液前应用去离子水洗涤三次以上(　　)

5. 在分光光度法中，显色反应时间越长，反应完成程度越高，对测定越有利。(　)

6. 用 $K_2Cr_2O_7$ 法测定 Fe^{2+} 含量时，用二苯胺磺酸钠作指示剂，如不加混合酸(H_2SO_4-H_3PO_4)其结果将产生负误差。(　)

7. 在分光光度法中，浓度测量的相对误差最小值出现在 $T=43.4\%$ 处。(　)

8. 间接碘量法指示剂的加入是在被滴定的溶液变成淡黄色(或滴定临近终点)时加入，终点颜色变化蓝色刚刚消失。(　　)

9. 碘量法中加入过量 KI 的作用之一是与 I_2 形成 I_3^-，以增大 I_2 溶解度，降低 I_2 的挥发性。(　　)

10. 正常情况下，选用不同浓度的同一溶液，测得的吸收曲线的形状和最大吸收波长分别是相似的和不变的。(　　)

二、单项选择题(按题中给出的字母 A、B、C、D，您认为哪一个是正确的，请写在指定的位置内)(本大题分20小题，每小题1分，共20分)

1. 20.00mL0.0500mol · L^{-1}EDTA 溶液相当于 Fe_2O_3($M=159.7g \cdot mol^{-1}$)的质量(单位：mg)为：(　　)

A. 159.7；　B. 79.85；　C. 319.4；　D. 6.262

2. 以 $FeCl_3$ 溶液滴定 0.02000mol · L^{-1} EDTA 溶液至化学计量点时，它们体积比是 $V(EDTA)/V(FeCl_3)=2.000$。$FeCl_3$ 溶液的浓度(单位：mol · L^{-1})为：(　　)

A. 0.005000；　B. 0.04000；　C. 0.01500；　D. 0.02000

3. 已知 $\lg K_f^\theta(BiY)=27.9$，$\lg K_f^\theta(FeY^-)=25.1$，$\lg K_f^\theta(FeY^{2-})=14.3$。欲用EDTA 测定 Fe^{3+}、Bi^{3+} 混合溶液中 Bi^{3+}。消除 Fe^{3+} 的干扰应采用的方法是：(　　)

A. 配位掩蔽；　B. 调节酸度；　C. 将 Fe^{3+} 沉淀分离；　D. 氧化还原掩蔽

4. 重铬酸钾法测定铁时，过去常用 $HgCl_2$ 除去过量 $SnCl_2$ 其主要缺点是：()

A. $SnCl_2$ 除不尽；　B. 不易做准；

C. $HgCl_2$ 有毒；　D. 反应条件不好掌握

5. 在比色分光测定时，下述操作中正确的的是：(　　)

A. 比色皿外壁有水珠；　　B. 手捏比色皿的毛面；

C. 手捏比色皿的磨光面；　　D. 用普通白报纸去擦比色皿外壁的水

6. 分析数据的可靠性随平行测定次数的增加而提高，但达到一定次数后，再增加测定次数也就没有意义了。这次数为：(　　)

A. 2 次；　B. 8 次；　C. 10 次；　D. 20 次

7. 关于酸碱指示剂，下列说法错误的是：(　　)

A. 指示剂本身是有机弱酸或弱碱；

B. 指示剂的变色范围越窄越好；

C. HIn 与 In^- 的颜色差异越大越好；

D. 指示剂的变色范围必须全部落在滴定突跃范围之内

8. 以 $K_2Cr_2O_7$ 法测定铁矿石中铁含量时，用 $0.02mol \cdot L^{-1} K_2Cr_2O_7$ 滴定。设试样含铁以 Fe_2O_3（$M(Fe_2O_3) = 159.7g \cdot mol^{-1}$）约为 50%，则试样称取量约为：(　　)

A. 0.1g；　B. 0.2g；　C. 1g；　D. 0.5g

9. 某显色剂在 pH 为 1 ~ 6 时呈黄色，pH 为 6 ~ 12 时呈橙色，pH 大于 13 时呈红色。该显色剂与某金属离子配位后呈现红色，则该显色反应应在：( )

A. 弱酸性溶液中进行；　　B. 弱碱性溶液中进行；

C. 强碱性溶液中进行；　　D. 中性溶液中进行

10. 微量镍比色测定的标准曲线如下图所示。将 1.0g 钢样溶解成 100mL 试液，取此液再稀释 10 倍。在同样条件下显色后测得吸光度为 0.30，则钢样中镍含量为：(　　)

A. 0.05%；　B. 0.1%；　C. 0.5%；　D. 1%

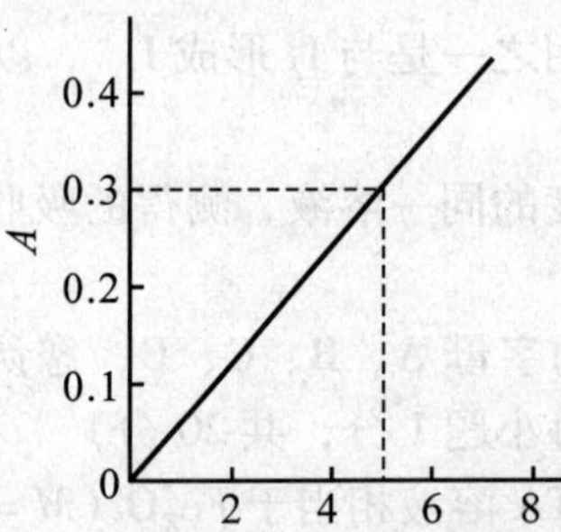

11. 在 EDTA 配位滴定中，铬黑 T 作为金属指示剂的合适酸度为：(　　)

A. pH = 3.9 ~ 6.3；　B. pH < 3.9；　C. pH > 12；　D. pH = 8.0 ~ 11

12. 符合比耳定律的有色溶液稀释时，标准曲线的斜率：(　　)

A. 增大；　B. 减小；　C. 不变；　D. 偏离

13. 为 $0.05mol \cdot L^{-1} Na_3PO_4$ 溶液选择 OH^- 浓度的计算公式（H_3PO_4 $pK_{a1}^{\theta} \sim pK_{a3}^{\theta} = 2.12, 7.21, 12.66$）：( )

A. $[OH^-] = \sqrt{K_{b1}^{\theta} \cdot c}$；　　B. $[OH^-] = \dfrac{-K_{b1}^{\theta} + \sqrt{K_{b1}^{\theta 2} + 4K_{b1}^{\theta} \cdot c}}{2}$；

C. $[OH^-] = \dfrac{K_w^{\theta}}{\sqrt{K_{a1}^{\theta} \cdot K_{a2}^{\theta}}}$；　　D. $[OH^-] = \dfrac{K_w^{\theta}}{\sqrt{K_{a2}^{\theta} \cdot K_{a3}^{\theta}}}$

14. 林旁(Ringbom)曲线即 EDTA 酸效应曲线不能回答的问题是：(　　)

A. 进行各金属离子滴定时的最低 pH 值；

B. 在一定 pH 范围内滴定某种金属离子时，哪些离子可能有干扰；

C. 控制溶液的酸度，有可能在同一溶液中连续测定几种离子；

D. 准确测定各离子时溶液的最低酸度

15. 软锰矿主要成分是 MnO_2，测定方法是过量 $Na_2C_2O_4$ 与试样反应后，用 $KMnO_4$ 标准溶液返滴定剩 $C_2O_4^{2-}$，然后求出 MnO_2 含量。不用还原剂的标准溶液直接滴定的原因是：(　　)

A. 没有合适还原剂；　B. 没有合适指示剂；

C. 由于 MnO_2 是难溶物质，直接滴定不合适；　D. 防止其它成分干扰

16. 以 $0.01000mol \cdot L^{-1}$ $K_2Cr_2O_7$ 溶液滴定 $25.00mLFe^{2+}$ 溶液，消耗 $K_2Cr_2O_7$ 溶液 25.00mL。每毫升 Fe^{2+} 溶液含铁($M(Fe)=55.85g \cdot mol^{-1}$)为：(　　)

A. 0.3351mg；　B. 0.5585mg；　C. 1.676mg；　D. 3.351mg

17. 为了使 $Na_2S_2O_3$ 标准溶液稳定，正确配制的方法是：(　　)

A. 将 $Na_2S_2O_3$ 溶液煮沸 1h，放置 7 天，过滤后再标定；

B. 用煮沸冷却后的纯水配制 $Na_2S_2O_3$ 溶液后，即可标定；

C. 用煮沸冷却后的纯水配制，放置 7 天后再标定；

D. 用煮沸冷却后的纯水配制，且加入少量 Na_2CO_3，放置 7 天后再标定

18. 以浓度为 $2.0\times10^{-4}mol \cdot L^{-1}$ 某标准有色物质溶液做参比溶液调节光度计的 A = 0。再用标准曲线示差分光光度法测得某有色物质溶液的浓度为 $4.0\times10^{-4}mol \cdot L^{-1}$。则有色物质溶液的浓度(单位：$mol \cdot L^{-1}$)为：(　　)

A. 4.0×10^{-4}；　B. 5.0×10^{-4}；　C. 6.0×10^{-4}；　D. 3.0×10^{-4}

19. 光度计中单色器的作用是分光，其重要器件是：(　)

A. 准直透镜；　B. 棱镜；　C. 反射镜；　D. 棱镜(或光栅)+狭缝

20. 磷在钢铁中是有害元素，一般要求钢中含磷量 $<0.035\%$。若对钢样中磷进行测定，要求测定的相对误差在 $\pm2\%$ 内，可选用下列何种方法测定。(　　)

A. EDTA 配位滴定法；　B. 酸碱滴定法；

C. 磷钼蓝分光光度法；　D. 碘量法

三、填空题(本大题共 10 小题，总计 20 分)

1. (本小题 2 分) 系统误差的减免是采用标准方法与所用方法进行比较，校正仪器以及做________试验和空白试验等办法减免的，而偶然误差则是采用________________________的办法，减小偶然误差。

2. (本小题 2 分) 测定钛铁矿中铁时，若用金属锌为预还原剂，用 $K_2Cr_2O_7$ 滴定的是________________，如若选 $SnCl_2$ 为预还原剂，则 $K_2Cr_2O_7$ 滴定是____。

(已知 $\varphi^{\theta}_{Zn^{2+}/Zn}=-0.76V$，$\varphi^{\theta'}_{Ti^{4+}/Ti^{2+}}=0.1V$，$\varphi^{\theta'}_{Sn^{4+}/Sn^{2+}}=0.14V$，$\varphi^{\theta'}_{Fe^{3+}/Fe^{2+}}=0.68V$)

3. (本小题 2 分) 将 0.5050gMgO 试样溶于 25.00mL $0.09257mol \cdot L^{-1}$ H_2SO_4 溶液中，再用 $0.1112\ mol \cdot L^{-1}$ NaOH 溶液滴定，用去 24.30mL。由此计算出 MgO 的含量为________，

这种滴定方式称__________方式。

4.(本小题1分) 分光光度法测定铁，可用(1)硫氰酸盐法($\varepsilon = 7 \times 10^3 L \cdot mol^{-1} \cdot cm^{-1}$)，也可用(2)邻菲罗啉法($\varepsilon = 1.1 \times 10^4 L \cdot mol^{-1} \cdot cm^{-1}$)。如果测定较低含量的铁则以__________法为好。

5.(本小题2分) 碘量法是氧化还原滴定法中常用的方法之一。I_2 与 $Na_2S_2O_3$ 的反应一般在________和________性溶液中进行。

6.(小题3分)

根据下表所给的数据判断在以下的滴定中化学计量点及其前后的pH值。

滴定体系	计量点前0.1% pH	计量点 pH	计量点后0.1% pH
NaOH 滴定 HCl($0.1mol \cdot L^{-1}$)	4.30	7.00	9.70
HCl 滴定 NaOH($0.01mol \cdot L^{-1}$)			

7.(本小题1分) 肥料中磷的测定：先将磷沉淀为磷钼酸喹啉，滤出沉淀后将它溶解于过量的标准 NaOH 溶液中，以标准 HCl 溶液回滴过量的 NaOH(以酚酞为指示剂)。其反应如下：

$$(C_9H_7N)_3 \cdot H_3PO_4 \cdot 12MoO_3 + 26NaOH = 3C_9H_7N + Na_2HPO_4 + 12Na_2MoO_4 + 14H_2O$$

若以 P_2O_5 计，则 P_2O_5 与 NaOH 的物质的量之比为__________。

8.(本小题2分) 以铬黑T做指示剂，用EDTA滴定 Zn^{2+}。当有少量 Fe^{3+}、Al^{3+} 存在时，看不到终点颜色变化，这种现象叫做指示剂的__________，可加入__________来消除。

9.(本小题2分) 某物质的水溶液呈蓝色是由于它吸收白光中的______色光；若用光电比色法测定该试液，则必须选用______色滤光片。

10.(本小题3分) EDTA在水溶液中呈__________性，和金属离子配位时释放出__________，因此在作为标准溶液滴定金属离子时，必须加入__________以稳定溶液中的pH值。

四、综合题(按各题目要求答题)(本大题共3小题，总计20分)

1.(本小题8分) 试设计实验测定混合碱 NaOH、Na_3PO_4 中各组分的含量。(实验原理、实验步骤及质量分数表达)

2.(本小题6分) 设计实验测定某含 Fe^{2+} 样品中的铁含量(约10% ~20%)。(实验原理、实验步骤及质量分数表达)

3.(本小题6分) 总结酸碱、配位、氧化还原滴定中影响突跃范围因素和直接准确、分级(分别)滴定的判据。

五、计算题(本大题共5小题，总计30分)

1.(本小题5分) 用NaOH标准溶液滴定琥珀酸 $H_2C_4H_4O_4$ 时，有几个滴定突跃？计算化学计量点时的pH值(假定滴定产物浓度为 $0.10mol \cdot L^{-1}$)，并选择合适的指示剂。(已知琥珀酸的 $K_{a1}^{\theta} = 6.9 \times 10^{-5}$，$K_{a2}^{\theta} = 2.5 \cdot 10^{-6}$)

2.(本小题6分) $Na_2S_2O_3$ 溶液对 H_2O_2 的滴定度为 $3.545mg \cdot mL^{-1}$。计算该溶液对 KIO_3

的滴定度。

（已知 $M(H_2O_2)=34.02g\cdot mol^{-1}$，$M(KIO_3)=214.0g\cdot mol^{-1}$）

3.（本小题 6 分）$Co(NO_3)_2$ 试样溶液浓度为 $0.075mol\cdot L^{-1}$，在 1.0cm 吸收池中于 $\lambda=505nm$处测得吸光度为 0.38。当 $Co(NO_3)_2$ 的浓度为多少时，可在相同条件下测得吸光度为 0.26。

4.（本小题 7 分）称取 Al_2O_3（$M=101.96g\cdot mol^{-1}$）试样 1.032g，处理成溶液后，移入 250mL 容量瓶中，稀释至刻度。移取 25.00mL 该试液，加入 10mL $0.02952mol\cdot L^{-1}$EDTA 标准溶液，以二甲酚橙为指示剂，用 $Zn(OAc)_2$ 标准溶液回滴至红紫色，耗去 12.20mL。已知 1mL $Zn(OAc)_2$ 溶液相当于 0.6812mL EDTA 溶液，求试样中 Al_2O_3 的质量分数。

5.（本小题 6 分）今有混有两种化合物 G 和 H 的溶液，在 1cm 比色皿中分别以 495nm 和 570nm 波长的入射光进行测定，其吸光度为 0.30 和 0.40。假如将浓度均为 $0.01mol\cdot L^{-1}$的 G 溶液和 H 溶液仍在 1cm 的比色皿中以上述两种波长的入射光进行测定其数据如下。计算在混合溶液中 G 和 H 的浓度。

λ/nm	A_G	A_H
495	0.08	0.67
570	0.90	0.12

分析化学模拟试卷答案一

一、是非题：在题号括号内，正确的打“√”，错误的打“×”（本大题分 10 小题，每小题 1 分，共 10 分）。

1. 错 2. 错 3. 错 4. 错 5. 错 6. 对 7. 错 8. 对 9. 对 10. 对

二、单项选择题（按题中给出的字母 A、B、C、D，您认为哪一个是正确的，请写在指定的位置内）（本大题分 20 小题，每小题 1 分，共 20 分）

1. B 2. B 3. D 4. C 5. B 6. D 7. D 8. D 9. A 10. C 11. D 12. C 13. A 14. D 15. C 16. D 17. D 18. C 19. D 20. C

三、填空题（本大题共 10 小题，总计 20 分）

1.（本小题 2 分）对照；增加测定次数，并取其平均值

2.（本小题 2 分）Ti、Fe 合量；Fe 含量

3.（本小题 2 分）7.69%；回滴（返滴定方式）

4.（本小题 1 分）邻菲罗啉法

5.（本小题 2 分）中性；弱酸

6.（小题 3 分）

滴定体系	计量点前 0.1% pH	计量点 pH	计量点后 0.1% pH
NaOH 滴定 HCl（$0.1mol\cdot L^{-1}$）	4.30	7.00	9.70
HCl 滴定 NaOH（$0.01mol\cdot L^{-1}$）	8.70	7.00	5.30

7.（本小题 1 分）1：52

8.（本小题2分）封闭；三乙醇胺

9.（本小题2分）黄；黄

10.（本小题3分）弱酸（$pH \approx 4.4$）；H^+；缓冲溶液

四、综合题（按各题目要求而定）（本大题共3小题，总计20分）

1.（本小题8分）试设计实验测定混合碱 $NaOH$、Na_3PO_4 中各组分的含量。（实验原理、实验步骤及质量分数表达）

根据 Na_3PO_4 的 K_{b1}^{θ}、K_{b2}^{θ}、K_{b3}^{θ}是否大于或等于 10^{-7} 及相邻两级 K_b^{θ}之比是否大于 10^4，判断滴定到哪一步。

滴定剂为 HCl 标准溶液，反应为：$NaOH + HCl = NaCl + H_2O$

$Na_3PO_4 + HCl = Na_2HPO_4 + NaClNa_2HPO_4 + HCl = NaH_2PO_4 + NaCl$

分别选用酚酞（消耗 NaOH 体积计为 V_1）、甲基红（消耗 NaOH 体积计为 V_2）做指示剂

$$w(NaOH) = \frac{c(HCl) \cdot V_1 \cdot M(NaOH)}{m_s} \times 100\%$$

$$w(Na_3PO_4) = \frac{c(HCl) \cdot (V_1 - V_2) \cdot M(Na_3PO_4)}{m_s} \times 100\%$$

2.（本小题6分）设计实验测定某含 Fe^{2+} 样品中的铁含量（10% ~20%）。（实验原理、实验步骤及质量分数表达）：用 $K_2Cr_2O_7$ 法测定铁含量（10% ~20%）

原理：$Cr_2O_7{}^{2-} + 6Fe^{2+} + 14H^+ = 2Cr^{3+} + 6Fe^{3+} + 7H_2O$

样品 + H_2SO_4 - 溶解 - 加氧化还原指示剂（二苯胺磺酸钠）用 $K_2Cr_2O_7$ 滴定至深绿色，加磷酸，滴定至终点，计体积。

$$w(Fe) = \frac{c(K_2Cr_2O_7) \cdot V(K_2Cr_2O_7) \cdot M(Fe) \times 6}{m_s} 100\%$$

3.（本小题6分）总结酸碱、配位、氧化还原滴定中影响突跃范围因素和直接准确、分级（分别）滴定判据。答略

五、计算题（本大题共5小题，总计30分）

1.（本小题5分）

$c \cdot K_{a1}^{\theta} > 10^{-8}$，$c \cdot K_{a2}^{\theta} > 10^{-8}$，而 $\frac{K_{a1}^{\theta}}{K_{a2}^{\theta}} < 10^4$，因此只有一个滴定突跃，测得为总酸度化学计量点时：

$$c(Na_2B) = 0.10 mol \cdot L^{-1}，[OH^-]_{eq} = \sqrt{\frac{K_w^{\theta} \cdot c}{K_a^{\theta}}} = \left(\sqrt{\frac{1.0 \times 10^{-14}}{2.5 \times 10^{-6}} \times 0.1}\right) mol \cdot L^{-1}$$

$$= 2.0 \times 10^{-5} mol \cdot L^{-1} \quad pOH = 4.70 \quad pH_{eq} = 9.30$$ 可选用酚酞为指示剂。

2.（本小题6分）

$H_2O_2 + 2I^- + 2H^+ \rightleftharpoons I_2 + 2H_2OIO_3{}^- + 5I^- + 6H^+ \rightleftharpoons 3I_2 + 3H_2O$

$I_2 + 2S_2O_3{}^{2-} \rightleftharpoons 2I^- + S_4O_6{}^{2-}$

$$T_{Na_2S_2O_3/KIO_3} = \left(\frac{1}{3} \times 3.545 \times \frac{214.0}{34.02}\right) mg \cdot mL = 7.433 mg \cdot mL$$

3.（本小题6分）

$A_1=\varepsilon_1 b_1 c_1 \quad 0.38=\varepsilon_1\times0.075\times1.0 \quad A_2=\varepsilon_2 b_2 c_2 \quad 0.26=\varepsilon_2\times c_2\times1.0 \quad \varepsilon_1=\varepsilon_2$

$c_2=(\frac{0.26\times0.075}{0.38})\text{mol}\cdot\text{L}^{-1}=0.051\text{mol}\cdot\text{L}^{-1}$

4.（本小题7分）

$$w(Al_2O_3)=\frac{\frac{1}{2}\times0.02952\times(10.00-12.20\times0.6812)\times10^{-3}}{1.032\times\frac{1}{10}}\times100\%=2.46\%$$

5.（本小题6分）

$\lambda_1=495\text{nm}$ 时 $\quad \varepsilon_G^{\lambda_1}=\frac{A}{b\cdot C_G}=(\frac{0.08}{0.01})\text{L}\cdot\text{mol}^{-1}\text{cm}^{-1}=8.0\text{L}\cdot\text{mol}^{-1}\cdot\text{cm}^{-1}$

$\varepsilon_H^{\lambda_1}=\frac{A}{b\cdot C_H}=(\frac{0.67}{0.01})\text{L}\cdot\text{mol}^{-1}\cdot\text{cm}^{-1}=67.0\text{L}\cdot\text{mol}^{-1}\cdot\text{cm}^{-1}$

$\lambda_2=570\text{nm}$ 时 $\quad \varepsilon_G^{\lambda_2}=(\frac{0.9}{0.01})\text{L}\cdot\text{mol}^{-1}\cdot\text{cm}^{-1}=90.0\text{L}\cdot\text{mol}^{-1}\cdot\text{cm}^{-1}$

$\varepsilon_H^{\lambda_2}=(\frac{0.12}{0.01})\text{L}\cdot\text{mol}^{-1}\cdot\text{cm}^{-1}=12.0\text{L}\cdot\text{mol}^{-1}\cdot\text{cm}^{-1}$

$A_{\lambda_1}=\varepsilon_G^{\lambda_1}=\text{bc(G)}+\varepsilon_H^{\lambda_1}bc(\text{H})0.30=8c(\text{G})+67c(\text{H})$ ……………①

$A_{\lambda_2}=\varepsilon_G^{\lambda_2}=\text{bc(G)}+\varepsilon_H^{\lambda_2}\text{bc(H)}0.40=90c(\text{G})+12c(\text{H})$ ……………②

$c(\text{G})=(\frac{0.30\times12-0.40\times67}{8\times12-90\times67})\text{mol}\cdot\text{L}^{-1}=3.9\times10^{-3}\text{mol}\cdot\text{L}^{-1}$

$c(\text{H})=(\frac{8\times0.40-90\times0.30}{8\times12-90\times67})\text{mol}\cdot\text{L}^{-1}=4.0\times10^{-3}\text{mol}\cdot\text{L}^{-1}$

分析化学模拟试卷二

一、是非题：在题号括号内，正确的打“√”，错误的打“×”（本大题分10小题，每小题1分，共10分）

1. $Na_2S_2O_3$标准溶液应密封于玻璃瓶中贮存。（　　）

2. 直接碘量法指示剂的加入是在被滴定的溶液变成淡黄色时加入。（　　）

3. 分析过程中，分析用试剂中含有微量待测组分，造成系统误差。（　　）

4. NaAc在水中仅部分电离。（　　）

5. 碘量法中加入过量KI的作用之一是与I_2形成I^{3+}，以增大I_2溶解度，降低I_2的挥发性。（　　）

6. 白光即复合光，只能由七种单色光按一定强度比例混合而得到，而不能由少于七种的单色光按一定强度混合得到。（　　）

7. 甲醛法测定铵盐中氮含量时，需要检验样品中是否有游离酸存在。方法是：取部分溶解的样品，滴入甲基红指示剂，溶液呈现黄色，说明有游离酸存在，需要采取措施扣除其影响。（　　）

8. 分光光度分析中，利用吸收曲线获得定量测定时所需的测量波长。（　　）

9. 在酸碱滴定中，一般都采用强酸或强碱作为滴定剂。（　　）

10. 显色反应时间越长，反应越完全，对显色反应和分光光度测定越有利。(　　)

二、选择题：在下列各题中，分别有代码为 A，B，C，D 的 4 个备选答案，将正确答案的代码填入题末“答( )”的括号中(单选题).（本大题分 15 小题，每小题 1 分，共 15 分）

1. 氧化还原滴定曲线突跃的大小与两电对的电极电位差值有关，对 $n_1 = n_2 = 1$ 的反应，为使滴定有明显的突跃，$|\varphi_1^{\theta'} - \varphi_2^{\theta'}|$ 应大于：(　　)

A. 0.09 V；　B. 0.27 V；　C. 0.18 V；　D. 0.36 V

2. 表示固体试样中组分含量，常用物质的：(　　)

A. 物质的质量；　B. 物质的摩尔数；　C. 物质的质量分数；D. 物质的量浓度

3. 用双指示剂法测定可能含有 NaOH 及各种磷酸盐的混合液。现取一定体积的该试液，用 HCl 标准溶液滴定，以酚酞为指示剂，用去 HCl 18.02 mL，然后加入甲基红指示剂继续滴定至橙色时，又用去 20.50 mL，则此溶液的组成是：(　　)

A. Na_3PO_4；　B. $Na_2HPO_4 + NaH_2PO_4$；

C. $NaOH + Na_3PO_4$；　D. $Na_3PO_4 + Na_2HPO_4$

4. 欲配制草酸钠溶液以标定 0.04000mol · L^{-1} $KMnO_4$ 溶液，如要使标定时两种溶液消耗的体积相等，则草酸钠应配制的浓度为：(　　)

A. 0.1000 mol · L^{-1}；　B. 0.04000 mol · L^{-1}；

C. 0.05000 mol · L^{-1}；　D. 0.08000 mol · L^{-1}

5. 可见分光光度计中使用的光源是：(　　)

A. 氘灯；　B. 空心阴极灯；　C. 硅碳棒；　D. 钨灯

6. 以甲基橙为指示剂，能用 HCl 标准溶液直接滴定的碱是：(　　)

A. PO_4^{3-}；　B. $C_2O_4^{2-}$；　C. Ac^-；　D. $HCOO^-$

7. 欲将测定结果的平均值与标准值之间进行比较，看有无显著性差异，则应用：(　　)

A. t 检验；　B. F 检验；　C. Q 检验；　D. G 检验

8. 以 EDTA 滴定金属离子 M，影响滴定曲线化学计量点后突跃范围大小，说法正确的是：(　　)

A. 金属离子 M 的配位效应；　B. 金属离子 M 的浓度；

C. EDTA 的酸效应；　D. 金属离子 M 的浓度及其配位效应

9. 铁在植物样品中是微量元素。若对植物样品中铁进行测定，要求测定的相对误差在 ±2% 内，可选用下列何种方法测定。(　　)

A. EDTA 配位滴定法；　B. 重铬酸钾法；

C. 邻二氮菲分光光度法；　D. 碘量法

10. 下列滴定反应：$2Fe^{3+} + Sn^{2+} = 2Fe^{2+} + Sn^{4+}$，其化学计量点的电势值：(　　)

已知：$\varphi^{\theta}_{Fe^{3+}/Fe^{2+}} = 0.77\ V$，$\varphi^{\theta}_{Sn^{4+}/Sn^{2+}} = 0.15\ V$

A. 0.05V；　B. 0.36V；　C. 0.77V；　D. 1.44V

11. 用 NaOH 滴定某一元弱酸 HA，在计量点时，$[H^+]$ 的计算式是：(　　)

A. $\sqrt{K_a^{\theta} \cdot c(HA)}$；　B. $K_a^{\theta} \cdot \dfrac{c(HA)}{c(A^-)}$；　C. $\sqrt{\dfrac{K_w^{\theta}}{K_a^{\theta}} \cdot c(A^-)}$；　D. $\sqrt{\dfrac{K_a^{\theta} \cdot K_w^{\theta}}{c(A^-)}}$

12. 以下各混合酸（或混合碱）中，能准确滴定其中强酸(或强碱)的是(浓度均为 0.1

$mol \cdot L^{-1}$)：(　　)

A. $HCl - NH_4Cl$ ($pK_a^\theta = 9.26$)；　　B. $HCl - HAc$ ($pK_a^\theta = 4.74$)；

C. $NaOH - NH_3$ ($pK_b^\theta = 4.74$)；　　D. HCl－一氯乙酸($pK_a^\theta = 2.86$)

13. 下列说法中错误的是(　　)

A. 朗伯－比耳定律只适于单色光；

B. 在邻二氮菲测铁实验中溶液为红色，应选择红色滤光片；

C. 可见光应选择的光源是氢灯；

D. 摩尔吸光系数 ε 越大，说明反应越灵敏

14. 用 $0.1000\ mol \cdot L^{-1}$ NaOH 溶液滴定同浓度 HAc($pK_a^\theta = 4.74$)的 pH 突跃范围为 7.7～9.7。若用 $0.1000\ mol \cdot L^{-1}$ NaOH 溶液滴定某弱酸 HB($pK_a^\theta = 2.74$)时，pH 突跃范围是(　　)

A. 8.7～10.7；　　B. 6.7～9.7；　　C. 6.7～10.7；　　D. 5.7～9.7

15. 以 EDTA 为滴定剂，下列叙述中错误的是：(　　)

A. 在酸度较高的溶液中，可形成 MHY 配合物；

B. 在碱性较高的溶液中，可形成 MOHY 配合物；

C. 不论形成 MHY 或 MOHY，均有利于滴定反应；

D. 不论溶液 pH 值的大小，只形成 MY 一种形式的配合物

三、填空题：把正确的答案填在题中横线上方的空位处.（本大题共 11 小题，总计 31 分）

1.（本小题 2 分）

滴定分析要求滴定反应必须定量进行，通常要求反应的完全程度达到________以上。其原因是____________。

2.（本小题 2 分）

$NH_4H_2PO_4$ 水溶液的质子条件是____________________。

3.（本小题 2 分）

在 pH＝1.0 的 Bi^{3+}，Pb^{2+} 均为 $0.020\ mol \cdot L^{-1}$ 的 HNO_3 溶液中，以二甲酚橙为指示剂，用 $0.020\ mol \cdot L^{-1}$ EDTA 滴定其中的 Bi^{3+}。此时 $\lg K_f^{\theta'}(BiY)$＝________；Pb^{2+} 对 Bi^{3+} 的滴定是否产生干扰________。($\lg K_f^\theta(BiY) = 27.9$；$\lg K_f^\theta(PbY) = 18.0$；pH＝1.0 时，$\lg\alpha_{Y(H)} = 18.0$)

4.（本小题 4 分）

7220 型可见分光光度计是目前实验室中常用的可见分光光度计，它是由________、________、________、________部分组成的。

5.（本小题 3 分）

溴酸钾法测定苯酚的反应如下：$BrO_3^- + 5Br^- + 6H^+ = 3Br_2 + 3H_2O$

$C_6H_5OH + 3Br_2 = C_6H_2Br_2OH + 3HBr$；$Br_2 + 2I^- = I_2 + 2Br^-$

$I_2 + 2S_2O_3^{2-} = 2I^- + S_4O_6^{2-}$ 在此测定中 $Na_2S_2O_3$ 与苯酚的物质的量之比为________。

6.（本小题 3 分）

根据下表所给的数据判断在以下的滴定中化学计量点及其前后的 pH 值：

滴 定 体 系	计量点前 0.1% pH	计量点 pH	计量点后 0.1% pH
HCl 滴 NaOH（0.1 mol·L^{-1}）	9.70	7.00	4.30
NaOH 滴定 HCl（0.001 mol·L^{-1}）			

7.（本小题 4 分）

比较下列滴定中，哪种滴定类型滴定突跃范围最大 ________；哪种滴定突跃范围最小 ________。①1.0 mol·L^{-1} NaOH 滴定 1.0 mol·L^{-1} HCl；②0.1mol·L^{-1} NaOH 滴定 0.1 mol·L^{-1}HCl；③0.1mol·L^{-1}NaOH 滴定 0.1mol·L^{-1}HCOOH；④0.1mol·L^{-1}NaOH 滴定 0.1 mol·L^{-1}HAc。

8.（本小题 5 分）

在 pH = 10 时，用 EDTA 滴定 Mg^{2+}，溶液中首先加入铬黑 T 指示剂，此时溶液呈现 ________色，当滴入 EDTA 后，先与 EDTA 反应的是________，到达计量点时，溶液呈现 ________色，其原因是________________________________。

9、（本小题 2 分）

间接碘量法的主要误差来源为 ________ 和 ________。

10.（本小题 2 分）

为滴定选择一种合适的指示剂。用 0.100mol·L^{-1} NaOH 滴定 0.10mol·L^{-1} NH_4Cl 和 0.100 mol·L^{-1}HCl 混合溶液中的 HCl，选择 ________ 为指示剂。

11.（本小题 2 分）

某显色剂 R 分别与金属离子 M 和 N 形成有色配合物 MR 和 NR，在某一波长下分别测得 MR 和 NR 的吸光度为 0.250 和 0.150，则在此波长下 MR 和 NR 的总吸光度为 ________。

四、实验设计及简答题：根据问题要求回答各题或完成实验设计.（本大题共 3 小题，总计 15 分）

1.（本小题 5 分）0.1 mol·L^{-1} $ClCH_2COOH$（$pK_a^\theta = 2.86$）能否用酸碱标准溶液直接滴定？判断根据是什么？如果可以，请指出滴定剂，计算化学计量点 pH 值。并在百里酚酞 [$pK_a^\theta(HIn) = 10.0$] 和苯酚红 [$pK_a^\theta(HIn) = 8.0$）中选一适宜的指示剂。

2.（本小题 4 分）某溶液浓度经 6 次平行测定，结果如下：0.5050；0.5042；0.5086；0.5063；0.5051；0.5064 用 Q 检验法检验可疑值 0.5086 应否舍弃：（$Q_{0.90} = 0.56$）

3.（本小题 6 分）欲定量测定一含有 HCl 和 H_3PO_4 及中性杂质的混合酸样品，请设计分析方案(写明原理、简单步骤、结果计算公式)

五、计算题：

（本大题共 5 小题，总计 29 分）

1.（本小题 5 分）称取钢铁样品 1.00 g 溶于酸后，加酒石酸掩蔽铁，并用氨水调节溶液至弱碱性，再加入丁二酮肟，使 Ni 生成沉淀。沉淀过滤后溶解于硝酸，加氨水调节溶液至碱性，以紫尿酸铵为指 示剂，用 0.0103 mol·L^{-1} 的 EDTA 溶液滴定至紫色为终点，消耗 EDTA 18.4 mL。计算钢铁 样品中 Ni 质量分数。 $M(Ni) = 58.69 g \cdot mol^{-1}$

2.（本小题 5 分）欲配制 $Na_2C_2O_4$ 溶液用于在酸性介质中标定 0.02 mol·L^{-1} 的 $KMnO_4$ 溶液，若要使标定时，两种溶液消耗的体积相近，应配制多大浓度的 $Na_2C_2O_4$ 溶液？配制

100mL 这种溶液应称取 $Na_2C_2O_4$ 多少克?（已知 $M(Na_2C_2O_4)=134.0$）

3.（本小题 4 分）一溶液每升中含有 5.0×10^{-2} g 溶质。此溶质的摩尔质量为 125 $g\cdot mol^{-1}$,将此溶液放在 1.00cm 厚的比色皿内，测得的吸光度是 1.00。计算该溶质的摩尔吸光系数。

4.（本小题 7 分）

甲乙两组数据，其各次测定的偏差分别为：

甲 组：+0.1，+0.4，0.0，−0.3，+0.2，−0.3，+0.2，−0.2，−0.4，+0.3

乙 组：−0.1，−0.2，+0.9，0.0，+0.1，+0.1，0.0，+0.1，−0.7，−0.2

计算两组数据的平均偏差和标准偏差，从计算结果说明什么问题?

5.（本小题 7 分）某钢样含锰约 0.15%，溶解后锰全部转化为 MnO_4^-，于 100mL 容量瓶中定容，用吸光光度法于 525nm 处用 1cm 比色皿进行测定，$\varepsilon=2.2\times10^3\ L\cdot mol^{-1}\cdot cm^{-1}$。若希望仪器测量相对误差为最小，应称取试样多少克?（已知 $M(Mn)=54.938$）

分析化学模拟试卷答案二

一、是非题：在题号括号内，正确的打“√”，错误的打“×”.（本大题分 8 小题，每小题 1 分，共 8 分）

1. 错 2. 错 3. 对 4. 错 5. 对 6. 错 7. 错 8. 对 9. 对 10. 错

二、选择题：在下列各题中，分别有代码为 A，B，C，D 的 4 个备选答案，将正确答案的代码填入题末“答（ ）：的括号中.（本大题分 19 小题，每小题 1 分，共 19 分）

1. D 2. C 3. D 4. A 5. D 6. A 7. A 8. C 9. C 10. B 11. D 12. A 13. C 14. D 15. D

三、填空题：把正确的答案填在题中横线上方的空位处.（本大题共 11 小题，总计 31 分）

1.（本小题 2 分）99.9% 误差可控制在 ±0.1% 以内

2.（本小题 2 分）$[H^+]+[H_3PO_4]=[NH_3]+2[PO_4^{3-}]+[HPO_4^{2-}]+[OH^-]$

3.（本小题 2 分） 9.9 没有

4.（本小题 4 分）光源 分光器(单色器) 样品室 检测系统

5.（本小题 3 分）6∶1

6.（本小题 3 分）

6.30	7.00	7.70

7.（本小题 4 分）① ④

8.（本小题 5 分）红 溶液中游离的 Mg^{2+} 蓝

已与 EBT 配位的 Mg^{2+} 也被 EDTA 夺出，释放出指示剂 EBT，因而使溶液呈现 EBT 的蓝色

9.（本小题 2 分）I_2 的挥发 I^- 的被氧化

10.（本小题 2 分）甲基红

11.（本小题 2 分）0.400

四、实验设计及简答题：根据问题要求回答各题或完成实验设计．（本大题共3小题，总计15分）

1.（本小题5分）

$ClCH_2COOH$　　$pK_a^\theta = 2.86$ 、$K_a^\theta = 1.4 \times 10^{-3}$

$\because c \cdot K_a^\theta > 10^{-8}$可以准确滴定，滴定剂 NaOH 达计量点时生成 CH_2ClCOO^-

$$[OH^-]_{计} = \sqrt{K_b^\theta \cdot c} = \sqrt{\frac{K_w^\theta}{K_a^\theta} \times \frac{0.1}{2}} = \sqrt{\frac{10^{-14}}{1.4 \times 10^{-3}} \times 0.05} = 5.9 \times 10^{-7}\ mol \cdot L^{-1}$$

$pOH = 6.23$　　$pH = 14 - 6.23 = 7.8$　选苯酚红作指示剂

2.（本小题4分）用 Q 检验法，$Q_{计} = \dfrac{|x_{可疑} - x_{邻}|}{R} = \dfrac{|0.5086 - 0.5064|}{0.5086 - 0.5042} = 0.50$

$Q_{计} < Q_{表}$，保留

3.（本小题6分）

欲定量测定一含有 HCl 和 H_3PO_4 及中性杂质的混合酸样品，请设计分析方案（写明原理、简单步骤、结果计算公式）答：略

五、计算题：计算下列各题．（本大题共5小题，总计29分）

1.（本小题5分）

$$w(Ni) = \frac{c(EDTA)V(EDTA)M(Ni)}{m} = \frac{0.0103 \times 18.4 \times 58.69 \times 10^{-3}}{1.00} = 0.0111 = 1.11\%$$

2.（本小题5分）

$5n(KMnO_4) = 2n(Na_2C_2O_4)$ 因为 $V(KMnO_4) \approx V(Na_2C_2O_4)$

所以 $c(Na_2C_2O_4) = 5 \times 0.02/2 = 0.05(mol \cdot L^{-1})$

配制100mL溶液时，$m(Na_2C_2O_4) = 0.05 \times .0100 \times 134 = 0.7g$

3、（本小题4分）

$\varepsilon = A/c \cdot b = 1.00 \times 125/5.0 \times 10^{-2} \times 1.00 = 2.50 \times 10^4 (L \cdot mol^{-1} \cdot cm^{-1})$

4.（本小题7分）

$\bar{d}_{甲n} = 0.24$　$\bar{d}_{乙n} = 0.24$

$s_{甲} = 0.28$　$s_{乙} = 0.40$　标准偏差能更好地反映数据的离散程度

5.（本小题7分）解：

设应称取 W g。根据朗伯－比耳定律，得

$A = \varepsilon bc$

希望仪器测量相对误差为最小，即要求 $A = 0.434$，得

$0.434 = 2.2 \times 10^3 \times 1 \times 0.15\% \cdot W/(0.100 \times 54.938)$

解得 $W = 0.72g$

分析化学模拟试卷三

一、是非题：在题号括号内，正确的打"√"，错误的打"×"。（本大题分10小题，每小题1分，共10分）

1. 在非缓冲溶液中，用 EDTA 标准溶液滴定金属离子的过程中，溶液的酸度逐渐降低。

(　)

2. HCl 标准溶液滴定 NaOH(0.01mol · L^{-1})若用甲基橙指示剂指示滴定终点，终点误差为负误差。(　　)

3. 高锰酸钾是一种强氧化剂，在强酸性溶液中或得 3 个电子还原为 MnO_2。(　　)

4. 移液管调节刻度时，应使用食指或拇指按住移液管顶部。(　　)

5. 在酸性溶液中，用 KIO_3 标定 $Na_2S_2O_3$ 溶液，即用 $Na_2S_2O_3$ 滴定 KIO_3 与过量 KI 作用后析出的 I_2，$n(KIO_3)$：$n(Na_2S_2O_3)$ = 1：5。(　　)

6. 基准物 $H_2C_2O_4 \cdot 2H_2O$ 即可标定 $KMnO_4$ 溶液又可标定 NaOH 溶液。(　　)

7. 分光光度计中检测器的作用是将电信号转变为光信号。(　　)

8. 50mL 的滴定管读数应读到 0.01mL，因为滴定管的分度值为 0.01mL。(　　)

9. 吸光光度法中，以波长为横坐标，吸光度为纵坐标作图，得到一条曲线，称为吸收曲线。(　)

10. 为防止 I^- 被氧化，碘量法在碱性溶液中进行。(　　)

二、单项选择题(按题中给出的字母 A、B、C、D，您认为哪一个是正确的，请写在指定的位置内)(本大题分 20 小题，每小题 1 分，共 20 分)

1. 滴定分析通常适用于(　　)

A. 微量分析　　B. 常量分析　　C. 半微量分析　　D. 痕量分析

2. 下列各酸的酸度相等时，溶液的物质的量浓度最大的是(　　)

A. HCl　　B. HAc　　C. H_3BO_3　　D. H_2SO_4

3. 配位滴定中，如果 MIn 配合物稳定性太低就会导致(　)

A. 使终点拖后，发生封闭现象　　B. 指示剂的僵化现象

C. 指示剂的氧化变质现象　　D. 使终点提前，且颜色变化不敏锐

4. 0.1000mol · L^{-1}EDTA 的 $T_{EDTA/MgO}$是(　)。$M(MgO)$ = 40.32g · mol^{-1}

A. 2.016mg · mL^{-1}　　B. 4.032 mg · mL^{-1}　　C. 1.008 mg · mL^{-1}　　D. 1.344 mg · mL^{-1}

5. 重铬酸钾法中所用的指示剂属于(　　)

A. 氧化还原指示剂　B. 自身指示剂　C. 特殊指示剂　D. 金属指示剂

6. 吸光度 A 与透光率 T 的关系为(　　)

A. $\frac{1}{T} = A$　　B. $\lg \frac{1}{T} = A$　　C. $\lg T = A$　　D. $T = \lg \frac{1}{A}$

7. 欲取 25mL 去离子水溶解 Na_2CO_3 试样，请选用合适的量器。(　　)

A. 滴定管　　B. 量筒　　C. 移液管　　D. 吸量管

8. 用 EDTA 滴定下列离子时，能采用直接滴定方式的是(　　)。

A. Ag^+　　B. Al^{3+}　　C. Cr^{3+}　　D. Ca^{2+}

9. 氧化还原滴定曲线突跃的大小与两电对的电极电势差值有关，对 $n_1 = n_2 = 1$ 的反应，为使滴定有明显的突跃，$|\varphi_1^\theta - \varphi_2^\theta|$ 应大于(　　)。

A. 0.09V　　B. 0.27V　　C. 0.18V　　D. 0.36V

10. 某显色剂在 pH = 1 - 6 时呈黄色，pH 为 6 - 12 时呈橙色，pH 大于 13 时呈红色。该显色剂与某金属离子配合后呈现红色，则该显色反应应在(　　)。

A. 弱酸性中进行　B. 弱碱性中进行　C. 中性溶液中进行　D. 强碱性中进行

11. 用0.1 mol·L^{-1} HCl 滴定 0.1mol·L^{-1} NH_3·H_2O（$pK_b^\theta=4.74$）的 pH 突跃范围为 6.3~4.3，若用0.1mol·L^{-1} HCl 滴定 0.1mol·L^{-1}，$pK_b^\theta=2.7$ 的一元弱碱，pH 突跃范围为：（　　）

A. 6.3~2.3； B. 8.3~2.3； C. 8.3~4.3； D. 4.3~6.3.

12. 对反应 $aA+bB=cC+dD$，根据 SI 单位，其 $\frac{a}{b}$ 的意义是(　　)

A. A 物质与 C 物质的物质的量之比； B. A 物质与 B 物质的摩尔比；
C. A 物质与 B 物质的摩尔数之比； D. A 物质与 B 物质的化学计量系数之比

13. 下列物质中可用于直接配制标准溶液的是（　）。

A. 固体 NaOH(GR) B. 固体 $KBrO_3$(GR)
C. 固体 $Na_2S_2O_3\cdot5H_2O$(AR) D. 浓 HCl(GR)

14. 某有色物质溶液的浓度为 1.00×10^{-5}mol·L^{-1}，以 1cm 比色皿在最大吸收波长下测得的吸光度为 0.280，在此波长下，该有色物质的摩尔吸光系数为(　　)。

A. 2.80×10^{4}L·mol^{-1}·cm^{-1} B. 2.80×10^{-6}L·mol^{-1}·cm^{-1}
C. 2.80×10^{-4}L·mol^{-1}·cm^{-1} D. 2.80×10^{6}L·mol^{-1}·cm^{-1}

15. 磷在钢铁中是有害元素，一般要求钢中含磷量小于 0.035%。若对钢样中磷进行测定，要求测定的相对误差在 ±2% 以内，可选用下列何种方法测定。(　　)

A. EDTA 配位滴定法 B. 酸碱滴定法 C. 磷钼蓝分光光度法 D. 碘量法

16. 需配制 1000 mL0.1000mol·L^{-1}的 $K_2Cr_2O_7$ 标准溶液，请在下列量器中选用一最合适的量器。( )

A. 量筒 B. 滴定管 C. 移液管 D. 容量瓶

17. 在符合光吸收定律的范围内，有色物质的浓度(C)最大的吸收波长(λ)和吸光度(A)的关系是(　　)。

A. C 增加、λ 增加、A 增加 B. C 减小、λ 不变、A 减小
C. C 减小、λ 增加、A 增加 D. C 增加、λ 不变、A 减小

18. 用 EDTA 滴定 Ca^{2+}、Mg^{2+}，采用铬黑 T 为指示剂，少量 Fe^{3+} 的存在将导致(　　)。

A. 指示剂被封闭
B. 在计量点前指示剂即开始游离出来，使终点提前
C. 使 EDTA 与指示剂作用缓慢，使终点提前
D. 与指示剂形成沉淀，使其失去作用

19. 分光光度法中，为了减少测量误差，理想的吸光度读数范围是(　　)。

A. 0.2~1.2 B. 0.5~2.5 C. 0.2~0.7 D. 0.05~0.9

20. Zn^{2+}－双硫腙－$CHCl_3$ 萃取液为紫红色，其吸收最大的光的颜色为(　　)

A. 红； B. 橙； C. 黄； D. 绿

三、填空题(本大题分 7 小题，共 20 分)

1. (本小题 5 分) $Na_2C_2O_4$ 标定 $KMnO_4$ 标准溶液的反应式为____反应条件为____________、____________、____________等滴定条件。

2.（本小题 2 分）若用 Na_2CO_3 为基准物标定 HCl 的浓度，而基准物中含有少量的 K_2CO_3，HCl 的浓度将 ________。（填偏低、偏高或无影响）

3.（本小题 2 分）影响配位滴定突跃范围大小的因素有________、________。

4.（本小题 3 分）引入条件电极电势后，Fe^{3+}/Fe^{2+} 电对的能斯特(Nernst)方程式可表示为(25℃) ________________。

5.（本小题 4 分）当酸度很高时，EDTA 酸相当于 ________ 元酸，在水溶液中有种存在形式，这些形式是 ________________________________。

6.（本小题 4 分）氧化还原反应历程复杂，一般速度较慢，为了提高氧化还原反应速度可采取的措施有 ____________、____________、____________。对于碘量法，其中____________ 不能用，原因是 I_2 易挥发。

7.（本小题 2 分）若 1mL NaOH 标准溶液相当于 0.03646g HCl，则滴定度可表示为 ____________。

四、实验设计（本大题分 3 小题，共 20 分）

1.（本小题 8 分）有一混合碱样品，可能含有 NaOH、Na_2CO_3（可能是一种物质，也可能是两种物质的混合物），请设计实验方案；完成分析工作。（应说明设计思路、设计依据、所用试剂简略的实验步骤、实验结果的表示等）。

2.（本小题 7 分）有一样品中含有 Co（量极少），请设计分析方案。（不含干扰物质）（要求同上）

3.（本小题 7 分）食用白醋的分析，主要是以 HAc 的量为依据，请设计分析方案（要求同上）。

五、计算题（本大题分 6 小题，共 30 分）

1.（本小题 6 分）用磺基水杨酸测定铁，以 1.000g 铁铵矾[$NH_4Fe(SO_4)_2 \cdot 12H_2O$] 溶于 500 mL 水制成铁标准溶液，取 6.00 mL 铁标准溶液，在 50 mL 容量瓶中显色得到吸光度为 0.480。吸取 5.00 mL 试液稀释到 250 mL，然后取 2.00 mL 在 50 mL 容量瓶中同样显色，得 $A = 0.500$，求 Fe 的含量（$g \cdot L^{-1}$）。[$M(Fe) = 55.85 g \cdot mol^{-1}$ M(铁胺矾) $= 482.18 g \cdot mol^{-1}$]

2.（本小题 5 分）用 NaOH 标准溶液滴定琥珀酸 $H_2C_4H_4O_4$ 时，有几个滴定突跃？计算化学计量点时的 pH 值（假定滴定产物浓度为 $0.10 mol \cdot L^{-1}$），并选择合适的指示剂。

（已知琥珀酸的 $K_{a1}^{\theta} = 6.9 \times 10^{-5}$，$K_{a2}^{\theta} = 2.5 \times 10^{-6}$）

3.（本小题 6 分）称取 Al_2O_3（$M = 101.96 g \cdot mol^{-1}$）试样 1.032g，处理成溶液后，移入 250mL 容量瓶中，稀释至刻度。移取 25.00mL 该试液，加入 10mL $0.02952 mol \cdot L^{-1}$ EDTA 标准溶液，以二甲酚橙为指示剂，用 $Zn(Ac)_2$ 标准溶液回滴至红紫色，耗去 12.20 mL。已知 1mL $Zn(Ac)_2$ 溶液相当于 0.6812mL EDTA 溶液，求试样中 Al_2O_3 的质量分数。

4.（本小题 4 分）若 1.00 mL $K_2Cr_2O_7$ 相当于 0.005000g Fe，计算其物质的量浓度。

$M(Fe) = 55.85 g \cdot mol^{-1}$

5.（本小题 4 分）有一含铜样品，经两次测定，含铜量分别为 24.87% 和 24.93%，而铜实际含量为25.05%，求分析结果的相对误差及相对相差。

6.（本小题5分）用 $Na_2C_2O_4$ 作为基准物标定 HCl 是将准确称取的 $Na_2C_2O_4$ 灼烧成 Na_2CO_3 后，再用 HCl 滴定至甲基橙终点。试计算标定 $0.2\ mol \cdot L^{-1}$ HCl 时 $Na_2C_2O_4$ 的称量范 围。$M(Na_2C_2O_4) = 134\ g \cdot mol^{-1}$

分析化学模拟试卷答案三

一、是非题：在题号括号内，正确的打"√"，错误的打"×"。（本大题分10小题，每小题1分，共10分）

1 错 2 错 3 错 4 错 5 错 6 对 7 错 8 错 9 对 10 错

二、单项选择题（按题中给出的字母A、B、C、D，您认为哪一个是正确的，请写在指定的位置内）（本大题分20小题，每小题1分，共20分）

1. B　2. C　3. D　4. B　5. A　6. B　7. B　8. D　9. D　10. A　11. C　12. A　13. B　14. A　15. C　16. D　17. B　18. A　19. C　20. D

三、填空题（本大题分7小题，共20分）

1.（本小题5分）$2MnO_4^{2-} + 5C_2O_4^{2-} + 16H^+ \xlongequal{} 2Mn^{2+} + 10CO_2 + 8H_2O$

温度；酸度；滴定速度（催化剂）

2.（本小题2分）　偏高

3.（本小题2分）　$c(M)$　$\lg K_f^{\theta'}(MY)$（或 $K_f^{\theta'}(MY)$）

4.（本小题3分）　$\varphi_{Fe^{3+}/Fe^{2+}} = \varphi^{\theta'}_{Fe^{3+}/Fe^{2+}} + 0.059\lg \dfrac{c(Fe^{3+})}{c(Fe^{2+})}$

5.（本小题4分）6，7，H_6Y^{2+}　H_5Y^+ H_4Y　H_3Y^-　H_2Y^{2-}　HY^{3-}　Y^{4-}

6.（本小题4分）增加反应物的浓度；升高温度；使用催化剂。升高温度

7.（本小题2分）$T_{NaOH/HCl} = 0.03646 g \cdot mL^{-1}$

四、实验设计（本大题分3小题，共20分）

1.（本小题8分）略

2.（本小题7分）略

3.（本小题7分）略

五、计算题（本大题分6小题，共30分）

1.（本小题6分）解：铁 标 液 的 浓 度 $\dfrac{1.000 \times 55.85}{482.18 \times 0.5000} = 0.2317\ (g \cdot L^{-1})$

显色液中铁的浓度 $\dfrac{0.2317 \times 6.00n}{50.0} = 0.02780\ (g \cdot L^{-1})$ $\dfrac{A_s}{A_x} = \dfrac{c_s}{c_x}$

故 $c_x = \dfrac{A_x \cdot c_s}{A_s} = \dfrac{0.500 \times 0.02780}{0.480} = 0.02896\ (g \cdot L^{-1})$

原试液中铁的浓度　$0.02896 \times \dfrac{50.00}{2.00} \times \dfrac{250.0}{5.00} = 36.2\ (g \cdot L^{-1})$

2.（本小题5分）　$c \cdot K^\theta_{a1} > 10^{-8}$，$c \cdot K^\theta_{a2} > 10^{-8}$，而 $\dfrac{K^\theta_{a1}}{K^\theta_{a2}} < 10^4$

因此只有一个滴定突跃，测得为总酸度

化学计量点时：$c(Na_2B)=0.10mol\cdot L^{-1}$，

$$[OH^-]_{eq}=\sqrt{\frac{K_w^\theta\cdot c}{K_{a2}^\theta}}=\sqrt{\frac{1.0\times10^{-14}}{2.5\times10^{-6}}\times0.1}\ (mol\cdot L^{-1})=2.0\cdot10^{-5}mol\cdot L^{-1}$$

$pOH=4.70$，$pH_{eq}=9.30$　可选用酚酞为指示剂。

3.（本小题6分）

$$w(Al_2O_3)=\frac{\frac{1}{2}\times0.02952\times(10.00-12.20\times0.6812)\times10^{-3}}{1.032\times\frac{1}{10}}\times100\%=2.46\%$$

4.（本小题4分）

反应式为　$Cr_2O_7^{2-}+6Fe^{2+}+14H^+ = 2Cr^{3+}+6Fe^{3+}+7H_2O$

由反应式可知 $n(Cr_2O_7^{2-})=\frac{1}{6}n(Fe^{2+})$

$$c(Cr_2O_7^{2-})=\frac{1}{6}\times\frac{m(Fe)\times10^3}{M(Fe)\cdot V(Cr_2O_7^{2-})}=0.01492\ mol\cdot L^{-1}$$

5.（本小题4分）$\bar{x}=24.90$　相对误差 $=-0.6\%$　相对相差 $=0.2\%$

6.（本小题5分）$Na_2CO_3+2HCl=2NaCl+H_2O+CO_2$

∵ 1 mol $Na_2C_2O_4$ 相当于 1 molNa_2CO_3 相当于 2 mol HCl

∴ $n(Na_2C_2O_4)=\frac{1}{2}n(HCl)$

$$m_1(Na_2C_2O_4)=\frac{1}{2}\times0.2\times20\times10^{-3}\times134=0.268\ g$$

$$m_2(Na_2C_2O_4)=\frac{1}{2}\times0.2\times30\times10^{-3}\times134=0.402\ g$$

∴ 称量范围 0.3 ~ 0.4 g

分析化学研究生考试模拟试卷一

一、选择题（每题2分，共40分）

下列有关置信度和置信区间的正确表达是（　　）。

A. 置信度越大，对应的测定可靠性越高

B. 置信区间的大小和测定结果的精密度有关

C. 置信度越大，对应的置信区间越窄

D. 置信区间中值决定总体平均值的大小

2. 配制 pH＝5 左右的缓冲溶液，缓冲体系最好选择（　　）。

A. 一氯乙酸（$pK_a^\theta=2.86$）－共轭碱　　B. 氨水（$pK_b^\theta=4.74$）－共轭酸

C. 羟胺（$pK_b^\theta=8.04$）－共轭酸　　D. 乙酸（$pK_a^\theta=4.75$）－共轭碱

3. 测定水中硬度时，应选用哪种物质作为基准物标定 EDTA 的浓度（　　）。

A. $Pb(NO_3)_2$　　B. Zn　　C. $MgCO_3$　　D. $CaCO_3$

4. 在沉淀滴定的佛尔哈德法中，指示剂能够指示滴定终点是因为(　　)。

A. 生成 Ag_2CrO_4 沉淀　　B. 指示剂吸附在卤化银沉淀上

C. Fe^{3+}生成有色配合物　　D. 黄色 Fe^{3+} 被还原为几乎无色 Fe^{2+}

5. 已知 $\varphi^{\theta}_{O_2/H_2O}=1.229V$，$\varphi^{\theta}_{Sn^{4+}/Sn^{2+}}=0.151V$，在实验室中可以配制 $SnCl_2$ 水溶液的原因是(　　)。

A. 水中溶解氧的分压较小　　B. 溶液酸度很小

C. O_2 氧化 Sn^{2+} 的速度很慢　　D. 反应的平衡常数较小

6. 已知 $\lg K^{\theta}_f(FeY)=25.1$ 和相应的 $\lg \alpha_{Y(H)}$（见下表），若用 $0.020mol\cdot L^{-1}$EDTA 滴定 $0.020mol\cdot L^{-1}Fe^{3+}$ 的溶液，滴定时最高允许酸度是(　　)。($\Delta pM=\pm0.2$，$TE=\pm0.1\%$)

pH	1	2	3	4
$\lg \alpha_{Y(H)}$	18.01	13.51	10.60	8.44

A. pH≈1　　B. pH≈1.5　　C. pH≈2　　D. pH≈4

7. 在溶液合成中，可以控制得到性能特异的准一维纳米如纳米线、纳米棒等。根据沉淀的形成理论，以下对准一维纳米材料制备过程中的最可能推论是(　　)。

A. 只有异相成核作用　　B. 溶液浓度要尽量小

C. 颗粒聚积速度要大于定向速度　　D. 构晶离子在预定方向进入晶格

8. 在酸碱滴定中，总是选择强酸强碱作为滴定剂的理由是(　　)。

A. 配制标准溶液较方便　　B. 滴定突跃范围较大

C. 指示剂变色范围增大　　3D. 滴定反应速度较快

9. 以下表述正确的是(　　)。

A. 二甲酚橙指示剂的理论变色点是一定值

B. 用 EDTA 直接滴定 Al^{3+}时，可以用二甲酚橙做指示剂

C. 二甲酚橙指示剂既可适用于酸性溶液也适用于弱碱性溶液

D. 二甲酚橙指示剂的滴定终点与金属离子的副反应有关

10. 用邻苯二甲酸氢钾(邻苯二甲酸 $pK^{\theta}_{a1}=2.95$，$pK^{\theta}_{a2}=5.41$)标定 NaOH 溶液浓度时，应选用的指示剂是(　　)。

A. 甲基橙($pK^{\theta}_a(HIn)=3.4$)　　B. 甲基红($pK^{\theta}_a(HIn)=5.2$)

C. 中性红($pK^{\theta}_a(HIn)=7.4$)　　D. 酚酞($pK^{\theta}_a(HIn)=9.1$)

11. 对盐酸介质中的反应 $2Fe^{3+}+Sn^{2+}=2Fe^{2+}+Sn^{4+}$，其化学计量点电势($\varphi_{sp}$)是(　　)。($\varphi^{\theta'}_{Fe^{3+}/Fe^{2+}}=0.68V$，$\varphi^{\theta'}_{Sn^{4+}/Sn^{2+}}=0.14V$)

A. 0.41V　　B. 0.50V　　C. 0.32V　　D. 0.27V

12. 利用 $BaSO_4$ 沉淀可以富集某样品中存在的痕量 Ra，这是利用了沉淀过程中的哪一种性质(　　)。

A. 形成混晶　　B. 表面吸附　　C. 形成双电层　　D. 继沉淀

13. 用 MnO_4^-滴定 Fe^{2+}时，Cl^-的氧化被加快，是因为(　　)。

A. 催化反应　　B. 同离子效应　　C. 诱导反应　　D. 盐效应

14. 在 $PbSO_4$ 沉淀过程中，只要溶液的浓度小于某一数值，则沉淀颗粒数几乎与浓度无

关，这个实验实事说明(　　)。

A. 沉淀颗粒数一般与溶液浓度无关　　B. 在低浓度溶液中，异相成核占主导地位

C. 低浓度溶液不利于晶体生长　　D. 这一实验结果不可靠

15. 使用氧化还原法可以测定有机物中的含水量，其方法的主要试剂是(　　)。

A. $KMnO_4+SO_2$　　B. I_2+SO_2　　C. $KI+SO_2$　　D. $K_2Cr_2O_7+SO_2$

16. 用0.10mol·L^{-1}的HCl滴定0.10mol·L^{-1}的弱碱B($K_b^\theta=10^{-4.30}$)，若终点时的pH=4.0,则终点误差为(　　)。

A. +0.2%　　B. +0.1%　　C. −0.2%　　D. −0.1%

17. 微孔玻璃坩埚内有棕色MnO_2沉淀物，宜选用的洗涤液是(　　)。

A. HCl　　B. HNO_3　　C. NaOH　　D. 氨水

18. 在相同pH值的氨性溶液中，用0.020mol·L^{-1}EDTA分别滴定两份等浓度Zn^{2+}溶液，其中一份溶液中含有0.5mol·L^{-1}游离氨；另一份溶液中含有0.25mol·L^{-1}游离氨。在上述两种情况下，对pZn的正确叙述是(假定滴定过程中pH均保持不变)(　　)。

A. 两滴定的突跃范围相等　　B. 滴定至50%时pZn相等

C. 滴定至化学计量点时pZn相等　　D. 滴定至200%时pZn相等

19. 用铈量法测定某样品中铁含量时，若所用蒸馏水中含有微量的铁，则应该(　　)。

A. 与标准方法对照　　B. 进行空白试验

C. 增加测定次数　　D. 进行结果校正

20. 在溶液法制备纳米粒子过程中，通常要加入表面活性剂，其主要作用是(　　)。

A. 阻止颗粒聚集长大　　B. 阻止均相成核发生

C. 防止表面吸附杂质　　D. 防止生成晶体颗粒

二、填空题(共28分)

1. (本题4分)为下列基准物质选择一种滴定分析中合适的常用标准溶液进行标定，并选择滴定指示剂：①硼砂______，______。②$Na_2C_2O_4$______，______。③$K_2Cr_2O_7$______，______。④NaCl______，______。

2. (本题3分)在配位滴定中，对金属离子指示剂的要求是______，______。

3. (本题2分)已知$\varphi^\theta_{Hg_2^{2+}/Hg}=0.80V$，$pK^\theta_{sp}(Hg_2Br_2)=22.25$，则$\varphi^\theta_{Hg_2Br_2/Hg}=$______。

4. (本题2分)0.5mol·L^{-1} H_2SO_4溶液的质子条件是______。

5. (本题3分)EDTA配位滴定法测定试样中的Al^{3+}时，一般不能直接滴定而需要采用返滴定法，这是由于______、______和______。

6. (本题3分)根据偶然误差的正态分布曲线，测定值出现在$u=\pm3.0$之间的概率为99.74%，则此测定值出现在$u<3.0$的概率为______；这一结果说明______。

7. (本题3分)已知Cd^{2+}基本不形成羟基配合物，且$CdCO_3$ $pK^\theta_{sp}=11.28$，H_2CO_3的$pK^\theta_{a1}=6.38$，$pK^\theta_{a2}=10.25$，则$CdCO_3$在纯水中溶解后溶液中的主要组分为______、______、______。

8.（本题2分）在弱碱性溶液中用EDTA滴定Zn^{2+}时，常采用氨性缓冲溶液，其作用是________、________。

9.（本题3分）对特定的螯合物萃取体系，影响其萃取效率的主要因素有________、________、________。

10.（本题3分）预先氧化还原处理时，过量的$KMnO_4$可通过________方法除去；而过量的$SnCl_2$可通过________方法除去。

三、计算题（共70分）

1.（本题15分）某学员用重量法测定合金标样中的含量，得到下列数据（%）：10.37，10.32，10.40，10.58，10.47，10.54。指导教师用同样方法测定6次，其平均值为10.17%，标准偏差为0.05%，计算：①学员测定结果的置信区间；②指导教师的测定结果是否显著优于学员的测定结果？（置信度95%）

P = 95% : f	5	6	7	8	9	10	11	12
$t_{\alpha,f}$	2.57	2.45	2.36	2.31	2.26	2.23	2.20	2.18

置信度95% F值表（单边）

$f_{小}$ \ $f_{大}$	4	5	6	7
4	6.39	6.26	6.16	2.09
5	5.19	5.05	4.95	4.88
6	4.53	4.39	4.28	4.21
7	4.12	3.97	3.87	3.79

2.（本题15分）重量法测定白云石中钙的含量，已知其氧化钙含量在30%左右。称取试样0.2803g，加热溶解并加入$(NH_4)_2C_2O_4$，调节溶液的pH后，得到CaC_2O_4沉淀。为了使洗涤时造成溶解损失的误差≤0.01%，应该用100mL多大浓度的$(NH_4)_2C_2O_4$作洗涤液（用质量提及百分数表示）？（$K_{sp}^{\theta}(CaC_2O_4) = 2.3\times10^{-9}$，$Mr(CaO) = 56.08$，$Mr((NH_4)_2C_2O_4) = 124$）

3.（本题15分）在pH = 9.0的缓冲溶液中，加入某金属指示剂，用0.020mol · L^{-1} EDTA滴定同浓度的Ni^{2+}、Cd^{2+}混合液中的Cd^{2+}，请问①不加入掩蔽剂时，能否准确滴定？（$|TE|\le0.1\%$ 判断）；②加入掩蔽剂KCN，终点时游离的掩蔽剂总浓度为2.7×10^{-6} mol · L^{-1}，判断能否滴定并计算滴定的终点误差。（已知：$\lg K_f^{\theta}(CdY) = 16.46$；$\lg K_f^{\theta}(NiY) = 18.62$；HCN的$pK_a^{\theta} = 9.21$；Cd – CN^-的$\lg\beta_1$ ~ $\lg\beta_4$分别5.48，10.60，15.23，18.78；Ni – CN的$\lg\beta_4 = 31.3$，pH = 9.0时，$\lg\alpha_{Y(H)} = 1.3$；$pCdt = 5.80$）

4.（本题15分）称取1.6500g钢样用氧化还原测定其Cr、Mn含量。样品经酸溶解后处理成含Fe(Ⅲ)，Cr(Ⅵ)和Mn(Ⅱ)的溶液。在F^-存在时用0.02000mol · L^{-1} $KMnO_4$滴定Mn(Ⅱ)（在F^-存在时，Mn(Ⅱ)转化为Mn(Ⅲ)配合物），耗去16.25mL；然后再用0.1000 mol · L^{-1} $FeSO_4$滴定Cr(Ⅵ)和生成的Mn(Ⅲ)，耗去31.50mL。计算钢样中Cr和Mn的质量分数。[Ar(Mn) = 54.94，Ar(Cr) = 52.00]

5.（本题15分）若某物质在两相中的分配比17，今有50mL的水溶液，应用10.0mL的萃取剂溶液连续萃取萃取几次，才能使总萃取率达99%以上？

四、实验设计（本题 12 分）

请设计用 EDTA 滴定法分析含有 Bi^{3+}、Cu^{2+}、Pb^{2+} 混合离子的溶液（写出主要步骤和重要条件，如酸度，掩蔽剂，指示剂等）。（已知 $\lg K_f^\theta(BiY)=27.94$，$\lg K_f^\theta(CuY)=18.80$，$\lg K_f^\theta(PbY)=18.04$）

分析化学研究生考试模拟试卷答案一

一、选择题（每题 2 分）

1. B　2. D　3. C　4. C　5. C　6. B　7. D　8. B　9. D　10. D　11. C　12. A　13. C　14. B　15. B　16. A　17. A　18. D　19. B　20. A

二、填空题

1. （每空 0.5 分）①HCl，甲基橙②$KMNO_4$，$KMnO_4$③$Na_2S_2O_3$，淀粉 - KI④$AgNO_3$，K_2CrO_4

2. （每空 1 分）指示剂与金属离子形成的配合物颜色与指示剂本身颜色明显不同；指示剂与

金属离子形成的配合物稳定性要适当；指示剂与金属离子反应迅速、可逆。

3. （2 分）0.14V

4. （2 分）$[H^+]=0.100+[SO_4{}^{2-}]+[OH^-]$

5. （每空 1 分）反应速度慢；Al 易水解，生成多核羟基配合物；对指示剂由封闭作用。

6. （第 1 空 2 分，第 2 空 1 分）0.13%；大误差出现的机会很小

7. （每空 1 分）Cd^{2+}；$HCO_3{}^-$；OH^-

8. （每空 1 分）控制 pH 值；防止 Zn^{2+} 水解

9. （每空 1 分）溶液 pH；螯合剂浓度；金属离子以及螯合物的副反应

10. （第 1 空 2 分，第 2 空 1 分）加入亚硝酸盐，再加入尿素除去过量亚硝酸盐；加入 $HgCl_2$

三、计算题

1. ① $\bar{x}=10.45\%$，$s=0.10\%$，$t_{a,f}=2.57$；

置信区间：$\mu=10.45\pm\dfrac{2.57\times0.10}{\sqrt{6}}=10.45\pm0.11(\%)$ 或 $10.4\pm0.2(\%)$

② $F=\dfrac{s_{大}^2}{s_{小}^2}=\dfrac{0.1^2}{0.05^2}=4.0<F_{5,5}=5.05$，两组测定精密度不存在显著性差异

合并标准差：$\bar{s}=\sqrt{\dfrac{6\times0.10^2+6\times0.05^2}{6+6}}=0.08$，

$t=\dfrac{|\bar{x}_1-\bar{x}_2|}{\bar{s}}\sqrt{\dfrac{n_1n_2}{n_1+n_2}}=6.06>t_{0.05,10}=2.23$，存在显著性差异

生成 CaC_2O_4 的量是 $\frac{0.2803\times 30\%}{Mr(CaO)}=1.5\times 10^{-3}(mol)$

损失量 $\leqslant 1.5\times 10^{-3}\times 0.01\% = 1.5\times 10^{-7}(mol)$

洗涤液中 $[Ca^{2+}]=1.5\times 10^{-7}/0.1=1.5\times 10^{-6}(mol\cdot L^{-1})$

$[C_2O_4^{2-}]\geqslant \frac{K_{sp}^{\theta}}{[Ca^{2+}]}=\frac{2.3\times 10^{-9}}{1.5\times 10^{-6}}=1.5\times 10^{-3}(mol\cdot L^{-1})$

100mL 此溶液 $(NH_4)_2C_2O_4$ 质量 $=1.5\times 10^{-3}\times 124\times 0.1=0.02(g)$

因此所用 $(NH_4)_2C_2O_4$ 浓度应不小于 0.02%

① $\Delta\lg K_f^{\theta}=16.46-18.62=-2.16\ll 6$，不能准确滴定

② $[CN^-]=\frac{10^{-9.21}}{10^{-9.0}+10^{-9.21}}\times 2.7\times 10^{-6}=10^{-6.0}(mol\cdot L^{-1})$

$\alpha_{Ni(CN)}=1+10^{32.3}\times(10^{-6})^4=10^{7.3}$

$\alpha_{Cd(CN)}=1+10^{5.48}\times 10^{-6}+10^{10.60}\times 10^{-6\times 2}+10^{15.23}\times 10^{-6\times 3}+10^{18.78}\times 10^{-6\times 4}=10^{0.13}$

$\alpha_{Y(Ni)}=1+10^{18.62}\times\frac{10^{-2}}{10^{7.3}}=10^{9.32}$　$\alpha_{Y(H)}=10^{1.3}$ 可以忽略

$\lg K_f^{\theta'}(CdY)=16.46-9.32-0.13=7.01<8$，不能准确滴定

$pCd_{sp}=\frac{(7.01+2.0)}{2}=4.51$　$pCd_{ep}=5.80-0.13=5.67$

$\Delta pCd=5.67-4.51=1.16$　$TE\%=\frac{10^{1.16}-10^{-1.16}}{\sqrt{10^{7.01}\times 10^{-2.0}}}\times 100=4.5$

即终点误差为 4.5%。

4. $4Mn(II)\sim MnO_4^-$，$5Mn(III)\sim MnO_4^-$　$1Cr\sim 3Fe^{2+}\sim 3Mn(III)$

$w(Mn)=\frac{0.02000\times 16.25\times 4\times 54.94}{1.6500\times 1000}\times 100\%=4.33(\%)$

$w(Cr)=\frac{(0.1000\times 31.50-0.02000\times 16.25\times 5)\times\frac{1}{3}\times 52.00}{1.6500\times 1000}\times 100\%=1.60(\%)$

5. $E=[1-(\frac{V_w}{DV_0+V_w})^n]\times 100\%$　$n\lg(\frac{50}{220})\leqslant -2$ 可得 $n\geqslant 3.11$

即至少萃取 4 次以上，才能保证萃取率大于 99%。

实验设计

准确移取一定量的待测溶液（如 25.00mL），加入适量硫酸调节 pH≈1，加入二甲酚橙（XO）作为指示剂（此时 Pb、Cu 不反应），用 EDTA 标准溶液由紫红色滴定至亮黄色为终点。由此 EDTA 消耗量即可求出 Bi^{3+} 的含量。

在上述溶液中，加入硫脲掩蔽 Cu^{2+}（或用氨性溶液调节上述溶液至碱性，加入 KCN 溶液掩蔽 Cu^{2+}），再用六亚甲基四胺缓冲溶液调节 pH≈5－6，补加二甲酚橙（XO）指示剂，滴定溶液由紫红色滴定至亮黄色为终点。由消耗的 EDTA 量计算 Pb^{2+} 含量。

另取一份待测溶液，六亚甲基四胺缓冲溶液调节 pH≈5－6，加入一定量过量的 EDTA，使三种离子全部反应完全。再加入二甲酚橙指示剂，用 Pb^{2+} 标准溶液测出总量。（或其它合理的方法）

分析化学研究生考试模拟试卷二

一、选择题或填充题(30分)

若以 Na_2CO_3 为基准物标定 HCl 溶液的浓度，而基准物中含少量 K_2CO_3，测得的 HCl 的浓度将(　　)。

A. 偏低；　　B. 偏高；　　C. 无影响。

2. 已知 H_3PO_4 的 $pK_{a1}^{\theta}=2.12$，$pK_{a2}^{\theta}=7.20$，$pK_{a3}^{\theta}=12.36$，调节磷酸盐溶液的 pH 至 6.0 时，此时溶液中各有关存在形式浓度间的关系是(　　)。

A. $[HPO_4^{2-}]>[H_2PO^{4-}]>[PO_4^{3-}]$；　　B. $[HPO_4^{2-}]>[PO_4^{3-}]>[H_2PO^{4-}]$；

C. $[H_2PO_4^{-}]>[HPO_4^{2-}]>[H_3PO_4]$　　D. $[H_3PO_4]>[H_2PO^{4-}]>[HPO_4^{2-}]$。

3. 在 Cu^{2+}、Zn^{2+}、Ni^{2+} 混合溶液中，欲测定 Cu^{2+}，较合适的分析方法是(　　)。

A. 碘量法；　　B. 分光光度法；　　C. EDTA 配位滴定法；　D. 沉淀滴定法。

4. 以下叙述正确的是(　　)。

(A) 用 NaOH 滴定 HCl，选甲基橙为指示剂的终点误差是正值；

(B) 用 HCl 滴定 NaOH，选酚酞为指示剂的终点误差为正值；

(C) 用蒸馏法测 NH_4^+，若采用 HCl 吸收 NH_3，以 NaOH 返滴定剩余的 HCl 至 pH 为 7，终点误差为负值；

(D) 用蒸馏法测 NH_4^+，若采用 H_3BO_3 吸收 NH_3，以 HCl 返滴定剩余的硼酸至甲基橙变色，终点误差为负值。

5. 影响有色配合物的摩尔吸光系数的因素是(　　)。

A. 比色皿的厚度；　B. 入射光的波长；　　C. 有色物的浓度；　　D. 络合物的稳定常数

6. 以重量法测定某试样中的含砷量，首先使之形成 Ag_3AsO_4 沉淀，然后将其转化为 AgCl 沉淀，以 AgCl 的质量计算试样中 AS_2O_3 含量时使用的化学因数是(　　)。

A. $M(AS_2O_3)/M(AgCl)$；　　B. $M(AS_2O_3)/3M(AgCl)$；

C. $M(AS_2O_3)/6M(AgCl)$；　　D. $3M(AS_2O_3)/M(AgCl)$。

7. MnO_4^-/Mn^{2+} 电对的条件电势与 pH 关系是(　　)。

A. $\varphi^{\theta'}=\varphi^{\theta}-0.047pH$；　　B. $\varphi^{\theta'}=\varphi^{\theta}-0.094pH$

C. $\varphi^{\theta'}=\varphi^{\theta}-0.12pH$　　D. $\varphi^{\theta'}=\varphi^{\theta}-0.47pH$

8. 某矿样 0.5kg，缩分系数 K=0.2，粉碎到全部样品通过 20 号筛(d=0.83mm)后，根据缩分公式可知，此时应缩分的次数是(　　)。

A. 3次；　　B. 2次；　　C. 1次；　　D. 不需缩分。

9. 相同质量的 Fe^{2+} 和 Cd^{2+}，各用一种显色剂在同样体积溶液中显色，用分光光度法测定，前者用 2cm 比色皿，后者用 1cm 比色皿，测得的吸光度相同，则两有色络合物的摩尔吸光系数为：[已知 ($Ar(Fe)=55.85$，$Ar(Cd)=112.4$)]

A. 基本相同；　　B. Fe^{3+} 约为 Cd^{2+} 的两倍；

C. Cd^{2+}约为Fe^{3+}的两倍； D. Cd^{2+}约为Fe^{3+}的四倍。

10. 在 pH = 5 的六次甲基四胺缓冲液中，用 0.02000mol · L^{-1}的 EDTA 滴定同浓度的 Pb^{2+}，化学计量点时，pY 值是：(已知 pH = 5 时，$\lg\alpha_{Y(H)} = 6.4$，$\lg K_f^\theta(PbY) = 18.0$

A. 6.8； B. 7.2； C. 10.0； D. 13.2

11. 含有 0.125 克 I_2 的 KI 溶液 25.0mL，用 25.0mL CCl_4 与之一起振荡。当 I_2 在 CCl_4 和 KI 溶液之间的分配达到平衡后，在水相中测得 0.005000 克 I_2，若每次均用 25mL CCl_4 萃取，一共萃取二次，则二次萃取的萃取率是(　　)。

A. 86.0% ； B. 96.0% ； C. 99.0% ； D. 99.8% 。

12. 已知 $Fe(OH)_2$ 的 $K_{sp}^\theta = 8\times10^{-16}$。当 0.020 mol · L^{-1} Fe^{2+}溶液，加 NaOH 进行沉淀时，要使其沉淀达 99.99% 以上。试问溶液中的 pH 至少应为 ________。若考虑溶液中除剩余 Fe^{2+}外，尚有少量 $FeOH^{+}$($\beta = 10_4$)，溶液的 pH 至少应该为 ________ 。

13. $NH_4H_2PO_4$ 水溶液的质子平衡式是 ______________________________。

14. 有机沉淀剂的主要优点是 ______________________________。

二、简答题(60 分)

1. 简单介绍有机化合物中定量测定氮的方法原理及过程。

2. 实验室有两台原子吸收仪。一台是旧仪器，另一台是性能较好的新仪器，如何判断两台仪器测量的数据是否存在显著性差异？

3. 设计测定双组分 HCl – $MgCl_2$ 混合液中两组分浓度的分析方案以及浓度计算式。

4. 解释液液萃取中的几个概念：(1)分配系数 (2)分配比 (3)萃取率。

5. 什么是酸碱缓冲溶液？举例说明缓冲溶液在生产和生活中的重要作用，并列举 3 ~ 4 种具有缓冲能力的体系。

三、计算题：(60 分)

1. 以 0.100mol · L^{-1}的 NaOH 溶液滴定某二元弱碱 H_2A 溶液，已知当滴定至 pH = 1.92 时，$[H_2A] = [HA^-]$，滴定至 pH = 6.22 时，$[H_2A] = [A^{2-}]$。计算：(1)中和至第一化学计量点时，溶液的 pH 值为多少？选用何种指示剂为宜？(2)中和至第二化学计量点时，溶液的 pH 值为多少？选用何种指示剂为宜？

2. pH = 5.0 时，以二甲酚橙为指示剂，用 0.02000mol · L^{-1}的 EDTA 溶液滴定 0.02000mol · L^{-1}的 Zn^{2+}溶液(其中含有 0.02mol · $L^{-1}Ca^{2+}$)，计算终点误差。已知 pH = 5.0 时，$\lg\alpha_{Y(H)} = 6.6$，滴定终点时锌离子浓度 pZn(ep) = 4.8，$\lg K_f^\theta(ZnY) = 16.5$，$\lg K_f^\theta(CaY) = 10.7$ 。

3. 平行六次测定水样中 Cl^-的含量，其平均值为 10.00mg · L^{-1}，标准偏差 $s = 0.7$，求置信度分别为 90% 与 95% 时平均值的置信区间，并说明置信度与置信区间的关系。

附表 $t_{\alpha,f}$值(双边)
置信度

f	$P=0.90$	$P=0.95$
1	6.31	12.71
2	2.92	4.30
3	2.35	3.18
4	2.13	2.78
5	2.02	2.57
6	1.94	2.45

4. 已知 $\varphi^{\theta}_{Ag^+/Ag}=0.80V$，AgI 的 $K^{\theta}_{sp}=9.3\times10^{-17}$，求 $\varphi^{\theta}_{AgI/Ag}$。

5. 符合朗伯－比耳定律的一有色溶液，当浓度为 c 时，透光率为 T，在比色皿厚度不变得情况下，透光率 $T_{1/2}$ 和 $T_{3/2}$ 时，其溶液的浓度分别为多少？

6. 用浓度 $c(EDTA)=0.0500mol\cdot L^{-1}$ 的溶液滴定 100.0mL 浓度为 $c(Zn^{2+})=0.0100 mol\cdot L^{-1}$ 的 Zn^{2+}，设滴定反应 $H_2Y+Zn^{2+}=ZnY+2H^+$，滴定开始，pH＝5.50，若溶液中无缓冲溶液，滴定至终点时，溶液的 pH 为多少？通过计算说明 EDTA 配位滴定时加入缓冲溶液的必要性。

分析化学研究生考试模拟试卷答案二

一、选择题或填充题(30 分，每答或每空 2 分)：

1. B　2. C　3. A　4. C　5. B　6. C　7. B　8. C　9. D　10. D　11. D

12. 填空 9.30，9.34

13. $[H_3PO_4]+[H^+]=[HPO_4{}^{2-}]+2[PO_4{}^{3-}]+[OH^-]+[NH_3]$

14. 选择性好，灵敏度较高，共沉淀现象较少等

二、简答题答案提示(60 分：1－4 题每题 10 分，5 题 20 分)

1. 答：有机化合物中氮含量的方法有 Kjeldahl 定氮法。方法是酸碱返滴定。该方法是在催化剂存在时，用硫酸钾溶液将试样进行分解，有机物中的氮转化为硫酸氢铵或硫酸铵，然后用氢氧化钠溶液进行碱化，使铵离子以 NH_3 的形式导入过量的标准盐酸溶液中，再用标准氢氧化钠溶液返滴定剩余的盐酸，计算氮的含量。含有硝基或偶氮基的有机化合物，分解时必须加入还原剂，使氮定量转化为铵离子。

2. 答：可用 F 检验法进行判断。用两台仪器多次测定同一试样，求出两者的标准偏差 $s_{大}$ 和 $s_{小}$，计算 $F=\frac{s_{大}^2}{s_{小}^2}$，再与 F 表中的理论值进行比较，若 F 值大于理论值则存在显著性差异，否则不存在显著性差异。

3. 答：因为是双组分试液，只含有 HCl 和 $MgCl_2$，分析方案有多种，根据不同方案进行设计和计算。例如：可用酸碱滴定法测定试液中 H^+ 浓度，用 EDTA 配位滴定法测定镁的含

量，计算得到 HCl 和 $MgCl_2$ 的含量。也可用莫尔法测定总氯的含量，再用 EDTA 配位滴定法测定镁的含量，差减法计算 HCl 含量等。具体步骤略。

4. 答：(1)用有机溶剂从水相中萃取溶质 A 时，达到平衡时，A 在两相中平衡浓度的比称为分配系数 K_D。$K_D = \dfrac{[A]_o}{[A]_W}$。式中 A 在两相中的存在形式相同。在一定温度下，在溶质浓度较低时，K_D 为常数。(2)溶质 A 在有机相中各种存在形式的浓度和与水相中各种存在形式的浓度和之比，称为分配比 D。(3)被萃取物萃取到有机相的量占总量的比例(一般用百分比表示)，称为萃取率。

5. 具有减缓外加酸碱或因稀释而引起的 pH 变化能力的溶液称为缓冲溶液。作用和实例略。

三、计算题：(60 分)

1. 解：此酸的 $pK_{a1}^{\theta} = 1.92$，$pK_{a2}^{\theta} = 6.22$

第一化学计量点时，$c(HA^-) = 0.05000 mol \cdot L^{-1}$，根据两性物质中酸式盐的计算公式可知，$[H^+] = \sqrt{\dfrac{K_{a1}^{\theta} \cdot K_{a2}^{\theta}}{K_{a1}^{\theta} + c}} = 7.64 \times 10^{-5}$，pH = 4.12，可选甲基橙为指示剂。

第二化学计量点时，$c(A^{2-}) = 0.0333 mol \cdot L^{-1}$，可按二元碱的简化公式计算，$[OH^-] = \sqrt{cK_{b1}^{\theta}} = \sqrt{0.0333 \times 10^{-7.78}} = 2.35 \times 10^{-5}$，pH = 9.37，可选酚酞做指示剂。

2. 解：$\alpha_{Y(Ca)} = 1 + 10^{10.7} \times 10^{-2.0} = 10^{8.7}$

$\therefore\ \alpha_Y = 10^{8.7} + 10^{6.6} \approx 10^{8.7}$，$\lg K_f^{\theta'}(ZnY) = 16.5 - 8.7 = 7.8$

$pZn(sp) = \dfrac{1}{2}(7.8 + 2.0) = 4.9$　　$\Delta pM = pZn(ep) - pZn(sp) = 4.8 - 4.9 = -0.1$

$TE = -0.06\%$

3. 解：从表中查得 $t_{0.10,5}$ 和 $t_{0.05,5}$ 分别为 2.02 和 2.57，所以置信度为 90% 与 95% 时，平均值的置信区间分别为：$\bar{x} \pm \dfrac{ts}{\sqrt{n}} = \bar{x} \pm \dfrac{2.02 \times 0.7}{\sqrt{6}} = 10.00 \pm 0.58 (mg \cdot L^{-1})$；

$\bar{x} \pm \dfrac{ts}{\sqrt{n}} = \bar{x} \pm \dfrac{2.57 \times 0.7}{\sqrt{6}} = 10.00 \pm 0.73 (mg \cdot L^{-1})$

由以上数据可知，置信度越高，置信区间越大。

4. 解：$\varphi_{AgI/Ag}^{\theta} = \varphi_{Ag^+/Ag}^{\theta} + 0.059 \lg K_{sp}^{\theta}(AgI) = 0.80 + 0.059 \lg (9.3 \times 10^{-17}) = -0.15V$

5. 解：根据朗伯－比耳定律可知，吸光度 A 与浓度 c 成正比。设 $T_1 = T^{1/2}$，对应的浓度为 c_1，$\dfrac{-\lg T_1}{-\lg T} = \dfrac{c_1}{c}$，$\dfrac{c_1}{c} = \dfrac{0.5 \lg T}{\lg T}$，所以 $c_1 = 0.5c$，$T_{3/2}$ 对应得浓度 c_2 为：$c_2 = 1.5c$。

6. 答：配位反应式：$H_2Y + Zn^{2+} = ZnY + 2H^+$，滴定至终点时产生的 H^+ 的浓度为：$c(H^+) = \dfrac{n(H^+)}{V} = \dfrac{2 \times 100 \times 0.0100}{100 + \dfrac{100 \times 0.0100}{0.0500}} = \dfrac{2}{120} = 1.67 \times 10^{-2} (mol \cdot L^{-1})$，pH = 1.78。由此可知，EDTA 配位滴定时，若不加缓冲溶液，则溶液中的酸性会不断增强。只有加入缓冲溶液，才能使溶液维持在滴定所需的酸度范围内。

附录一

附表1 弱酸、弱碱在水中的离解常数

（25℃，$I=0$ mol · kg^{-1}）

弱酸	化学式	pK_b^θ	K_b^θ
砷酸	H_3AsO_4	2.19	6.5×10^{-3}
		6.96	1.1×10^{-7}
		11.50	3.2×10^{-12}
亚砷酸	$HAsO_2$	9.22	6.0×10^{-10}
硼酸	H_3BO_3	9.24	5.8×10^{-10}
碳酸	H_2CO_3	6.38	4.2×10^{-7}
		10.25	5.6×10^{-11}
氢氰酸	HCN	9.31	4.9×10^{-10}
氰酸	HCNO	3.48	3.3×10^{-4}
铬酸	H_2CrO_4	-0.2(20℃)	5.8×10^{-10}
		6.49	3.2×10^{-7}
氢氟酸	HF	3.17	6.8×10^{-4}
碘酸	HIO_3	0.77	0.17
亚硝酸	HNO_2	3.15	7.1×10^{-4}
过氧化氢	H_2O_2	11.65	2.2×10^{-12}
磷酸	H_3PO_4	2.12	7.5×10^{-3}
		7.20	6.3×10^{-8}
		12.36	4.4×10^{-13}
		0.8	0.2
焦磷酸	$H_4P_2O_7$	2.2	6×10^{-8}
		6.70	2.0×10^{-7}
		9.40	4.0×10^{-10}
亚磷酸	H_2CO_3	1.5	3×10^{-2}
		6.79	1.6×10^{-7}
氢硫酸	H_2S	7.05	8.9×10^{-8}
		13.92	1.2×10^{-14}
硫酸	H_2SO_4	1.92(pK_{a2})	1.2×10^{-2}
亚硫酸	H_2SO_3	1.89	1.3×10^{-2}
		7.20	6.3×10^{-8}
硫代硫酸	$H_2S_2O_3$	0.6	0.3
		1.6	3×10^{-2}
硫氰酸	HSCN	0.9	0.1
偏硅酸	H_2SiO_3	9.77	1.7×10^{-10}
		11.8	2×10^{-12}
甲酸	HCOOH	3.77	1.7×10^{-4}
醋酸(乙酸)	CH_3COOH	4.76	1.8×10^{-5}
丙酸	CH_3CH_2COOH	4.87	1.3×10^{-5}
丁酸	$CH_3(CH_2)_2COOH$	4.82	1.5×10^{-10}
戊酸	$CH_3(CH_2)_3COOH$	4.84	1.4×10^{-5}
一氯乙酸	$ClCH_2COOH$	2.86	1.4×10^{-3}
二氯乙酸	$Cl_2CHCOOH$	1.26	5.5×10^{-2}
三氯乙酸	Cl_3CCOOH	0.23	0.64
羟基乙酸	$CH_2(OH)COOH$	3.83	1.5×10^{-4}
乳酸	$CH_3CH(OH)COOH$	3.88	1.3×10^{-4}
苯甲酸	C_6H_5COOH	4.21	6.2×10^{-5}

（续）

弱酸	化学式	pK_b^θ		K_b^θ
苯酚	C_6H_5OH	9.95		1.1×10^{-10}
草酸	$H_2C_2O_4$	1.25		5.6×10^{-2}
		4.29		5.1×10^{-5}
丁二酸	$CH_2CO_2H-CH_2CO_2H$	4.21		6.1×10^{-5}
		5.64		1.7×10^{-10}
d－酒石酸	$CH(OH)CO_2H-CH(OH)CO_2H$	3.04		9.2×10^{-4}
		4.37		4.3×10^{-5}
邻苯二甲酸	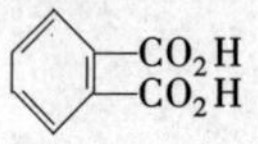	2.950		1.3×10^{-3}
		5.409		2.9×10^{-6}
氨基乙酸	$^{+}NH_3CH_2COOH$			
顺丁烯二酸（马来酸）	$CHCO_2H=CHCO_2H$	2.35		4.5×10^{-3}
		9.78		1.7×10^{-10}
反丁烯二酸（富马酸）	$CHCO_2H=HO_2CCH$	3.65		8.9×10^{-4}
		4.49		3.2×10^{-5}
邻苯二酚	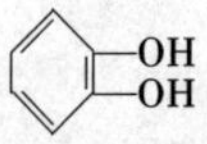	9.40		4.0×10^{-10}
		12.8		2×10^{-13}
水杨酸	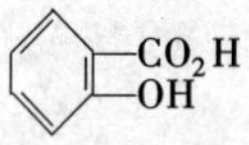	2.97		1.1×10^{-3}
		13.74		1.8×10^{-14}
磺基水杨酸	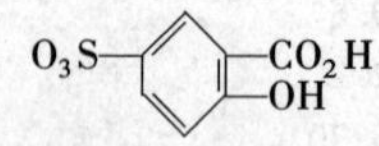	2.33		4.7×10^{-3}
		11.32		4.8×10^{-4}
柠檬酸	$CH_2CO_2H-C(OH)CO_2H-CH_2CO_2H$	3.13		7.4×10^{-4}
		4.74		1.8×10^{-5}
		6.40		4.0×10^{-5}
乙二胺四乙酸	$CH_2\overset{+}{N}H(CH_2CO_2H)_2-CH_2\underset{+}{N}H(CH_2CO_2H)_2$	0.9	$I=0.1\ mol\cdot kg^{-1}$	1×10^{-1}
		1.6		3×10^{-2}
		2.07		8.5×10^{-3}
		2.75		1.8×10^{-3}
		6.24		5.8×10^{-7}
		10.34		4.6×10^{-11}

附表 2　弱碱在水中的离解常数

弱酸	化学式	pK_b^θ	K_b^θ
氨	NH_3	4.75	1.8×10^{-5}
羟胺	$HONH_2$	8.04	9.1×10^{-9}
甲胺	CH_3NH_2	3.38	4.2×10^{-4}
乙胺	$CH_3CH_2NH_2$	3.37	4.3×10^{-4}
丁胺	$CH_3(CH_2)_3NH_2$	3.36	4.4×10^{-4}
二甲胺	$(CH_3)_2NH$	3.23	5.9×10^{-4}
二乙胺	$(CH_3CH_2)_2NH$	3.07	8.5×10^{-4}
三乙胺	$(CH_3CH_2)_3N$	3.29	5.2×10^{-4}
乙醇胺	$HOCH_2CH_2NH_2$	4.5	3.2×10^{-5}
三乙醇胺	$(HOCH_2CH_2)_3N$	6.24	5.8×10^{-7}
苯胺	$C_6H_5NH_2$	9.40	4.0×10^{-10}

（续）

弱酸	化学式	pK_b^θ	K_b^θ
邻甲苯胺	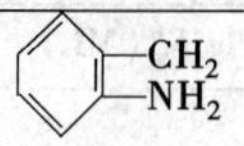	9.55	2.8×10^{-10}
对甲苯胺	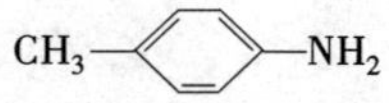	8.92	1.2×10^{-9}
六亚甲基四胺	$(CH_2)_6N_4$	8.85	1.4×10^{-9}
咪唑		7.01	9.8×10^{-8}
吡啶		8.74	1.8×10^{-9}
哌啶		2.88	1.3×10^{-3}
喹啉	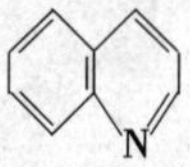	9.12	7.6×10^{-10}
乙二胺	$H_2NCH_2CH_2NH_2$	4.07	8.5×10^{-5}
		7.15	7.1×10^{-8}
8－羟基喹啉	C_9H_6NOH	4.19	6.5×10^{-9}
		9.09	8.1×10^{-10}

附表3　金属离子－氨羧配合剂配合物的形成常数

金属离子	EDTA			EGTA		HEDTA	
	$\lg K_f^\theta$(MHL)	$\lg K_f^\theta$(ML)	$\lg K_f^\theta$(MOHL)	$\lg K_f^\theta$(MHL)	$\lg K_f^\theta$(ML)	$\lg K_f^\theta$(ML)	$\lg K_f^\theta$(MOHL)
Ag^+	6.0	7.32					
Al^{3+}	2.5	16.13	8.1				
Ba^{2+}	4.6	7.76		5.4	8.4	6.2	
Bi^{3+}		27.94					
Ca^{2+}	3.1	10.70		3.8	11.0	8.0	
Ce^{3+}		16.0					
Cd^{2+}	2.9	16.46		3.5	15.6	13.0	
CO^{2+}	3.1	16.31			12.3	14.4	
CO^{3+}	1.3	36.0					
Cr^{3+}	2.3	23.0	6.6				
Cu^{2+}	3.0	18.80	2.5	4.4	17	17.4	
Fe^{2+}	2.8	14.3				12.2	5.0
Fe^{3+}	1.4	25.1	6.5			19.8	10.1
Hg^{2+}	3.1	21.80	4.9	3.0	23.2	20.1	
La^{3+}		15.4			15.6	13.2	
Mg^{2+}	3.9	8.69		7.7	5.2	5.2	
Mn^{2+}	3.1	13.79		5.0	11.5	10.7	
Ni^{2+}	3.2	18.62		6.0	12.0	17.0	
Pb^{2+}	2.8	18.04		5.3	13.0	15.5	
Sn^{2+}		22.1					
Sr^{2+}	3.9	8.63		5.4	8.5	6.8	

（续）

金属离子	EDTA			EGTA		HEDTA	
	lg K_f^θ(MHL)	lg K_f^θ(ML)	lg K_f^θ(MOHL)	lg K_f^θ(MHL)	lg K_f^θ(ML)	lg K_f^θ(ML)	lg K_f^θ(MOHL)
Th^{4+}		23.2					8.6
Ti^{3+}		21.3					
TiO^{2+}		17.3					
Zn^{2+}	3.0	16.50		5.2	12.8	14.5	

附表 4 标准电极电势（18～25℃）

半反应	φ^θ/V
$Li^+ + e^- \rightleftharpoons Li$	−3.045
$K^+ + e^- \rightleftharpoons K$	−2.924
$Ba^{2+} + 2e^- \rightleftharpoons Ba$	−2.90
$Sr^{2+} + 2e^- \rightleftharpoons Sr$	−2.89
$Ca^{2+} + 2e^- \rightleftharpoons Ca$	−2.76
$Na^+ + e^- \rightleftharpoons Na$	−2.711
$Mg^{2+} + 2e^- \rightleftharpoons Mg$	−2.375
$Al^{3+} + 3e^- \rightleftharpoons Al$	−1.706
$ZnO_2^{2-} + 2H_2O + 2e^- \rightleftharpoons Zn + 4OH^-$	−1.216
$Mn^{2+} + 2e^- \rightleftharpoons Mn$	−1.18
$Sn(OH)_6^{2+} + 2e^- \rightleftharpoons HSnO_2^- + 3OH^- + H_2O$	−0.96
$SO_4^{2-} + H_2O + 2e^- \rightleftharpoons SO_3^{2-} + 2OH^-$	−0.92
$TiO_2 + 4H^+ + 4e^- \rightleftharpoons Ti + 2H_2O$	−0.89
$2H_2O + 2e^- \rightleftharpoons H_2 + 2OH^-$	−0.828
$HSnO_2^- + H_2O + 2e^- \rightleftharpoons Sn + 3OH^-$	−0.79
$Zn^{2+} + 2e^- \rightleftharpoons Zn$	−0.763
$Cr^{3+} + 3e^- \rightleftharpoons Cr$	−0.74
$AsO_4^{3+} + 2H_2O + 2e^- \rightleftharpoons AsO_2^- + 4OH^-$	−0.71
$S + 2e^- \rightleftharpoons S^{2-}$	−0.508
$2CO_2 + 2H^+ + 2e^- \rightleftharpoons H_2C_2O_4$	−0.49
$Cr^{3+} + e^- \rightleftharpoons Cr^{2+}$	−0.41
$Fe^{2+} + 2e^- \rightleftharpoons Fe$	−0.409
$Cd^{2+} + 2e^- \rightleftharpoons Cd$	−0.403
$Cu_2O + H_2O + 2e^- \rightleftharpoons 2Cu + 2OH^-$	−0.361
$CO^{2+} + 2e^- \rightleftharpoons Co$	−0.28
$Ni^{2+} + 2e^- \rightleftharpoons Ni$	−0.246
$AgI + e^- \rightleftharpoons Ag + I^-$	−0.15
$Sn^{2+} + 2e^- \rightleftharpoons Sn$	−0.136
$Pb^{2+} + 2e^- \rightleftharpoons Pb$	−0.126
$CrO_4^{2-} + 4H_2O + 3e^- \rightleftharpoons Cr(OH)_3 + 5OH^-$	−0.12
$Ag_2S + 2H^+ + 2e^- \rightleftharpoons 2Ag + H_2S$	−0.036
$Fe^{3+} + 3e^- \rightleftharpoons Fe$	−0.036
$2H^+ + 2e^- \rightleftharpoons H_2$	0.000
$NO_3^- + H_2O + 2e^- \rightleftharpoons NO_2^- + 2OH^-$	0.01
$TiO^{2+} + 2H^+ + e^- \rightleftharpoons Ti^{3+} + H_2O$	0.10
$S_4O_6^{2-} + 2e^- \rightleftharpoons 2S_2O_3^{2-}$	0.09
$AgBr + e^- \rightleftharpoons Ag + Br^-$	0.10
$S + 2H^+ + 2e^- \rightleftharpoons H_2S$(水溶液)	0.141
$Sn^{4+} + 2e^- \rightleftharpoons Sn^{2+}$	0.15

(续)

半反应	φ^θ/V
$Cu^{2+} + e^- \rightleftharpoons Cu^+$	0.158
$BiOCl + 2H^+ + 3e^- \rightleftharpoons Bi + Cl^- + H_2O$	0.158
$SO_4{}^{2-} + 4H^+ + 2e^- \rightleftharpoons H_2SO_3 + H_2O$	0.20
$AgCl + e^- \rightleftharpoons Ag + Cl^-$	0.22
$IO_3{}^- + 3H_2O + 6e^- \rightleftharpoons I^- + 6OH^-$	0.26
$Hg_2Cl_2 + 2e^- \rightleftharpoons 2Hg + 2Cl^-$ (0.1mol · L^{-1} NaOH)	0.268
$Cu^{2+} + 2e^- \rightleftharpoons Cu$	0.340
$VO_{2+} + 2H^+ + e^- \rightleftharpoons V^{3+} + H_2O$	0.36
$[Fe(CN)_6]^{3-} + e^- \rightleftharpoons [Fe(CN)_6]^{4-}$	0.36
$2H_2SO_3 + 2H^+ + 4e^- \rightleftharpoons S2O_3{}^{2-} + 3H_2O$	0.40
$Cu^+ + e^- \rightleftharpoons Cu$	0.522
$I^{3-} + e^- \rightleftharpoons 3I^-$	0.534
$I_2 + 2e^- \rightleftharpoons 2I^-$	0.535
$IO_3{}^- + 2H_2O + 4e^- \rightleftharpoons IO^- + 4OH^-$	0.56
$MnO_4{}^- + e^- \rightleftharpoons MnO_4{}^{2-}$	0.56
$H_3AsO_4 + 2H^+ + 2e^- \rightleftharpoons HAsO_2 + 2H_2O$	0.56
$MnO_4{}^- + 2H_2O + 3e^- \rightleftharpoons MnO_2 + 4OH^-$	0.58
$O_2 + 2H^+ + 2e^- \rightleftharpoons 2H_2O_2$	0.682
$Fe^{3+} + e^- \rightleftharpoons Fe^{2+}$	0.77
$Hg_2{}^{2+} + 2e^- \rightleftharpoons 2Hg$	0.796
$Ag^+ + e^- \rightleftharpoons Ag$	0.799
$Hg^{2+} + 2e^- \rightleftharpoons Hg$	0.851
$2Hg^{2+} + 2e^- \rightleftharpoons Hg_2{}^{2+}$	0.907
$NO_3{}^- + 3H^+ + 2e^- \rightleftharpoons HNO_2 + H_2O$	0.94
$NO_3{}^- + 4H^+ + 3e^- \rightleftharpoons NO + 2H_2O$	0.96
$HNO_2 + H^+ + e^- \rightleftharpoons NO + H_2O$	0.99
$VO^{2+} + 2H^+ + e^- \rightleftharpoons VO_{2+} + H_2O$	1.00
$N_2O_4 + 4H^+ + 4e^- \rightleftharpoons 2NO + 2H_2O$	1.03
$Br_2 + 2e^- \rightleftharpoons 2Br^-$	1.08
$IO_3{}^- + 6H^+ + 6e^- \rightleftharpoons I^- + 3H_2O$	1.085
$IO_3{}^- + 6H^+ + 5e^- \rightleftharpoons 1/2I_2 + 3H_2O$	1.195
$MnO_2 + 4H^+ + 2e^- \rightleftharpoons Mn^{2+} + 2H_2O$	1.23
$O_2 + 4H^+ + 4e^- \rightleftharpoons 2H_2O$	1.23
$Au^{3+} + 2e^- \rightleftharpoons Au^+$	1.29
$Cr_2O_7{}^{2-} + 14H^+ + 6e^- \rightleftharpoons 2Cr^{3+} + 7H_2O$	1.33
$Cl_2 + 2e^- \rightleftharpoons 2Cl^-$	1.358
$BrO_3{}^- + 6H^+ + 6e^- \rightleftharpoons Br^- + 3H_2O$	1.44
$Ce^{4+} + e^- \rightleftharpoons Ce^{3+}$	1.443
$ClO_3{}^- + 6H^+ + 6e^- \rightleftharpoons Cl^- + 3H_2O$	1.45
$PbO_2 + 4H^+ + 2e^- \rightleftharpoons Pb^{2+} + 2H_2O$	1.46
$MnO_4{}^- + 8H^+ + 5e^- \rightleftharpoons Mn^{2+} + 4H_2O$	1.491
$Mn^{3+} + e^- \rightleftharpoons Mn^{2+}$	1.51
$BrO_3{}^- + 6H^+ + 5e^- \rightleftharpoons 1/2Br_2 + 3H_2O$	1.52
$HClO + H^+ + e^- \rightleftharpoons 1/2Cl_2 + H_2O$	1.63
$MnO_4^- + H^+ + 3e^- \rightleftharpoons MnO_2 + 2H_2O$	1.679
$H_2O_2 + 2H^+ + 2e^- \rightleftharpoons 2H_2O$	1.776
$CO^{3+} + e^- \rightleftharpoons CO^{2+}$	1.842
$O_2 + 2H^+ + 2e^- \rightleftharpoons O_2 + H_2O$	2.07
$F_2 + 2e^- \rightleftharpoons 2F^-$	2.87

附表 5　条件电极电势 $\varphi^{\theta'}$

半反应	$\varphi^{\theta'}$/V	介质
$Ag(II) + e^- \rightleftharpoons Ag^+$	1.927	4 mol · L^{-1} HNO_3
$Ce(IV) + e^- \rightleftharpoons Ce(III)$	1.70	1 mol · L^{-1} $HClO_4$
	1.61	1 mol · L^{-1} HNO_3
	1.44	0.5 mol · L^{-1} H_2SO_4
	1.28	1 mol · L^{-1} HCl
$CO^{3+} + e^- \rightleftharpoons CO^{2+}$	1.85	4mol · L^{-1} HNO_3
$[Co(乙二胺)_3]^{3+} + e^- \rightleftharpoons [Co(乙二胺)_3]^{2+}$	-0.2	0.1 mol · L^{-1} KNO_3 + 0.1 mol · L^{-1} 乙二胺
$Cr(III) + e^- \rightleftharpoons Cr(II)$	-0.40	5 mol · L^{-1} HCl
$Cr_2O_7^{2-} + 2H_2O + 3e^- \rightleftharpoons 2Cr^{3+} + 7H_2O$	1.00	1 mol · L^{-1} HCl
	1.025	1 mol · L^{-1} $HClO_4$
	1.08	3 mol · L^{-1} HCl
	1.05	2mol · L^{-1} HCl
	1.15	4mol · L^{-1} H_2SO_4
$CrO_4^{2-} + 2H_2O + 3e^- \rightleftharpoons CrO_2^- + 4OH^-$	-0.12	1mol · L^{-1} NaOH
$Fe(III) + e^- \rightleftharpoons Fe(II)$	0.73	1mol · L^{-1} $HClO_4$
	0.71	0.5 mol · L^{-1} HCl
	0.68	1mol · L^{-1} H_2SO_4
	0.68	1mol · L^{-1} HCl
	0.46	2mol · L^{-1} H_3PO_4
	0.51	1mol · L^{-1} HCl 0.25mol · L^{-1} H_3PO_4
$H_3AsO_4 + 2H^+ 3e^- \rightleftharpoons H_3AsO_3 + H_2O$	0.557	1mol · L^{-1} HCl
	0.557	1mol · L^{-1} $HClO_4$
$[Fe(EDTA)_6]^- + e^- \rightleftharpoons [Fe(EDTA)^{2-}]$	0.12	0.1mol · L^{-1} EDTA pH = 4 ~ 6
$[Fe(CN)_6]^{3-} + e^- \rightleftharpoons [Fe(CN)_6]^{4-}$	0.48	0.01mol · L^{-1} HCl
	0.56	0.1mol · L^{-1} HCl
	0.71	1mol · L^{-1} HCl
	0.72	1mol · L^{-1} $HClO_4$
$I_2(水) + e^- \rightleftharpoons 2I^-$	0.628	1mol · L^{-1} H^+
$I_3^- + 2e^- \rightleftharpoons 3I^-$	0.545	1mol · L^{-1} H^+
$MnO_4^- + 8H^+ e^- \rightleftharpoons Mn^{2+} + 4H_2O$	1.45	1mol · L^{-1} $HClO_4$
	1.27	8mol · L^{-1} H_3PO_4
$Os(VIII) + 4e^- \rightleftharpoons Os(IV)$	0.79	5mol · L^{-1} HCl
$SnCl_6^{2-} + 2e \rightleftharpoons SnCl_4^{2+} + 2Cl^-$	0.14	1mol · L^{-1} HCl
$Sn^{2+} + 2e^- \rightleftharpoons Sn$	-0.16	1mol · L^{-1} $HClO_4$
$Sb(V) + 2e^- \rightleftharpoons Sb(III)$	0.75	3.5mol · L^{-1} HCl

（续）

半反应	$\varphi^{\theta'}$/V	介质
$Ag(II)+e^- \rightleftharpoons Ag^+$	1.927	4 mol · L^{-1} HNO_3
$Sb(OH)_6{}^- +2e^- \rightleftharpoons SbO_2{}^- +2OH^- +2H_2O^-$	-0.428	3mol · L^{-1} NaOH
$SbO_2{}^- 2H_2O+3e^- \rightleftharpoons Sb+4OH^-$	-0.675	10mol · L^{-1} KOH
$Ti(IV)+e^- \rightleftharpoons Ti(III)$	-0.01	0.2mol · L^{-1} H_2SO_4
	0.12	2mol · L^{-1} H_2SO_4
	-0.04	1mol · L^{-1} HCl
	-0.05	1mol · L^{-1} H_3PO_4
$Pb(II)+2e^- \rightleftharpoons Pb$	-0.32	1mol · L^{-1} NaAc
	-0.14	1mol · L^{-1} $HClO_4$

附表6 难溶化合物的溶度积常数（18℃）

难溶化合物	化学式	溶度积 K_{sp}^{θ}	温度/℃
氢氧化铝	$Al(OH)_3$	2×10^{-32}	
溴酸银	$AgBrO_3$	5.77×10^{-5}	25
溴化银	AgBr	4.1×10^{-13}	
碳酸银	Ag_2CO_3	6.15×10^{-12}	25
氯化银	AgCl	1.56×10^{-10}	25
铬酸银	Ag_2CrO_4	9×10^{-12}	25
氢氧化银	AgOH	1.52×10^{-8}	20
碘化银	AgI	1.5×10^{-16}	25
硫化银	Ag_2S	1.6×10^{-49}	
硫氰酸银	AgSCN	0.49×10^{-12}	
碳酸钡	$BaCO_3$	8.1×10^{-9}	25
铬酸钡	$BaCrO_4$	1.6×10^{-10}	
草酸钡	$BaC_2O_4\cdot3\frac{1}{2}H_2O$	1.62×10^{-7}	
硫酸钡	$BaSO_4$	0.87×10^{-10}	
氢氧化铋	Bi(OH)	4.0×10^{-31}	
氢氧化铬	$Cr(OH)_3$	5.4×10^{-31}	
硫化镉	CdS	3.6×10^{-29}	

附表7 常用酸碱指示剂（18～25℃）

指示剂名称	pH 值变色范围	颜色变化	溶液配制方法
甲基紫（第一变色范围）	0.13～0.5	黄至绿	1g · L^{-1}或0.5 g · L^{-1}的水溶液
甲酚红（第一变色范围）	0.2～1.8	红至黄	0.4g 指示剂溶于100mL 50%乙醇
甲基紫（第二变色范围）	1.0～1.5	绿至蓝	1 g · L^{-1}的水溶液
百里酚蓝（设想草酚蓝）（第一变色范围）	1.2～2.8	红至黄	0.1g 指示剂溶于 100 mL 20%乙醇
甲基紫（第三变色范围）	2.0～3.0	蓝至紫	1g · L^{-1}的水溶液
甲基橙	3.1～4.4	红至黄	1g · L^{-1}的水溶液
溴酚蓝	3.0～4.6	黄至蓝	0.1g 指示剂溶于 100 mL 20%乙醇
刚果红	3.0～5.2	蓝紫至红	1 g · L^{-1}的水溶液
溴甲酚绿	3.8～5.4	黄至蓝	0.1g 指示剂溶于 100 mL 20%乙醇
甲基红	4.4～6.2	红至黄	0.1 或 0.2g 指示剂溶于 100mL60%乙醇
溴酚红	5.0～6.8	黄至红	0.1 或 0.04g 指示剂溶于 100mL20%乙醇

（续）

指示剂名称	pH 值变色范围	颜色变化	溶液配制方法
百里酚蓝	6.0 ~ 7.6	黄至蓝	0.05g 指示剂溶于 100 mL 20% 乙醇
中性红	6.8 ~ 8.0	红至亮黄	0.1g 指示剂溶于 100 mL 60% 乙醇
酚红	6.8 ~ 8.0	黄至红	0.1g 指示剂溶于 100 mL 20% 乙醇
甲酚红	7.2 ~ 8.8	亮黄至紫红	0.1g 指示剂溶于 100 mL 50% 乙醇
百里酚蓝（麝香草酚蓝）（第二变色范围）	8.0 ~ 9.6	黄至蓝	0.05g 指示剂溶于 100 mL 20% 乙醇
酚酞	8.2 ~ 10.0	无色至紫红	0.1g 指示剂溶于 100 mL 60% 乙醇
百里酚酞	9.3 ~ 10.5	无色至蓝	0.1g 指示剂溶于 100 mL 90% 乙醇

附表 8　常用金属离子指示剂

指示剂名称	离解平衡和颜色变化	溶液配制方法
铬黑 T（EBT）	$\underset{\text{紫红}}{H_2In^-} \xrightleftharpoons{pK_{a2}^{\theta}=6.3} \overset{\text{蓝}}{HIn^{2-}} \xrightleftharpoons{pK_{a3}^{\theta}=11.5} \underset{\text{橙}}{In^{3-}}$	$5\ g \cdot L^{-1}$ 水溶液
二甲酚橙（XO）	$\underset{\text{黄}}{H_3In^{4-}} \xrightleftharpoons{pK_{a}^{\theta}=6.3} \overset{\text{红}}{H_2In^{5-}}$	$2\ g \cdot L^{-1}$ 水溶液
K - B 指示剂	$\underset{\text{红}}{H_2In} \xrightleftharpoons{pK_{a1}^{\theta}=8} \overset{\text{蓝}}{HIn^-} \xrightleftharpoons{pK_{a2}^{\theta}=13} \underset{\text{紫红}}{In^{2-}}$	0.2 g 酸性铬蓝 K 与 0.4g 萘酚绿 B 溶于 100 mL 水中
钙指示剂	$\underset{\text{酒红}}{H_2In^-} \xrightleftharpoons{pK_{a2}^{\theta}=7.4} \overset{\text{蓝}}{HIn^{2-}} \xrightleftharpoons{pK_{a3}^{\theta}=13.5} \underset{\text{酒红}}{In^{3-}}$	$5\ g \cdot L^{-1}$ 乙醇溶液
吡啶偶氮萘酚（PAN）	$\underset{\text{黄绿}}{H_2In^+} \xrightleftharpoons{pK_{a2}^{\theta}=1.9} \overset{\text{黄}}{HIn} \xrightleftharpoons{pK_{a3}^{\theta}=12.2} \underset{\text{淡红}}{In^-}$	$1g \cdot L^{-1}$ 乙醇溶液
Cu - PAN（CuY - PAN 溶液）	$\underset{\text{浅绿}}{CuY} + PAN + Mn^+ = \underset{\text{无色}}{MY} + \underset{\text{红色}}{Cu—PAN}$	将 $0.05\ mol \cdot L^{-1}\ Cu^{2+}$ 液 10 mL，加 pH 5 ~ 6 的 HAc 缓冲液 5mL，1 d PAN 指示剂，加热至 60℃ 左右，用 EDTA 滴定至绿色，得到约 $0.025mol \cdot L^{-1}$ 的 CuY 溶液；使用时取 2 ~ 3mL 于试液中，再加数滴 PAN 溶液
磺基水杨酸	$\underset{\text{无色}}{H_2In} \xrightleftharpoons{pK_{a1}^{\theta}=2.7} HIn \xrightleftharpoons{pK_{a2}^{\theta}=13.1} In^{2-}$	$10\ g \cdot L^{-1}$ 水溶液
钙镁试剂（calmagite）	$\underset{\text{红}}{H_2In^-} \xrightleftharpoons{pK_{a2}^{\theta}=8.4} \underset{\text{蓝}}{HIn^{2-}} \xrightleftharpoons{pK_{a3}^{\theta}=13.4} \underset{\text{红橙}}{In^{3-}}$	$5\ g \cdot L^{-1}$ 水溶液

注：EBT、钙指示剂、K - B 指示剂等在水溶液中稳定性较差，可以配成指示剂与 NaCl 之比为 1:100 或 1:200 的固体粉末。

附表 9　氧化还原指示剂

指示剂名称		颜色变化		溶液配制方法
		氧化态	还原态	
二苯胺	0.76	紫	无色	$10g \cdot L^{-1}$ 的浓 H_2SO_4 溶液
二苯胺磺酸钠	0.85	紫红	无色	$5g \cdot L^{-1}$ 的水溶液
N - 邻苯氨基苯甲酸	1.08	紫红	无色	0.1g 指示剂加 20mL 50g 的浓 Na_2CO_3 溶液，用水稀释至 100 mL
邻二氮菲 - Fe（Ⅱ）	1.06	浅蓝	红	1.485g 邻二氮菲加 0.965g$FeSO_4$，溶解，稀释至 100 mL（$0.025mol \cdot L^{-1}$ 水溶液）
5 - 硝基邻二氮菲 - Fe（Ⅱ）	1.25	浅蓝	紫红	1.608g 5 - 硝基邻二氮菲 - Fe（Ⅱ）0.695g$FeSO_4$，溶解，稀释至 100 mL（$0.025mol \cdot L^{-1}$ 水溶液）

附表 10 常用吸附指示剂

名称	配制	用于测定		
		可测元素(括号内为滴定剂)	颜色变化	测定条件
荧光黄	1% 钠盐水溶液	Cl^-, Br^-, SCN^-(Ag^+)	黄绿至粉红	中性或弱碱性
二绿荧光黄	1% 钠盐水溶液	Cl^-, Br^-, I^-(Ag^+)	黄绿至粉红	pH = 4.4 ~7.2
四溴荧光黄(曙红)	1% 钠盐水溶液	Br^-, I^-(Ag^+)	橙红至红黄	pH = 1 ~2

附表 11 常用缓冲溶液的配制

缓冲溶液组成	pK_a^θ	缓冲液 pH 值	缓冲溶液配制方法
氨基乙酸 - HCl	2.35(pK_{a1}^θ)	2.3	取氨基乙酸 150 g 溶于 500 mL 水中,加浓 HCl 溶液 80 mL
H_3PO_4 - 柠檬酸盐		2.5	取 $Na_2HPO_4 \cdot 12H_2O$ 113g 溶于 200mL 水中,加柠檬酸 387g 溶解,过滤后,稀释至 1L
一氯乙酸 - NaOH	2.86	2.8	取 200 g 一氯乙酸溶于 200 mL 水中,加 NaOH 4g,溶解,稀释至 1L
邻苯二甲酸氢钾 - HCl	2.95(pK_{a1}^θ)	2.9	取 500g 邻苯二甲酸氢钾溶于 500mL 水中,加浓 HCl 溶液 80mL,稀释至 1L
甲酸 - NaOH	3.76	3.7	取 95g 甲酸和 NaOH 40g 于 500mL 水中,溶解,稀释至 1L
NaAc - HAc	4.74	4.7	取无水 NaAc 83g 溶于水中,加冰醋酸 60mL,稀释至 1L
六亚甲基四胺 - HCl	5.15	5.4	取六亚甲基四胺 40g 溶于 200mL 水中,加浓 HCl 10mL,稀释至 1L
Tris - HCl[三羟甲基氨基甲烷 $CNH_2(HOCH_2)_3$]	8.21	8.2	取 25g Tris 试剂溶于水中,加浓 HCl 溶液 8mL,稀释至 1L
NH_3 - NH_4Cl	9.26	9.2	取 NH_4Cl 54g 溶于水中,加浓氨水 63mL,稀释至 1 L

注:(1) 缓冲溶液配制后可用 pH 试纸检查。如 pH 值不对,可用共轭酸或共轭碱调节。pH 值欲调节精确时,可用 pH 计调节。

(2) 若需增加或减少缓冲液的缓冲容量时,可相应增加或减少共轭酸或共轭碱的物质的量,再调节之。

附表 12 相对原子质量表

元素		相对原子质量	元素		相对原子质量	元素		相对原子质量	元素		相对原子质量
符号	名称		符号	名称		符号	名称		符号	名称	
Ac	锕	[227]	Er	铒	167.26	Mn	锰	54.93805	Ru	钌	101.07
Ag	银	107.8682	Es	锿	[227]	Mo	钼	95.94	S	硫	32.065
Al	铝	26.98154	Eu	铕	151.965	N	氮	14.00674	Sb	锑	121.760
Am	镅	[243]	F	氟	18.9984032	Na	钠	22.989768	Sc	钪	44.955910
Ar	氩	39.948	Fe	铁	55.845	Nb	铌	92.90638	Se	硒	78.96
As	砷	74.92159	Fm	镄	[257]	Nd	钕	144.24	Si	硅	28.0855
At	砹	[210]	Fr	钫	[223]	Ne	氖	20.1797	Sm	钐	150.36
Au	金	196.96654	Ga	镓	69.723	Ni	镍	58.6934	Sn	锡	118.710
B	硼	10.811	Gd	钆	157.25	No	锘	[254]	Sr	锶	87.62
Ba	钡	137.327	Ge	锗	72.61	Np	镎	237.0482	Ta	钽	180.9479
Be	铍	9.012182	H	氢	1.00794	O	氧	15.9994	Tb	铽	158.92534
Bi	铋	208.98037	He	氦	4.002602	Os	锇	190.23	Tc	锝	98.9062
Bk	锫	[247]	Hf	铪	178.49	P	磷	30.973762	Te	碲	127.60

（续）

元素		相对原子质量	元素		相对原子质量	元素		相对原子质量	元素		相对原子质量
符号	名称		符号	名称		符号	名称		符号	名称	
Br	溴	79.904	Hg	汞	200.59	Pa	镤	231.03588	Th	钍	232.0381
C	碳	12.011	Ho	钬	164.93032	Pb	铅	207.2	Ti	钛	47.867
Ca	钙	40.078	I	碘	126.90447	Pd	钯	106.42	Tl	铊	204.3833
Cd	镉	112.411	In	铟	114.818	Pm	钷	[145]	Tm	铥	168.93421
Ce	铈	140.115	Ir	铱	192.217	Po	钋	[~210]	U	铀	238.0289
Cf	锎	[251]	K	钾	39.0983	Pr	镨	140.90765	V	钒	50.9415
Cl	氯	35.4527	Kr	氪	83.80	Pt	铂	195.08	W	钨	182.84
Cm	锔	[247]	La	镧	138.9055	Pu	钚	[244]	Xe	氙	131.29
Co	钴	58.93320	Li	锂	6.941	Ra	镭	226.0254	Y	钇	88.90585
Cr	铬	51.9961	Lr	铹	[257]	Rb	铷	85.4678	Yb	镱	173.04
Cs	铯	132.90543	Lu	镥	174.967	Re	铼	186.207	Zn	锌	65.39
Cu	铜	63.546	Md	钔	[256]	Rh	铑	102.90550	Zr	锆	91.224
Dy	镝	162.50	Mg	镁	24.3050	Rn	氡	[222]			

附表 13 常用化合物的相对摩尔质量表

化合物	相对摩尔质量	化合物	相对摩尔质量	化合物	相对摩尔质量
Ag_3AsO_4	462.52	$Ce(SO_4)_2 \cdot 4H_2O$	404.30	H_3BO_3	61.83
AgBr	187.77	$CoCl_2$	129.84	HBr	80.912
AgCl	143.32	$CoCl_2 \cdot 6H_2O$	237.93	HCN	27.026
AgCN	133.89	$Co(NO_3)_2$	132.94	HCOOH	46.026
AgSCN	165.95	$Co(NO_3)_2 \cdot 6H_2O$	291.03	CH_3COOH	60.052
Ag_2CrO_4	331.73	CoS	90.99	H_2CO_3	62.025
AgI	234.77	$CoSO_4$	154.99	$H_2C_2O_4$	90.035
$AgNO_3$	169.87	$CoSO_4 \cdot 7H_2O$	281.10	$H_2C_2O_4 \cdot 6H_2O$	126.07
$AlCl_3$	133.34	$Co(NH_4)_2$	60.06	HCl	36.461
$AlCl_3 \cdot 6H_2O$	241.43	$CrCl_3$	158.35	HF	20.006
$Al(NO_3)_3$	213.00	$CrCl_3 \cdot 6H_2O$	266.45	HI	127.91
$Al(NO_3)_3 \cdot 9H_2O$	375.13	$Cr(NO_3)_3$	238.01	HIO_3	175.91
Al_2O_3	101.96	Cr_2O_3	151.99	HNO_3	63.013
$Al(OH)_3$	78.00	CuCl	98.999	HNO_2	47.013
$Al_2(SO_4)_3$	342.14	$CuCl_2$	134.45	H_2O	18.015
$Al_2(SO_4)_3 \cdot 18H_2O$	666.41	$CuCl_2 \cdot 2H_2O$	170.48	H_2O_2	34.015
As_2O_3	197.84	CuSCN	121.62	H_3PO_4	97.995
As_2O_5	229.84	CuI	190.45	H_2S	34.08
As_2S_3	246.02	$Cu(NO_3)_2$	187.56	H_2SO_3	82.07
$BaCO_3$	197.34	$Cu(NO_3)_2 \cdot 3H_2O$	241.60	H_2SO_4	98.07
BaC_2O_4	225.35	CuO	79.545	$Hg(CN)_2$	252.63
$BaCl_2$	208.24	Cu_2O	143.09	$HgCl_2$	271.50
$BaCl_2 \cdot 2H_2O$	244.27	CuS	95.61	Hg_2Cl_2	472.09
$BaCrO_4$	253.32	$CuSO_4$	159.60	HgI_2	454.40

（续）

化合物	相对摩尔质量	化合物	相对摩尔质量	化合物	相对摩尔质量
BaO	153.33	$CuSO_4 \cdot 5H_2O$	249.68	$Hg_2(NO_3)_2$	525.19
$Ba(OH)_2$	171.34	$FeCl_2$	126.75	$Hg_2(NO_3)_2 \cdot 2H_2O$	561.22
$BAsO_4$	233.29	$FeCl_2 \cdot 4H_2O$	198.81	$Hg(NO_3)_2$	324.60
$BiCl_3$	315.34	$FeCl_3$	162.21	HgO	216.59
$BiOCl$	260.43	$FeCl_3 \cdot 6H_2O$	270.30	HgS	232.65
CO_2	44.01	$FeNH_4(SO_4)_2 \cdot 12H_2O$	482.18	$HgSO_4$	296.65
CaO	56.08	$Fe(NO_3)_3$	241.86	Hg_2SO_4	497.24
$CaCO_3$	100.09	$Fe(NO_3)_3 \cdot 9H_2O$	404.00	$KAl(SO_4)_2 \cdot 12H_2O$	474.38
CaC_2O_4	128.10	FeO	71.846	KBr	119.00
$CaCl_2$	110.99	Fe_2O_3	159.69	$KBrO_3$	167.00
$CaCl_2 \cdot 6H_2O$	219.08	Fe_3O_4	231.54	KCl	74.551
$Ca(NO_3) \cdot 4H_2O$	236.15	$Fe(OH)_3$	106.87	$KClO_3$	122.55
$Ca(OH)_2$	74.09	FeS	87.91	$KClO_4$	138.55
$Ca(PO_4)_2$	310.18	Fe_2S_3	207.87	KCN	65.116
$CAsO_4$	136.14	$FeSO_4$	151.90	$KSCN$	97.18
$CdCO_3$	172.42	$FeSO_4 \cdot 7H_2O$	278.01	K_2CO_3	138.21
$CdCl_2$	183.32	$FeSO_4(NH_4)_2SO_4 \cdot 6H_2O$	392.13	K_2CrO_4	194.19
CdS	144.47	H_3AsO_3	125.94	$K_2Cr_2O_7$	294.18
$Ce(SO_4)_2$	332.24	H_3AsO_4	141.94	$K_3Fe(CN)_6$	329.25
$K_4Fe(CN)_6$	368.35	NH_4CO_3	79.055	$PbCl_2$	278.10
$KFe(SO_4)_2 \cdot 12H_2O$	503.24	$(NH_4)_2MoO_4$	196.01	$PbCrO_4$	323.20
$KHC_2O_4 \cdot H_2O$	146.14	NH_4NO_3	80.043	$Pb(CH_3COO)_2$	325.30
$KHC_2O_4 \cdot H_2C_2O_4 \cdot 2H_2O$	254.19	$(NH_4)_2HPO_4$	132.06	$Pb(CH_3COO)_2 \cdot 3H_2O$	379.30
$KHC_4H_4O_6$	188.18	$(NH_4)_2S$	68.14	PbI_2	461.00
$KHSO_4$	136.16	$(NH_4)_2SO_4$	132.06	$Pb(NO_3)_2$	331.20
KI	166.00	NH_4VO_3	116.98	PbO	223.20
KIO_3	214.00	Na_3AsO_3	191.89	PbO_2	239.20
$KIO_3 \cdot HIO_3$	389.91	NaB_4O_7	201.22	$Pb_3(PO_4)_2$	811.54
$KMnO_4$	158.03	$NaB_4O_7 \cdot 2H_2O$	381.37	PbS	239.30
$KNaC_4H_4O_6 \cdot 4H_2O$	282.22	$NaBiO_3$	297.97	$PbSO_4$	303.30
KNO_3	101.10	$NaCN$	49.007	SO_3	80.06
KNO_2	85.104	$NaSCN$	81.07	SO_2	64.06
K_2O	94.196	Na_2CO_3	105.99	$SbCl_3$	228.11
KOH	56.106	$Na_2CO_3 \cdot 10H_2O$	286.09	$SbCl_5$	299.02
K_2SO_4	174.25	NaC_2O_4	134.00	Sb_2O_3	291.50
$MgCO_3$	84.314	CH_3COONa	82.034	SiF_4	104.08
$MgCl_2$	95.211	$CH_3COONa \cdot 3H_2O$	136.08	SiO_2	60.084
$MgCl_2 \cdot 6H_2O$	203.30	$NaCl$	58.443	$SnCl_2$	189.62
MgC_2O_4	112.33	$NaClO$	74.442	$SnCl_2 \cdot 2H_2O$	225.65
$Mg(NO_3)_2 \cdot 6H_2O$	256.41	$NaHCO_3$	84.007	$SnCl_4$	260.52
$MgNH_4PO_4$	137.32	$Na_2HPO_4 \cdot 12H_2O$	358.14	$SnCl_4 \cdot 5H_2O$	350.596
MgO	40.304	$Na_2H_2Y \cdot 2H_2O$	372.24	SnO_2	150.71
$Mg(OH)_2$	58.32	$NaNO_2$	68.995	SnS	150.776

（续）

化合物	相对摩尔质量	化合物	相对摩尔质量	化合物	相对摩尔质量
$Mg_2P_2O_7$	222.55	$NaNO_3$	84.995	$SrCO_3$	147.63
$MgSO_4 \cdot 4H_2O$	246.47	Na_2O	61.979	SrC_2O_4	175.64
$MnCO_3$	114.95	Na_2O_2	77.978	$SrCrO_4$	203.61
$MnCl_2 \cdot 4H_2O$	197.91	$NaOH$	39.997	$Sr(NO_3)_2$	211.63
$Mn(NO_3)_2 \cdot 6H_2O$	287.04	Na_3PO_4	163.94	$Sr(NO_3)_2 \cdot 4H_2O$	283.69
MnO	70.937	Na_2S	78.04	$SrSO_4$	183.68
MnO_2	86.937	$Na_2S \cdot 9H_2O$	240.18	$UO_2(CH_3COO)_2 \cdot 2H_2O$	424.15
MnS	87.00	Na_2SO_3	126.04	$ZnCO_3$	125.39
$MnSO_4$	151.00	Na_2SO_4	142.04	ZnC_2O_4	153.40
$MnSO_4 \cdot 4H_2O$	223.06	$Na_2S_2O_3$	158.10	$ZnCl_2$	136.29
NO	30.006	$Na_2S_2O_3 \cdot 5H_2O$	248.17	$Zn(CH_3COO)_2$	183.47
NO_2	46.006	$NiCl_2 \cdot 6H_2O$	237.69	$Zn(CH_3COO)_2 \cdot 2H_2O$	219.50
NH_3	17.03	NiO	74.69	$Zn(NO_3)_2$	189.39
CH_3COONH_4	77.083	$Ni(NO_3)_2 \cdot 6H_2O$	290.79	$Zn(NO_3)_2 \cdot 6H_2O$	297.48
NH_4Cl	53.491	NiS	90.75	ZnO	81.38
$(NH_4)_2CO_3$	96.086	$NiSO_4 \cdot 7H_2O$	280.85	ZnS	97.44
$(NH_4)_2C_2O_4$	124.10	P_2O_5	141.94	$ZnSO_4$	161.44
$(NH_4)_2C_2O_4 \cdot H_2O$	142.11	$PbCO_3$	267.20	$ZnSO_4 \cdot 7H_2O$	287.54
NH_4SCN	76.12	PbC_2O_4	295.22	$KHC_8H_4O_4$	204.2

附录二

物质分析方案的综合设计及其示例

1. 设计实验的目的和意义

实验教学体系分“基础训练→综合实验→设计型实验“三个层次。通过基础训练实验教学，目的是使学生掌握分析化学实验基本理论，典型的分析方法和基本操作技能，并能够正确地使用仪器设备，正确地采集、记录、处理实验数据和表达实验结果，学会分析化学实验的基本方法，养成学生良好的科学研究习惯；通过综合实验，针对复杂的样品，需将各个单一的分析内容联系起来，灵活运用学过的知识使技能得到巩固、充实与提高，进一步培养学生综合运用知识、技能，分析问题和解决问题的能力，提高分析判断、逻辑推理、得出结论的能力。以此掌握化学研究的一般方法；在完成基础性、综合性实验的基础上，为了激发学生自主学习的积极性和探索、开创精神，更进一步的培养学生创新思维的能力、独立解决实际问题的能力及组织管理能力，安排一些研究设计性实验，进行科学研究的初步训练。

综合设计实验的目的就是在于培养学生独立思考、独立操作、独立解决实际问题的能力。整个实验过程遵循学生为主，教师为辅的原则，由教师提出实验的方向、目的和要求，学生从选题、查阅资料、方案制订、实际操作、及记录、数据处理等都独立完成，教师最终给予评价。

2. 实施步骤

设计性实验是指给定实验目的和要求及实验条件，由学生自行设计实验方案并加以实现的实验。通常可分为五个阶段：

(1) 选题

教师给学生提供课题或有学生自行命题。自行命题时须注意选题不宜太大，应结合已掌握知识技能及实验室条件，在教师指导下选择 1 ~3 天内可能完成的实验题目。可以选择针对某分析任务、分析方法的建立或改进，或利用已建立的方法对某实际样品体系进行分析检验。同时应注意鼓励学生对实验条件进行探索性的研究，例如试样的处理、反应介质、酸度、温度、共存组分的干扰和消除等、试剂的用量和指示剂的选择等，从而确定实验的最优条件。

⑵ 文献资料查阅及综述

根据实验的分析目的及要求，通过查阅手册、工具书、文摘、期刊、因特网及其他信息源进行信息检索，然后再根据得到的信息，研究课题的相关文献，对相关课题的研究现状进行全面系统的调研、总结，写出综述。最后在此基础上拟定自己的研究目标。

⑶ 实验方案的制订

研究目标确定后，结合实验室条件，独立设计制定切实可行的实验方案。方案的内容包括分析方法及简要原理、所用的仪器和试剂(包含所用试剂的配制)、具体实验步骤(试样的处理和初步测定、标准溶液的配制和标定、条件试验的研究、待测组分的测定)，实验结果的计算公式及参考资料等。

需要注意的是：分析方法的选择至关重要，选择时应综合考虑以下几个因素。

① 对测定的要求：在成品的常量组分、标准试样和基准物质含量的测定、结果等方面

准确度是主要的；在微量组分的测定中灵敏度是主要的；在生产过程中进行控制分析时，测定的速度是主要的。即实验中应根据测定的具体要求选择合适的方法。

② 待测组分的性质：在酸碱性、氧化还原性、配位性能、沉淀性能等方面，通常根据其性能确定选择合适的滴定分析方法。

③ 待测组分的含量：根据各种待测组分的不同含量，选择不同的实验方法。如常量组分通常采用滴定分析法和重量分析法；微量组分采用光度法或其他仪器分析方法。

④ 共存组分干扰和消除

总之，在保证分析结果准确度的前提下，选择简便、快速、经济、环保的分析方法。

(4) 实验研究

在研究过程中，学生应独立完成所有的实验，包括实验的准备、初步实验、正式实验。

准备实验：实验所用试剂、仪器、设备的准备等，此阶段的工作关乎着整个实验是否能顺利进行，因此，应予以足够的重视。

初步实验：对于某些待测组分，当试样的大致含量不十分清楚的测定工作，须首先进行初步测定，以确定实验的取样量、标准溶液的浓度、滴定管的体积等。

正式实验：在实验过程中，必须以严谨的科学态度进行各项工作，做好实验数据的记录，同时还要充分发挥观察力、想象力和逻辑思维判断力，对整个实验中出现的各种现象、数据进行分析与评价。发现原实验方案如有不完善的地方，应予以改进和完善。

(5) 论文的写作

实验结束后，需按实验的实际做法，根据实验记录进行整理，对所设计的实验方案和实验结果进行评价，并对实验中的现象和问题进行讨论，总结归纳实验规律，以小篇幅的论文形式完成实验报告。报告内容大致包括以下几个放面：

① 实验题目。

② 概述(实验相关的研究概述，方法要点，注明出处，最后列出参考文献)

③ 拟定方法的原理。

④ 仪器与试剂。

⑤ 实验步骤(标定、测定及其他试验步骤)。

⑥ 数据记录和结果(写出有关计算公式)

⑦ 实验讨论。

⑧ 参考文献。

(6) 成绩评定

论文提交后，可在学生中进行讨论交流，最后指导老师结合学生实验过程中的表现给出成绩评定。

3. 一个物质分析方案的综合设计

常常要考虑以下几个主要问题：

(1) 样品的采集

分析样品应具有代表性。对固体矿样的采样可按照地址部门的规定进行；水样、大气样品的采集，应按照环境分析标准进行操作。必要时，需查阅有关资料。

(2) 试样分析

分解试样的方法，通常有水溶、酸溶和熔融等方法，试验时应根据样品的对象和分析方法进行溶剂选择。

通常在基础分析化学的综合设计中，一般不考虑熔融法溶解试样。而是依据样品的理化参数确定试样溶解于下面的那一种试剂中，必要之时可加热：

① 水

② 4 mol · L^{-1} HCl；

③ 4 mol · L^{-1} HNO_3；

④ 浓 HCl、浓 HNO_3 和王水等。

无机盐类化合物，可用水溶解，但应注意溶解过程中离子的水解和生成碱式盐沉淀等各种问题(如 BiOCl、SbOCl 等)

稀 HCl、稀 HNO_3 能溶解很多试样。但当有与稀酸难以反应的物质时，可使用浓酸溶解。对于 HNO_3 的溶解，由于 HNO_3 具有氧化性，因此，必须注意许多可变价离子的变价可能。例如一种黄铜合金，其中含有 Cu、Pb、Zn 等元素，欲做全分析时，则不能用 H_2SO_4 做溶剂进行溶解，因为此时 Pb 会与 H_2SO_4 形成 $PbSO_4$ 的沉淀。而另一种青铜合金，则其中含有金属 Sn，故不能单独用 HNO_3 做溶剂分解试样，因此时金属 Sn 与 HNO_3 可产生 H_2SnO_3 沉淀。另有许多矿样，往往需用熔融法才能将其溶解完全。

(3) 试样的成分分析

未知成分的试样分析时，应使用定性的方法进行鉴定，定性分析主要有硫化氢系统分析和发射光谱法两种分析方法。

(4) 分析方法的选择

对于分析工作来说，选择好的分析方法是很复杂的问题。如，从分析对象看，应考虑试样是无机化合物还是有机化合物；从要求分析的组分看，存在重量分析和全分析的问题；从所测组分的含量看，有常量分析和微量分析的问题，具体试验中又需要决定是选用那种适合常量分析的滴定分析法、质量分析法，或选用那种微量分析法(如分光光度法等)。此外，现代分析中，还有状态分析、表面分析和微区分析等问题。

在实验三十三，酸碱混合物中各组分测定综合性设计实验中，同样存在着许多问题要综合考虑，也同样适合其它三大滴定分析的方案设计。试验中也都必须注意浓度、温度、酸度和干扰物质的影响等等。

在配位滴定分析中，能否控制酸度进行滴定是首先要考虑的问题；其次，掩蔽剂的选择和应用是配位滴定成功的关键，至于掩蔽方法，存在着配位法、氧化还原法、沉淀法和动力学等方法；而在滴定过程中，指示剂的选择又是至关重要的，其中要特别注意金属离子指示剂的酸碱性质和配位性质所造成的滴定误差。例如，$Bi^{3+}-Fe^{3+}$混和体系，它们的 K_a 值相近，不能直接用控制酸度滴定法滴定。可用氧化还原掩蔽法，将 Fe^{3+} 还原为 Fe^{2+}，然后在控制好的酸度下进行分别滴定。

再如，Ca^{2+} －EDTA 混和液的滴定。可利用溶液在 pH =10 时，Ca^{2+} 与 EDTA 可定量配合，而在 pH =4 ~5 时，Ca^{2+} 可从 CaY 中完全游离出来的原理，用 Zn^{2+} 标液和 EDTA 标液在不同酸度下滴定的方法分别测定它们的含量。

在氧化还原滴定法中，有 $KMnO_4$ 法、$K_2Cr_2O_7$ 法及碘量法，其中碘量法是十分重要且可灵活运用的方法。例如，KIO_3^-KI 混和试液的测定，从以下三个方面考虑，则很容易分别测定，即：一是在 0.2 mol · L^{-1} H_2SO_4 介质中，可反应析出 I_2，然后用 $Na_2S_2O_3$ 标液测得

I_2 析出得含量；二是在酸性介质中加入 KIO_3 或 KI，由析出 I_2 的量可求出 KI 或 KIO_3 的含量；三是由差减法求出另一物质的含量。

沉淀滴定法中，当运用不同的方法，控制滴定条件，测定通常都很容易完成。

在分析设计方案中，往往同一种成分的测定，可以选用不同的滴定方法进行测定。如，常量的 Fe^{3+}，可用配位滴定法，也可用氧化还原滴定法测定。

但必须指出，设计分析方案时，滴定剂的浓度和被测物取样量通常都考虑的是：酸碱滴定法、氧化还原滴定法和沉淀滴定法，一般可以按 0. 1 mol · L^{-1} 浓度来设计和取量，而配位滴定法的滴定，通常以 0. 01 mol · L^{-1} 浓度考虑取样。

（5）分析方案设计要求

设计方案通常要求具体、详细，包括设计原理的论述、需使用的试剂和仪器、实验操作步骤、分析结果计算和讨论等。同时还要求学生仔细查阅资料，然后，按实验三十三所提出的要求去写出实验报告，最终交给实验指导老师审阅。

4. 设计实验参考选题

下面是分析化学中各种滴定分析的分析设计方案的典型示例，仅供参考（酸碱滴定法实验见实验三十三）。

（一）酸碱滴定法

1. $NaOH$-Na_3PO_4 混和碱中各组分含量的测定
2. NH_3-NH_4Cl 混和液中各组分浓度的测定
3. HCl-NH_4Cl 混和液中各组分浓度的测定
4. Na_2HPO_4-NaH_2PO_4 混和液中各组分浓度的测定
5. HCl-H_3BO_4 混和液中各组分浓度的测定
6. 福尔马林中甲醛含量的测定

（二）配位滴定法

1. $Bi^{3+}-Fe^{3+}$ 混和液各组分含量的测定；
2. $Zn^{2+}-Ca^{2+}$ 混和液各组分含量的测定；
3. Ca^{2+} – EDTA 混和液各组分含量的测定；
4. Zn^{2+} – EDTA 混和液各组分含量的测定；
5. $Fe^{2+}-Al^{3+}$ 混和液各组分含量的测定（注意：Al^{3+} 应考虑用返滴定法或置换滴定法测定）；
6. Mg – EDTA 溶液中两组分浓度的测定；
7. Cu^{2+} – Zn^{2+} 溶液中两组分浓度的测定；
8. $Fe^{3+}-Al^{3+}$ 溶液中双组分浓度的测定（注意：Al^{3+} 应考虑用返滴定法或置换滴定法测定）；
9. Al^{3+} – Pb^{2+} 溶液中双组分浓度的测定
10. 复方氢氧化铝药片中铝和镁的测定
11. 黄铜合金中 Cu、Zn 含量的测定（注意：实验中应考虑合金中杂质干扰问题）。鸡蛋壳中钙含量的测定
12. 保险丝中铅含量的测定
13. 黄铜中铜、锌含量的测定

14．海产品中钙、镁、铁含量的测定

15．石灰石或白云石中 CaO 及 MgO 含量的测定铜锡镍合金溶液中的铜、锡、镍连续测定

（三）氧化还原滴定法

1．KIO_3-KI 混和试液中各组分含量的测定；

2．钢铁试样中 Cr－Mn 含量的测定；

3．钢铁试样中 Cr－V 含量的测定；

4．漂白粉中有效氯含量的测定；

5．H_2O_2 含量的测定；

6．铁矿石中 Fe_2O_3 和 FeO 含量的测定；

7．碘量法测定 $Cu^{2+}-Fe^{2+}$ 溶液中 Cu 浓度的条件试验研究；

（四）沉淀滴定法

1．含 NaCl 杂质的 $FeCl_3$ 试样中 Fe、Cl^- 含量的测定；

2．$NaCl-Na_2SO_4$ 混和液中 SO_4^{2-}、Cl^- 含量的测定；

3．$HCl-FeCl_3$ 混和液中 $HCl-Fe^{3+}$ 含量的测定；

4．$HCl-NaCl-MgCl_2$ 溶液中个组分浓度的测定；

5．硅酸盐水泥中含量的测定；

6．铅精矿中铅的测定；

（五）仪器分析实验

1．菠菜、洋葱、竹笋等蔬菜中草酸、铁含量的测定

2．油菜、香菜等蔬菜中钙、镁、铁含量的测定

3．蓖麻油碘价的测定

4．酿造酱油中氨基酸态氮的测定

5．水产品及水发食品中残留甲醛的检验

6．果汁中防腐剂苯甲酸的测定

7．苹果中果胶的测定

8．食用植物油酸价、过氧化值测定

9．酱油质量检验

10．松花蛋 pH 值、游离酸度、总酸度、挥发性盐基氮、铅的测定

11．北京市饮用水源或自来水水质分析

参考文献

[1] 刘淑萍，高筠，孙晓然，高桂霞编著．分析化学实验教程[M]．北京：冶金工业出版社，2004

[2] 方能虎主编．实验化学(上下册)[M]．北京．科学出版社，2005

[3] 段玉峰主编．综合训练与设计[M]．北京：科学出版社，2001

[4] 袁书玉，李兆陇，尉京志，崔爱莉主编．现代化学实验基础[M]．北京：清华大学出版社，2006

[5] 刘约权，李贵深主编．实验化学(上下册)[M]．北京：高等教育出版社，1999

[6] 朱嘉云主编．有机分析[M]．北京：化学工业出版社，2004

[7] 杜登学，马万勇主编．基础化学实验简明教程[M]．北京：化学工业出版社，2007

[8] 杨梅，梁信源，黄福嵘编．分析化学实验[M]．上海．华东理工大学出版社，2005

[9] 张寒琦，徐家宁主编．综合和设计化学实验[M]．北京：高等教育出版社，2006

[10] 张小玲，张慧敏，邵清龙编著．化学分析实验[M]．北京：北京理工大学出版社，2007

[11] 李建颖，石军主编．分析化学学习指导与习题精解[M]．天津．南开大学出版社，2003

[12] 孙毓庆主编．分析化学习题集[M]．北京：科学出版社，2004

[13] 李可安主编．分析化学教程习题解析[M]．北京：北京大学出版社，2006

[14] 赵中一，王志花，郑洪涛编．分析化学习题详解[M]．武汉．华中科技大学出版社，2006

[15] 武汉大学化学系分析化学教研室编．分析化学例题与习题[M]．北京：高等教育出版社，2006

[16] 潘祖亭，曾百肇主编．定量分析习题精解(第二版)[M]．北京：科学出版社，2004

[17] 刘东主编．分析化学学习指导与习题[M]．北京：高等教育出版社，2004

[18] 李莉，张文治，周萍主编．分析化学知识要点与习题解析[M]．哈尔滨：哈尔滨工程大学出版社，2006

[19] 江万权，金谷编．分析化学要点·例题·习题·真题[M]．合肥：中国科学技术大学出版社，2005